重庆文理学院校本教材资助项目（项目编号：XBJC201204）

概率论与数理统计

（第二版）

主　编　杨树成

副主编　杨春华

西南交通大学出版社

·成　都·

内容简介

本书是普通高等学校数学专业和其他非数学专业的教材. 全书共 8 章, 包括随机事件与概率、随机变量的分布及其数字特征、多维随机变量的分布及其数字特征、数理统计的基本概念、参数估计、假设检验和回归分析等内容. 各章精选了大量反映社会实际（如金融保险、投资、六西格玛管理、设备购置、工程设计、交通运输、安全性、质量管理、产品检验、医学检验、科学研究等）的例题和习题, 全书共 190 多个例题, 350 多个习题. 部分章节最后一节介绍了 Excel 在统计计算中的应用. 本书力求在保持体系完整的前提下, 弱化理论推导, 强化概率统计的思维训练和知识的实际应用.

本书可作为高等学校工科、农医、经济、管理等专业的概率统计课程的教材, 也可作为实际工作者的自学参考书.

图书在版编目（ＣＩＰ）数据

概率论与数理统计 / 杨树成主编. —2 版. —成都：西南交通大学出版社，2016.8
ISBN 978-7-5643-4884-7

Ⅰ. ①概… Ⅱ. ①杨… Ⅲ. ①概率论－高等学校－教材②数理统计－高等学校－教材 Ⅳ. ①021

中国版本图书馆 CIP 数据核字（2016）第 186456 号

概率论与数理统计
（第二版）

主编　杨树成

*

责任编辑　张宝华
特邀编辑　曹　嘉
封面设计　何东琳设计工作室
西南交通大学出版社出版发行
四川省成都市二环路北一段 111 号　西南交通大学创新大厦 21 楼
邮政编码：610031　发行部电话：028-87600564
http://www.xnjdcbs.com
成都中铁二局永经堂印务有限责任公司印刷

*

成品尺寸：185 mm × 260 mm　　印张：16.25
字数：406 千字
2016 年 8 月第 2 版　　2016 年 8 月第 4 次印刷
ISBN 978-7-5643-4884-7
定价：35.00 元

前　言

　　"概率论与数理统计"是研究随机现象的规律性，并通过有效地收集、整理和分析带有随机性的数据，对所考察的问题做出统计推断或预测的一门数学学科. 它有着高度的抽象性和严密的逻辑性，应用广泛，是应用型本科院校许多专业设置的一门重要的专业基础课程，甚至是核心课程.

　　随着精英教育向大众化教育的转变，应用型本科院校的人才培养模式已由传统模式向应用型模式转变，这也给"概率论与数理统计"的教学带了一系列的问题与挑战. 概括起来主要表现为：一是课时量的变化. 有的专业开设两个学期，总学时为 108 学时；有的专业开设一学期，共 54 学时；还有的专业开设一学期，共 48 学时，甚至 36 学时. 二是应用性需要加强，理论需要弱化. 许多专业应该多开设实验课程，而实验所用的统计软件多种多样.

　　面对新的挑战，以前的教材不再适应新的教学要求. **首先**，传统教材过分追求逻辑的严密性和理论体系的完整性，重理论而轻实践，剥离了概念、原理和范例的现实意义，导致教学内容过于抽象，也不利于与其他课程及学生自身专业相衔接，进而造成了学生"学不会，用不了"的尴尬局面，也无法达到应用型人才培养的需要. **其次**，传统教材的教学内容没有和统计软件的应用相结合. 概率论与数理统计要统计分析，常常需要进行大量数据的处理，然而没有有效的计算方法，就无法满足概率论与数理统计的应用. 传统的教学内容只是对基本公式和基本概念进行高等数学试题的练习，无法真正将概率论与数理统计与实际应用联系起来，只有融入现代的计算工具才能更有效地加强概率论与数理统计的应用性. **再次**，传统教材没有设计实验教学内容. 传统教材因没有与统计软件的应用相结合，也就没有安排实验项目和实验指导，学生也就没有得到数据处理能力方面的培养. **最后**，传统教材重点不突出，内容面面俱到，教学内容不能适应教学时数减少的趋势要求，其结果往往是学完概率论部分就没有了教学时数，而应用性很强的数理统计部分却无法完成教学内容. 因此，教学内容只有进行改革，才能适应新形势下应用型人才的培养.

　　本书有如下几个特点：**一是注重随机思想方法的培养**. "概率论与数理统计"的首要教学内容是让学生具有"将不确定的现象理解成随机现象，而刻画随机现象的根据是随机变量. 随机变量具有自身的分布和数字特征，研究随机变量的分布和数据特征的方法是抽样和统计推断"的随机思想方法. 本书力图在不失知识的逻辑结构的前提下，弱化理论的推导过程，强调解决问题的思想方法. **二是压缩概率论部分，增强数理统计部分，强化概率统计方法的应用**. 将概率论的教学内容压缩到 40%左右，降低概率计算的难度，增强应用的广泛性. **三是突出通俗性、可读性和应用性**. 在内容的叙述上，不追求系统性和严密性，而是在不失知识内涵和逻辑结构的前提下，对基本概念和方法采用通俗简洁的表述方式，突出通俗性、可读性和应用性，希望这些工作能对读者有所裨益. 内容安排上用"案例——概念、公式——应用"的方式进行教学，而不是传统的"概念、公式——验证概念、公式"的方式进行教学. 例题、习题都力求减少和降低概念、公式的验证性习题，增加实际应用型习题. **四是将大家常用的 Excel 统计分析融于教学之中**. 概率论与数理统计的教学内容，特别是数理统计中的假设检验、方差分析、线性回归等内容都涉及大量的数据处理. 所以，本书有意设计了大量必须借助统计软件才能解决的习题，同时也为开设实验教学的专业教学提供了实验素材和项目．通过实验让学生掌握统计软件的操作方法，并真正获得该课程的应用能力．

本书由重庆文理学院数学与财经学院杨树成任主编，杨春华任副主编，参编人员有霍永亮、易文德、骆小琴、李勇、陈晓东、蒲建平、刘静、邬吉波、李云红、贾小勇、付天贵等，全书由杨树成、杨春华老师统稿，由霍永亮等老师审阅．参编教师均是长期从事"概率论与数理统计"教学与研究的教师，他们在各自完成的章节中都融入了许多自己深刻的理解和体会，这使得本书深入浅出、易学好教．

本书在编写过程中参考的文献均列在了书末，我们从中获益匪浅，在此一并致谢，读者在学习本书时也可以参考．本书是重庆文理学院校本教材资助项目（项目编号：XBJC201204），重庆文理学院及重庆文理学院数学与财经学院对本书的编写给予了大力支持，在此一并表示深切的谢意！

由于编者水平有限，书中的不足之处，敬请各位专家、同行及读者不吝赐教．

作　者

2014 年 2 月

目　录

1 随机事件与概率

美国航天飞机的每一个部件都经过了极其严格的检验，出现故障的可能性非常小. 不幸的是，美国挑战者号航天飞机在 1986 年 1 月 28 日进行代号 STS-51-L 的第十次太空任务时，因为右侧固态火箭推进器（Solid Rocket Booster, SRB）上面的一个 O 形环失效，导致一连串连锁反应，在升空后 73 s 时，爆炸解体坠毁，机上 7 名宇航员全数罹难. 2003 年 2 月 1 日哥伦比亚号航天飞机也发生了不幸. 在代号 STS-107 的第 28 次任务重返大气层的阶段中与控制中心失去联系，不久后被发现在德克萨斯州上空爆炸解体，机上 7 名宇航员全数罹难. 目前，有关哥伦比亚号失事的直接原因基本确定为：超高温空气从机体表面缝隙侵入隔热瓦下部，最终造成航天飞机在返航途中解体坠毁.

挑战者号在升空 73 s 后爆炸

挑战者号宇航员珍贵照片

又如，买双色球彩票中一等奖的可能性非常小，有人玩彩票一夜暴富，有人却为此倾家荡产. 由此可知，了解不确定事件发生的可能性大小及其后果，对于我们理性看待不确定事件和科学决策是非常有用的.

本章的主要内容有：随机事件、事件的运算、事件概率的确定方式、重要的概率公式、条件概率、事件的独立性、Excel 中计算组合数、排列数、阶乘、数的幂的函数等.

第 1 章知识结构图

☆ 将某些具有不确定性结果的现象理解为随机现象. 研究随机现象的方法是随机试验，随机试验的结果就是随机事件.

☆ 对于随机事件我们关注的焦点是其发生的可能性大小，即概率. 确定概率的方法视其所具有的条件，主要有主观概率、古典概率、几何概率、条件概率等.

☆ 客观世界是极其复杂的，因而随机事件具有复杂性. 我们可以利用概率的性质和公式解决复杂事件的概率.

☆ 随机事件可能相互影响，也可能互不影响. 互不影响的随机事件称为相互独立事件，独立性的概念在概率论中具有相当重要的地位. 随机事件的独立性可以用条件概率来定义.

☆ 主观概率、古典概率、几何概率、条件概率，以及事件的独立性有其重要的应用. 如条件概率可以用于敏感性调查.

☆ 计算古典概率可能涉及组合数、排列数、阶乘、幂的计算，Excel 中内置有这些函数，以便于古典概率计算.

1.1 随机事件

（**泡泡糖问题**）可怜的琼斯夫人路过一分钱一枚的泡泡糖出售机时，她的两个双胞胎儿子都有所察觉. 大儿子说："妈妈，我要泡泡糖." 二儿子说："妈妈，我也要，我要和比利拿一样颜色的." 然而分币泡泡糖出售机几乎空了，里面只有 4 粒白色的和 6 粒红色的泡泡糖，说不准下一粒是什么颜色. 如果琼斯夫人想要满足两个儿子的要求，需要花多少钱呢？

假如大儿子说："妈妈，我想要 1 颗白色的泡泡糖." 二儿子说："妈妈，我也要，我要和比利拿一样颜色的." 这时如果琼斯夫人想要满足两个儿子的要求，需要花多少钱呢？

显然，在第一种情况下，琼斯夫人只花 2 分或 3 分钱就够了，而在第二种情况下，琼斯夫人需要花 2 分、3 分、4 分、5 分、6 分、7 分、8 分钱都有可能.

人们所考察的现象可分为两类，一类是在一定条件下必然发生或必然不发生的现象，称之为**必然现象**，如早晨太阳必然从东方升起，掷一颗骰子出现的点数必然小于 7. 另一类是在一定条件下可能发生也可能不发生的现象，称之为**随机现象**，如掷一颗骰子出现的点数，明年某地区的年均降雨量，某只股票明天的收益率等.

随机现象有两个显著的特点：

（1）结果不止一个.

（2）哪个结果出现事先未知.

随机现象到处可见，请读者自己举一些随机现象的例子.

有些随机现象是可以在相同条件下重复的，如一天内进入某商场的顾客数. 有些随机现象是不可以重复的，如 2008 年世界杯足球赛. 对在相同条件下可以重复的随机现象的观察、记录、实验称为**随机试验**（random test），简称**试验**.

对于试验，我们关注的是其可能出现的结果及其可能性大小. 试验可能出现的每个基本结果称为**样本点**，记作 $\omega_1, \omega_2, \cdots$. 所有样本点作成的集合称为**样本空间**（sample space），记作 $\Omega = \{\omega_1, \omega_2, \cdots\}$.

例 1.1.1 写出下述试验的样本空间.

E_1：掷一枚骰子，观察出现的点数.

E_2：记录某手机在 1 小时内收到的短信数量.

E_3：在涨停板限制下，某只股票明天的收益率.

E_4：先后掷两枚硬币，观察出现正反面的情况.

解 E_1 的样本空间为 $\Omega = \{1,2,3,4,5,6\}$.

E_2 的样本空间为 $\Omega = \{0,1,2,\cdots\}$.

E_3 的样本空间为 $\Omega = \{r: -10\% \leqslant r \leqslant 10\%\}$.

E_4 的样本空间为 $\Omega = \{$正正，正反，反正，反反$\}$.

试验的某个结果出现，表明一些事件发生了. 由于这些事件在试验前无法预知其是否会出现，所以我们将试验的结果称之为**随机事件**（random event），简称**事件**. 试验的基本结果，即样本点称为**基本事件**（elementary event）. 一定发生的事件称为**必然事件**（certain event），用 Ω 表示；一定不发生的事件称为**不可能事件**（impossible event），用 $\varnothing$ 表示. 习惯上用大写字母 A,B,C 等表示事件.

例如，掷一枚骰子，观察出现的点数. $A = \{$出现 2 点$\}$，$B = \{$出现的点数小于 3$\}$，$C = \{$出现的点数是偶数$\}$ 都是随机事件，而 $D = \{$出现的点数小于 8$\}$ 为必然事件，$E = \{$出现的点数小于 0$\}$ 为不可能事件. 这些事件都是一些样本点构成的集合，是样本空间的子集（其中不可能事件不包含样本点看作空集）. 显然，当且仅当事件包含的样本点中有一个出现，我们就说该事件发生了.

随机事件随处可见，请读者自己列举一些试验和相应的随机事件.

随机事件是样本空间的子集，所以事件之间的运算与集合之间的运算是一致的. 概率论中常用矩形表示样本空间 Ω，圆表示随机事件，如下图所示，这类图称为**维恩（Venn）图**. 下面用维恩图直观地介绍一些常用的事件之间的关系和运算.

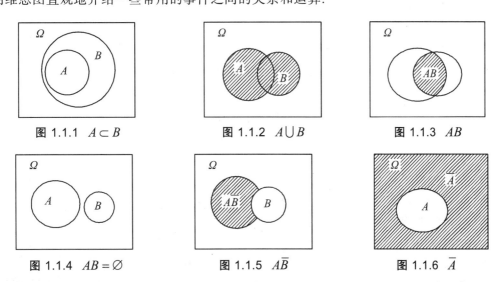

图 1.1.1 $A \subset B$ 图 1.1.2 $A \bigcup B$ 图 1.1.3 AB

图 1.1.4 $AB = \varnothing$ 图 1.1.5 $A\overline{B}$ 图 1.1.6 $\overline{A}$

如图 1.1.1 所示，如果事件 A 发生必然导致事件 B 发生，则称 B **包含** A，记作 $A \subset B$. 如果有 $A \subset B$ 且 $B \subset A$，则称事件 A 与 B **相等**，记作 $A = B$. 例如，在掷一枚骰子的试验中，事件 $A = \{$出现 2 点$\}$，$B = \{$出现的点数小于 3$\}$，则 $A \subset B$.

如图 1.1.2 所示，阴影部分表示"事件 A 与 B 中至少有一个发生"之事件，称为事件 A 与

B 的**和事件**，记作 $A\cup B$．例如，在掷一枚骰子的试验中，事件 $A=\{$出现 2 点或 3 点$\}$，事件 $B=\{$出现 3 点或 5 点$\}$，则 $A\cup B=\{$出现 2 点，3 点或 5 点$\}$．

如图 1.1.3 所示，阴影部分是 A 与 B 的公共部分，表示"事件 A 与 B 同时发生"之事件，称为事件 A 与 B 的**积事件**，记作 $A\cap B$（或 AB）．例如，在掷一枚骰子的试验中，事件 $A=\{$出现 2 点或 3 点$\}$，事件 $B=\{$出现 3 点或 5 点$\}$，则 $AB=\{$出现 3 点$\}$．

如图 1.1.4 所示，事件 A 与 B 不能同时发生，即 $AB=\varnothing$，此时称事件 A 与 B **互不相容或互斥**．例如，在掷一枚骰子的试验中，事件 $A=\{$出现 2 点或 3 点$\}$，事件 $B=\{$出现 5 点或 6 点$\}$，则 A 与 B 互不相容，$AB=\varnothing$．

如图 1.1.5 所示，阴影部分表示"事件 A 发生而 B 不发生"之事件，这样的一个事件称作事件 A 与 B 的**差事件**，记作 $A-B$ 或 $A\bar{B}$．例如，在掷一枚骰子的试验中，事件 $A=\{$出现 2 点或 3 点$\}$，事件 $B=\{$出现 3 点或 5 点$\}$，则 $A\bar{B}=\{$出现 2 点$\}$．

如图 1.1.6 所示，阴影部分表示" A 不发生"之事件，即 $\Omega-A$，称为 A 的**对立事件或逆事件**，A 的对立事件记作 $\bar{A}$．显然，有 $A\bar{A}=\varnothing$，$A\cup\bar{A}=\Omega$，$\bar{\bar{A}}=A$．例如，在掷一枚骰子的试验中，事件 $A=\{$出现 2 点或 3 点$\}$，则 $\bar{A}=\{$出现 1 点、4 点、5 点或 6 点$\}$．

例 1.1.2 设 A,B,C 是三个事件，试用 A,B,C 表示下列事件：（1）A 发生，B 和 C 都不发生；（2）A,B,C 中恰好有一个发生；（3）A,B,C 中至少有一个发生；（4）A,B,C 都发生；（5）A,B,C 都不发生；（6）A,B,C 不多于两个发生．

解 （1）"A 发生，B 和 C 都不发生"表示为 $A\bar{B}\bar{C}$；

（2）"A,B,C 中恰好有一个发生"，是要么 A 发生 B 和 C 都不发生，要么 B 发生 A 和 C 都不发生，要么 C 发生 A 和 B 都不发生，所以是 $A\bar{B}\bar{C}\cup\bar{A}B\bar{C}\cup\bar{A}\bar{B}C$；

（3）"A,B,C 中至少有一个发生"是 A,B,C 的和事件，即 $A\cup B\cup C$；

（4）"A,B,C 都发生"，即 ABC；

（5）"A,B,C 都不发生"，即 $\bar{A}\bar{B}\bar{C}$；

（6）"A,B,C 不多于两个发生"是"A,B,C 都发生"的对立事件，即 $\overline{ABC}$．

习题 1.1

1．写出下列随机试验的样本空间：

（1）同时掷两颗色子，记录出现的点数之和．

（2）重复掷一枚硬币，直到出现正面为止，记录掷硬币的次数．

（3）测算灯泡的寿命．

2．写出下列事件中的样本点：

（1）一只袋子中有编号为 1，2，3，4，5 的五个球，从中随机取 3 个球，球的最小号码为 1．

（2）将一枚硬币掷两次，A 表示"第一次出现正面"，B 表示"两次出现不同的面"，C 表示"至少有一次出现正面"．

3．在先后掷三枚均匀硬币的试验中，用集合表示下列事件：

（1）$A=\{$至少出现一个正面$\}$；　　　　（2）$B=\{$最多出现一个正面$\}$；

（3）$C = \{$恰好出现一个正面$\}$；　　　（4）$D = \{$出现三面相同$\}$.

4. 用集合表示下列随机试验的样本空间与随机事件 A：

（1）同时掷三枚骰子，记录三枚骰子的点数之和，事件 A 表示"点数之和大于 10".

（2）对目标进行射击，击中后便停止射击，观察射击的次数，事件 A 表示"射击次数不超过 5 次".

5. 以下命题正确的是（　　　）.

（A）$AB \cup A\bar{B} = A$　　　　　　（B）若 $A \subset B$，则 $AB = A$

（C）若 $A \subset B$，则 $\bar{B} \subset \bar{A}$　　　　（D）若 $A \subset B$，则 $A \cup B = B$

6. 若事件 A, B, C 满足等式 $A \cup C = B \cup C$，试问 $A = B$ 是否成立？

7. 指出下列事件等式成立的条件：（1）$A \cup B = A$；（2）$AB = A$.

8. 一个工人生产了 3 个零件，以事件 A_i 表示他生产的第 i 个零件是合格品（$i = 1, 2, 3$），试用 $A_i (i = 1, 2, 3)$ 表示下列事件：

（1）$B_1 = \{$只有第一个零件是合格品$\}$；

（2）$B_2 = \{$三个零件中只有一个合格品$\}$；

（3）$B_3 = \{$第一个是合格品，但后两个零件中至少有一个次品$\}$；

（4）$B_4 = \{$三个零件中最多只有两个合格品$\}$；

（5）$B_5 = \{$三个零件都是次品$\}$；

（6）$B_6 = \{$三个零件中最多有一个次品$\}$.

9. 对飞机进行两次射击，每次射一弹，设 $A = \{$恰有一弹击中飞机$\}$，$B = \{$至少有一弹击中飞机$\}$，$C = \{$两弹都击中飞机$\}$，$D = \{$两弹都没击中飞机$\}$. 又设 X 为击中飞机的次数；

（1）试用 X 表示事件 A, B, C, D；

（2）A, B, C, D 中哪些是互不相容的事件？哪些是对立的事件？

10. 请叙述下列事件的对立事件：

（1）$A = \{$掷两枚硬币，皆为正面$\}$；

（2）$B = \{$射击三次，皆命中目标$\}$；

（3）$C = \{$加工四个零件，至少有一个合格品$\}$.

11. 事件 A 与 B 互不相容，试问 A 与 B 是否对立？反之如何？

12. 设 X 表示某试验的结果，其样本空间为 $\Omega = \{0 \leqslant X \leqslant 2\}$，记事件 $A = \{0.5 < X \leqslant 1\}$，事件 $B = \{0.25 \leqslant X < 1.5\}$，写出下列各事件：（1）$\overline{AB}$；（2）$\overline{A \cup B}$；（3）$\overline{A}\,\overline{B}$；（4）$\overline{A} \cup \overline{B}$.

1.2　概率的定义及确定方法

正如英国逻辑学家和经济学家杰文思所说："概率是生活真正的领路人，如果没有对概率的某种估计，我们就寸步难移，无所作为". 研究随机现象的目的之一是确定事件发生的可能性大小. **概率**（probability）是事件发生的可能性大小的度量. 事件的特征不同，度量其发生的可能性大小的方法也不同. 本节介绍古典概率、几何概率、频率和主观概率.

1.2.1 主观概率

早在远古时期,先民就知道根据经验寻找猎物或鱼群出现可能性最大的地方去狩猎或捕鱼. 贝叶斯(Thomas Bayes)学派认为, 一个事件的概率是人们根据对事件发生的可能性所给出的个人信念. 根据主观判断来确定事件发生的可能性大小叫做**主观概率**.

Thomas Bayes
(1702—1763)

例 1.2.1 用主观判断确定概率的例子:

(1)人们根据经验给出下雨的概率.

(2)人们根据经验给出股票上涨的概率.

(3)医生根据经验给出患者患有某种疾病的概率.

(4)外科医生根据经验和患者的病情给出手术成功的概率.

(5)体育爱好者根据球队的情况和经验预测球队赢得比赛的概率.

主观概率是对事件发生的概率的推断和估计,其精确性有待于实践的检验和修正.

1.2.2 概率的频率定义

现实当中许多随机现象的样本点都非常多,各样本点出现的可能性也不相同,而且同样的试验,不同的条件下结果会随时发生变化. 如居民的收入、产品的市场占有率等. 当样本点不是等可能出现时,或条件会随时发生变化时,事件发生的可能性大小可以通过分析大量试验的结果加以研究. 设事件 A 在 n 次重复试验中共发生了 f_n 次,则称 f_n 为事件 A 在 n 次重复试验中发生的**频数**(frequency),$F_n(A) = \dfrac{f_n}{n}$ 为事件 A 在 n 次重复试验中发生的**频率**. 历史上很多数学家和统计学家做过掷硬币的试验,表 1.2.1 是历史上掷硬币试验的一些结果.

表 1.2.1 历史上掷硬币试验的若干结果

试验者	掷硬币次数	出现正面次数	频率
德摩根(De Morgan)	2 048	1 061	0.518 1
蒲丰(Buffon)	4 040	2 048	0.506 9
费勒(Feller)	10 000	4 979	0.497 9
皮尔逊(Pearson)	12 000	6 019	0.501 6
皮尔逊	24 000	12 012	0.500 5

从表 1.2.1 可以看出,随着试验次数的增加,正面出现的频率越来越接近于 0.5. 实践表明,频率虽然不是固定的,但当试验次数 n 充分大时,事件 A 发生的频率就会在一个确定实数 $P(A)$ 处波动. 一般地,试验次数越多,频率的波动越小,这叫作**频率的稳定性**.

Dewey G. 统计了约 438023 个英文单词中各个字母出现的频率,发现英语中 26 个字母出现的频率从高到低依次是 E, T, O, A, N, I, R, S, H, D, L, C, F, U, M, P, Y, W, G, B, V, K, X, J, Q, Z,

且频率相当稳定. 字母使用频率的研究, 在打字机键盘的设计、信息的编码、密码的破译等领域都有重要的应用.

当试验次数充分多时, 频率稳定地趋向的实数 $P(A)$ 叫作事件 A 的**概率**, 这是概率的频率定义, 这个定义是奥地利数学家米泽斯于 1919 年提出的. 因此, 可以**用充分多次试验中事件 A 的频率作为事件 A 发生的概率的近似值**, 这是确定概率的有一种有效方法. 大量统计调查获得的某类事件发生的频率可作为该类事件概率的近似值. 如第六次全国人口普查统计数据显示男性人口占 51.27%, 女性人口占 48.73%, 所以从全国随机抽取 1 人是男性的概率近似为 0.5127.

概率的频率定义使通过计算机大量重复地试验近似求解事件的概率成为可能, 此方法称为**蒙特卡罗法**. 应该指出的是, 从应用角度看, 频率定义可以克服等可能性观点不易解决的某些困难, 但从理论上讲, 这种定义方法也是不够严谨的.

1.2.3 古典概率

在公元前 2000 年的埃及古墓中已有正方形的骰子, 可想而知当时就出现了掷骰子的游戏或赌博. 数学家卡丹诺 (G.Cardano, 1501—1576) 首先觉察到, 赌博输赢虽然是偶然的, 但较大的赌博次数会呈现出一定的规律性, 卡丹诺为此还写了一本《论赌博》的小册子, 书中计算了掷两颗骰子或三颗骰子时, 在一切可能的方法中有多少方法得到某一点数.

P.S.Laplace
(1749—1827)

掷一枚均匀的骰子, 出现 2 点的可能性有多大呢? 点数小于 3 的可能性有多大呢? 将掷一枚均匀的骰子看作一次试验, 设事件 $A = \{$ 出现 2 点 $\}$, 事件 $B = \{$ 出现的点数小于 3 $\}$. 因为样本空间包含 6 个样本点, 可以认为这 6 个样本点出现的可能性相同, A 只包含 1 个样本点, B 只包含 2 个样本点, 因此自然想到, A 发生的可能性为 $\frac{1}{6}$, B 发生的可能性为 $\frac{2}{6} = \frac{1}{3}$. 换句话说, $\frac{1}{6}$ 度量了 A 发生的可能性大小, $\frac{1}{3}$ 度量了事件 B 发生的可能性大小.

1814 年拉普拉斯 (P. S. Laplace, 1749—1827) 在《分析概率》一书中给出了概率的古典定义: 事件 A 的概率 $P(A)$ 等于一次试验中有利于事件 A 的可能的结果数与该试验中所有可能的结果数之比.

定义 1.2.1 设样本空间 $\Omega = \{\omega_1, \omega_2, \cdots, \omega_n\}$ 中有 n 个样本点 $\omega_1, \omega_2, \cdots, \omega_n$, 且各样本点是等可能发生的. 事件 A 中有 m 个样本点, 则称 $P(A) = \frac{m}{n}$ 为事件 A 的**古典概率** (classical probability), 简称**概率**.

计算古典概率时, 样本点的个数可以借助排列组合数来计算.

例 1.2.2 随机地选 10 个人, 试求这 10 个人生日不在同一天的概率.

解 因为随机地选取 10 个人, 所以每个人在一年 365 天中任何一天出生是等可能的, 这样 10 个人的生日共有 365^{10} 种可能, 样本空间中的样本点个数为 365^{10}. 10 个人生日不在同一天, 可以看作从 365 天里选出 10 天进行排列, 所以 10 个人生日不在同一天的样本点个数为排列数 A_{365}^{10}. 所以事件 $A = \{10$ 个人生日不在同一天 $\}$ 含有 A_{365}^{10} 个样本点. 由古典概率的定义,

10 个人生日不在同一天的概率为

$$P(A) = \frac{A_{365}^{10}}{365^{10}} \approx 0.8831.$$

例 1.2.3　从一个班里的 36 名同学中随机选 3 名同学当班干部，试求其中甲同学当选的概率.

解　从 36 名同学中随机选 3 名同学共有 C_{36}^3 可能，所以样本空间 Ω 中样本点的个数为 C_{36}^3. 若要甲同学当选只需从剩下的 35 名同学中随机选 2 名即可，即甲同学当选的可能情况有 C_{35}^2 种. 所以事件 $A = \{$甲同学当选$\}$ 含有 C_{35}^2 个样本点. 由古典概率的定义，

$$P(A) = \frac{C_{35}^2}{C_{36}^3} \approx 0.0833.$$

例 1.2.4　已知某种产品 1000 件中有 50 件次品（次品率为 5%）. 试求从 1000 件这种产品中随机抽取 100 件，其中恰有 5 件次品的概率.

解　因从 1000 件产品中随机抽取 100 件共有 C_{1000}^{100} 种可能取法，所以样本空间 Ω 中样本点的个数为 C_{1000}^{100}. 又因为是随机抽取，所以这 C_{1000}^{100} 个样本点是等可能的. 100 件产品中恰有 5 件次品共有 $C_{950}^{95} C_{50}^5$ 种可能取法，所以事件 $A = \{$随机抽取 100 件产品中恰有 5 件次品$\}$ 包含的样本点数为 $C_{950}^{95} C_{50}^5$. 由古典概率的定义，

$$P(A) = \frac{C_{950}^{95} C_{50}^5}{C_{1000}^{100}} \approx 0.1897.$$

例 1.2.5　盒子中有 100 张彩票，其中只有 10 张有奖，现在把彩票随机地一张张摸出来，摸完后再开奖. 试求第 $k (1 \le k \le 100)$ 次摸到奖的概率.

解　把 100 张彩票都看作不同的(设想它们已编号)，若把摸出的彩票依次排列在 100 个位置上，则可能的排列法为 100!，把它们作为样本点全体. 第 k 次要摸到奖，可以设想先在第 k 个位置上放一张有奖彩票，其余 99 个位置上随机地各放一张彩票，则第 k 个位置上有 10 种可能，其余 99 张彩票的排列有 99!种可能. 所以第 k 次要摸到奖共有 $10 \times 99!$ 种可能，故事件 $A = \{$第 k 次摸到奖$\}$ 的概率为

$$P(A) = \frac{10 \times 99!}{100!} = \frac{1}{10}.$$

这个结果说明中奖概率与摸彩票先后顺序无关.

1.2.4　几何概率

古典概率要求样本空间是有限的，样本点是等可能发生的. 当样本空间是无限的，样本点是等可能发生的，可用几何概率度量事件的概率. 1706 年法国数学家蒲丰（G. L. L. de Buffon，1707—1788）在《偶然性的算术试验》一书中把概率和几何结合起来，开始了几何概率的研究，他提出的"蒲丰问题"就是采取几何概率的方法来求圆周率 π 的尝试.

G.L.L. de Buffon
(1707—1788)

例如，在区间[1,5]内做随机投点试验，假设每次都能投中区间[1,5]，且[1,5]内每个点被投中的可能性相等，则投中区间[2,4]的概率是多少？由于区间[1,5]的长度为4，而[2,4]的长度为 2，每个点被投中的可能性相同，自然想到[2,4]被投中的可能性为 $\frac{2}{4}=\frac{1}{2}$. 长度是一维空间的测度，所以[2,4]被投中的可能性是[2,4]的测度比[1,5]的测度.

定义 1.2.2 若样本空间 Ω 构成 n 维空间的一个有限可测区域 G，且样本空间中的点是等可能出现的，而事件 $A \subset G$ 构成 G 的某一部分可测区域 g，如图 1.2.1 所示，则称

$$P(A) = \frac{g\ 的测度}{G\ 的测度} \qquad (1.2.1)$$

图 1.2.1 几何概率

为事件 A 的**几何概率**（geometric probability）. 当 $A = \varnothing$ 时规定 $P(A) = 0$.

定义 1.2.2 中的"测度"可以这样理解：$n=1$ 时，它指长度；$n=2$ 时，它指面积；$n=3$ 时，它指体积.

例 1.2.6 甲、乙两人约定在 8 时到 9 时之间在某地会面，并约定先到者等候后到者 15 分钟即可离去. 假设甲、乙两人在 8 时到 9 时之间的任何时刻到达的可能性都相同，试求两人能会面的概率.

解 如图 1.2.2 所示，在平面上建立直角坐标系. 以 x 和 y 分别表示甲、乙两人到达约会地点的时间，(x,y) 的所有可能结果是边长为 60 的正方形内的点，而两人能够会面的充要条件是

$$|x - y| \leqslant 15,$$

两人可能会面的时间如图 1.2.2 中的阴影部分所表示. 这是一个几何概率问题，由定义 1.2.2 知：

图 1.2.2 会面问题

$$P(A) = \frac{S_A}{S_\Omega} = \frac{60^2 - 45^2}{60^2} = 0.4375.$$

例 1.2.7 设一质点落在 xOy 平面上由 x 轴、$x=1$ 及直线 $y=x$ 所围成的三角形内，而落在这三角形内各点处的可能性相等，试求此质点落在 $y=x^2$ 以上的概率.

解 依题意知，这是一个几何概率问题. 如图 1.2.3 所示，样本空间为

$$\Omega = \{(x,y) : 0 < x < 1, 0 < y < x\},$$

Ω 的面积为 $S_\Omega = 0.5$.

事件 $A = \{$质点落在 $y=x^2$ 以上$\}$ 含的样本点为

$$A = \{(x,y) : 0 < x < 1, x^2 < y < x\},$$

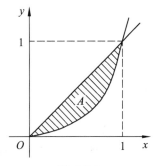

图 1.2.3

A 的面积为 $S_A = \int_0^1 (x - x^2)\mathrm{d}x = \dfrac{1}{6}$，所以

$$P(A) = \frac{S_A}{S_\Omega} = \frac{1}{3}.$$

1.2.5* 概率的公理化定义

概率的定义经历了主观定义、古典定义、几何定义、频率定义，但到 19 世纪末几何定义出现了贝特朗悖论. 这反映了几何概率的逻辑基础是不够严密的，同时也说明拉普拉斯关于概率的古典定义带有很大的局限性. 1900 年，德国数学家希尔伯特（Hilbert,1862—1943）在国际数学家大会上提出建立概率论公理化体系的问题. 最先从事这方面研究工作的有法国的波莱尔（E. Borel,1871—1956）及前苏联的伯恩斯坦（Бернштейн，1880—1968）等数学家，但他们提出的几种公理体系在数学上都不够严密. 到了 20 世纪 30 年代，随着大数定律的深入研究，概率论与测度论的联系愈来愈明显. 在这种背景下，前苏联数学家柯尔莫哥洛夫（А. Н. Колмогоров，1903—1987）于 1933 年在他的《概率论基础》一书中首次给出了一套严密的概率论公理体系，得到举世公认. 概率论公理体系的第一个基本概念是随机试验的"基本事件集合"，可能的基本事件组成的任意集合被称为随机事件. 这样概率论公理体系使随机事件的运算和集合运算统一起来，使概率论成为一门严谨的演绎科学. 概率论公理体系是概率论发展史上的一个里程碑，为现代概率论的蓬勃发展打下了坚实的基础.

А. Н. Колмогоров
（1903—1987）

由随机试验 E 的一切事件组合的集合称为事件域，记作 F，$F = \{A : A \subset \Omega\}$. 例如，若样本空间 $\Omega = \{0,1\}$，则事件域为

$$F = \{\varnothing, \ \{0\}, \ \ \{1\}, \ \Omega\}.$$

定义 1.2.3（概率的公理化定义）　设 Ω 是随机试验 E 的样本空间，F 为 Ω 的某些子集组成的一个事件域. 如果对任一事件 $A \in F$，定义在 F 上的一个实值函数 $P(A)$ 满足：

公理 1（非负性）$\forall A \in F$，$P(A) \geqslant 0$.

公理 2（正则性）$P(\Omega) = 1$.

公理 3（可列可加性）若事件 $A_1, A_2, \cdots, A_i, \cdots$ 两两互不相容，则

$$P\left(\bigcup_{i=1}^{+\infty} A_i\right) = \sum_{i=1}^{+\infty} P(A_i),$$

则称 $P(A)$ 为事件 A 的**概率**，称三元素 (Ω, F, P) 为**概率空间**（probability space）.

公理化定义刻画了概率的本质，囊括了其他概率定义的特征. 若定义在事件域上的函数 $P(A)$ 满足以上三条公理，就可以称为概率，不满足三条公理中的任何一条，都不能算作概率. 概率的公理化定义虽然给出了理论上的概率定义，但用其具体确定事件的概率却不太容易. 实践中主要用主观定义、古典定义、几何定义、频率定义来确定事件的概率.

1.2.6 概率的性质与公式

现在借助于维恩图以几何概率为依据介绍概率的一些重要性质和公式. 如图 1.1.1 至图 1.1.6 所示，设表示样本空间的矩形的面积为 1，且矩形中的点是等可能出现的，则表示事件 A 和 B 的图形的面积即为事件 A 和 B 的概率，显然有：

（1）不可能事件的概率为 0，即 $P(\varnothing) = 0$；必然事件的概率为 1，即 $P(\Omega) = 1$.

（2）若 $AB = \varnothing$，则

$$P(A \cup B) = P(A) + P(B). \tag{1.2.2}$$

一般地，若 $A_i (i = 1, 2, \cdots, n)$ 为试验 E 之 n 个事件，且 $A_i A_j = \varnothing (i \neq j)$，则

$$P(\bigcup_{i=1}^{n} A_i) = \sum_{i=1}^{n} P(A_i). \tag{1.2.3}$$

（3）对任意三个事件 A, B, C，有

$$P(A \cup B) = P(A) + P(B) - P(AB), \tag{1.2.4}$$

$$P(A \cup B \cup C) = P(A) + P(B) + P(C) - P(AB) - P(BC) - P(CA) + P(ABC). \tag{1.2.5}$$

（4）对任一事件 A，有

$$P(\overline{A}) = 1 - P(A). \tag{1.2.6}$$

（5）对任意两个事件 A 和 B，有

$$P(A - B) = P(A\overline{B}) = P(A) - P(AB). \tag{1.2.7}$$

例 1.2.8 设 A 和 B 是两个事件，$P(A) = 0.4$，$P(B) = 0.3$，$P(A \cup B) = 0.6$，试求 $P(A\overline{B})$.

解 由于 $P(A \cup B) = P(A) + P(B) - P(AB)$，所以

$$P(AB) = P(A) + P(B) - P(A \cup B) = 0.4 + 0.3 - 0.6 = 0.1.$$

则
$$P(A\overline{B}) = P(A) - P(AB) = 0.4 - 0.1 = 0.3.$$

例 1.2.9 设 A 和 B 是两个事件，$P(A\overline{B}) = 0.4$，$P(B) = 0.3$，试求 $P(\overline{A}\overline{B})$.

解 由于

$$P(A \cup B) = P(A) + P(B) - P(AB) = P(A\overline{B}) + P(B) = 0.4 + 0.3 = 0.7,$$

所以

$$P(\overline{A}\overline{B}) = 1 - P(A \cup B) = 1 - 0.7 = 0.3.$$

例 1.2.10 设 A 和 B 是两个事件，且 $P(A) = p$，$P(AB) = P(\overline{A}\overline{B})$，试求 $P(B)$.

解 由于

$$P(\overline{A}\,\overline{B}) = 1 - P(A \cup B) = 1 - P(A) - P(B) + P(AB),$$

又由于 $P(AB) = P(\overline{A}\,\overline{B})$ 且 $P(A) = p$，故

$$P(B) = 1 - P(A) = 1 - p.$$

例 1.2.11 袋中有大小形状相同的 4 个白球和 2 个红球. 从袋中先后无放回地各随机抽取 1 个球. 设 A 表示"第一次取到白球"，B 表示"第二次取到白球". 试求：（1）A 发生的概率；（2）AB 发生的概率；（3）B 发生的概率；（4）第一次取得白球且第二次取得红球的概率；（5）两次取到的球颜色不同的概率；（6）两次取到的球颜色相同的概率；（7）两次至少取到一个白球的概率.

解 （1）袋中共有 6 个球，其中白球有 4 个，所以 $P(A) = \dfrac{2}{3}$；

（2）$P(AB) = \dfrac{C_4^1 C_3^1}{A_6^2} = \dfrac{2}{5}$；

（3）$P(B) = \dfrac{C_4^1 C_3^1}{A_6^2} + \dfrac{C_2^1 C_4^1}{A_6^2} = \dfrac{2}{3}$；

（4）第一次取得白球且第二次取得红球的概率为 $P(A\overline{B}) = \dfrac{C_4^1 C_2^1}{A_6^2} = \dfrac{4}{15}$；

（5）两次取到的球颜色不同的概率为

$$P(A\overline{B} \cup \overline{A}B) = P(A\overline{B}) + P(\overline{A}B) = \frac{C_4^1 C_2^1}{A_6^2} + \frac{C_2^1 C_4^1}{A_6^2} = \frac{8}{15};$$

（6）两次取到的球颜色相同的概率为

$$P(AB \cup \overline{A}\,\overline{B}) = P(AB) + P(\overline{A}\,\overline{B}) = \frac{C_4^1 C_3^1}{A_6^2} + \frac{C_2^1 C_1^1}{A_6^2} = \frac{7}{15};$$

（7）两次至少取到一个白球的概率为

$$P(A \cup B) = 1 - P(\overline{A}\,\overline{B}) = 1 - \frac{C_2^1 C_1^1}{A_6^2} = \frac{14}{15}.$$

不论哪种概率定义，把握概率的含义都应注意两点：一是概率是试验之前对事件发生的可能性大小的一种度量，试验之后结果是确定的. 二是概率体现的是多次试验中频率的稳定性. 例如，掷一枚均匀的硬币，出现正面的概率为 $\dfrac{1}{2}$ 不能理解为'两次试验中一定会出现一次正面'，而是大量重复试验，正面出现的次数接近 $\dfrac{1}{2}$. 同样，产品的次品率为 2%，不能理解为取 100 件必定出现 2 件次品，而是取出充分多件产品时，次品率接近 2%.

习题 1.2

1. 袋中有标号为 0 至 9 的 10 个大小形状都相同的球，现从中不放回地随机取 3 个，试求：（1）最小号码为 5 的概率；（2）最大号码为 5 的概率.

2. 一部四本头的文集随机地放到书架上去，试问各册自右向左或自左向右恰成 1, 2, 3, 4 的顺序的概率是多少？

3. 10 个人从第 1 层进入有 30 层楼的电梯，假如每个人在任一层走出电梯是等可能的，试求此 10 个人在不同楼层走出的概率.

4. 有 10 个砝码，其质量分别为 $1\,g$，$2\,g$，$\cdots$，$10\,g$，从中随机取出 3 个，试求取出的 3 个砝码中，一个小于 $5\,g$，一个等于 $5\,g$，另一个大于 $5\,g$ 的概率.

5. 袋中有黑球、白球各 1 个，每次从袋中随机取 1 个球，取出的球不放回，但再放进 1 个白球，试求第 n 次取得白球的概率.

6. 掷 3 枚硬币，试求至少出现 1 个正面的概率.

7. 随机取两个正整数，试求它们的和为偶数的概率.

8. 从一副 52 张的扑克牌中随机取 4 张，试求下列事件的概率：（1）全是黑桃；（2）同花；（3）没有两张同一花色；（4）同色.

9. 设 9 件产品中有 2 件不合格品. 从中不放回地随机取 2 件，试求取出的 2 件中全是合格品、仅有 1 件合格品和没有合格品的概率.

10. 口袋中有大小形状都相同的 7 个白球和 3 个黑球，从中随机取 2 个，试求取到的 2 个球颜色相同的概率.

11. 在半径为 $R > 0$ 的圆内画平行弦，且设这些弦与垂直于它们的直径的交点在该直径上的位置是等可能的，试求随机画的弦长度大于半径 R 的概率.

12. 在区间 $(0,1)$ 中随机取两个不同的数，试求两数之和小于 1.2 的概率.

13. 设一个质点落在 xOy 平面上由 x 轴，y 轴及直线 $x + y = 1$ 所围成的三角形内，且落在这三角形内各点处的可能性相等，试求此质点落在直线 $x = 0.5$ 的左边的概率.

14. 甲乙两艘轮船驶向一个不能同时停泊两艘轮船的码头，它们在一昼夜内到达的时间是等可能的. 如果甲船的停泊时间是 $1\,h$，乙船的停泊时间是 $2\,h$，试求它们中任何一艘都不需要等候码头空出的概率.

15. 设 A 和 B 是两个事件，$P(A) = \alpha$，$P(B) = 0.3$，$P(\overline{A} \cup B) = 0.7$. 若事件 A 与 B 互不相容，试求 α.

16. 设 A 和 B 是两个事件，$P(A) = 0.4$，$P(B) = 0.3$，$P(A \cup B) = 0.6$，试求 $P(AB)$，$P(\overline{A}B)$，$P(A\overline{B})$，$P(\overline{A}\,\overline{B})$.

17. 设 A 和 B 是两个事件，$P(A) = 0.6$，$P(B) = 0.7$，试问在什么条件下 $P(AB)$ 最大，在什么条件下 $P(AB)$ 最小？

18. 设事件 A 与 B 互不相容，则（　　　　）.

（A）$P(\overline{AB}) = 0$ 　　　　　　　　　　（B）$P(AB) = P(A)P(B)$

（C）$P(\overline{A}) = 1 - P(B)$ 　　　　　　　（D）$P(\overline{A} \cup \overline{B}) = 1$

19. 设 A 和 B 是两个事件，则 $P(A - B) = ($ 　　　$)$.

（A）$P(A) - P(B)$ 　　　　　　　　　（B）$P(A) - P(B) + P(\overline{A}B)$

（C）$P(A) - P(AB)$ 　　　　　　　　　（D）$P(A) + P(\overline{B}) - P(AB)$

20. 某城市共发行 A, B, C 三种报纸，该城市的居民订购 A 报纸的有 45%，订购 B 报纸的有 35%，订购 C 报纸的有 30%，同时订购 A, B 两种报纸的有 10%，同时订购 B, C 两种报纸的有 5%，同时订购 A, C 两种报纸的有 8%，同时订购 A, B, C 三种报纸的有 3%. 试求下列事件的概率：（1）只订购 A 报纸的概率；（2）只订购 A 报纸与 B 报纸的概率；（3）只订购一种报纸的概率；（4）恰好订购两种报纸的概率；（5）至少订购一种报纸的概率；（6）不订购报纸的概率.

1.3　条件概率与事件的独立性

事件 A 的发生可能影响事件 B 的发生，也可能不影响事件 B 的发生. 1990 年 9 月，美国畅销杂志《Parade》的 "玛丽莲" 专栏刊登了一道趣味数学题：有三扇门供选择，其中一扇门的后面是汽车，另两扇门后面都是山羊，你当然想选汽车. 主持人先让你随意选，比如你选了一号门，这时主持人打开了三号门，门的后面是一只山羊，现在主持人问："为了以较大概率选中汽车，你是坚持选一号门，还是愿意换选二号门？"

这道数学题引起了美国 1000 多所大、中、小学师生们的激烈争论. 在给玛丽莲小组的 1 万多封读者来信中，有 1000 多封是具有博士头衔的读者写的，他们都说玛丽莲小姐所公布的答案 "应该换选二号门" 是错的. 之所以有如此的争论，是因为主持人打开了三号门影响了得到汽车的概率. 亲爱的读者你认为该如何选择呢？

1.3.1　条件概率

袋中有形状大小相同的 3 个球，其中 1 个是纯白色球，1 个是纯黑色球，1 个是黑白两色球. 从中随机取 1 个球，设取到纯黑色球为事件 A，取到带黑颜色球为事件 B，已知取到带黑颜色球的情况下是纯黑色球为事件 $A|B$. 显然，$P(A) = \dfrac{1}{3}$，$P(B) = \dfrac{2}{3}$，$P(AB) = \dfrac{1}{3}$，$P(A|B) = \dfrac{1}{2}$. 不难发现，$P(A|B) = \dfrac{P(AB)}{P(B)}$.

定义 1.3.1　设 A 和 B 是两个事件，$P(B) > 0$，称

$$P(A|B) = \frac{P(AB)}{P(B)} \tag{1.3.1}$$

为在已知事件 B 发生的条件下，事件 A 发生的**条件概率**（conditional probability）.

由条件概率的定义可知，对任意两个事件 A 和 B，若 $P(B)>0$，$P(A)>0$，则有

$$P(AB) = P(B)P(A|B) = P(A)P(B|A)，\qquad (1.3.2)$$

称式（1.3.2）为概率的**乘法公式**.

例 1.3.1　某班有 18 名男生 12 名女生，其中男学生干部 3 名，女学生干部 2 名，从中随机选一名学生，试求：

（1）选到男生的概率；

（2）选到男生情况下是学生干部的概率；

（3）选到男学生干部的概率.

解　设随机选一名学生是男生为事件 B，是学生干部为事件 A，则：

（1）选到男生的概率：$P(B) = \dfrac{18}{30} = 0.6$；

（2）选到男生情况下是学生干部的概率：$P(A|B) = \dfrac{P(AB)}{P(B)} = \dfrac{\frac{3}{30}}{0.6} = \dfrac{1}{6}$；

（3）选到男学生干部的概率：$P(AB) = P(B)P(A|B) = 0.1$.

例 1.3.2　设有 1000 件产品，其中 850 件是正品，150 件是次品，从中依次随机抽取 2 件，2 件都是次品的概率是多少？

解　设 A_i 表示"第 i 次抽取到的是次品"，$i = 1, 2$，故所求概率为 $P(A_1 A_2)$. 又

$$P(A_1) = \frac{150}{1000}，\quad P(A_2|A_1) = \frac{149}{999}，$$

故

$$P(A_1 A_2) = P(A_1)P(A_2|A_1) = \frac{150}{1000} \times \frac{149}{999} = 0.0224.$$

下面给出一个事件在多种条件下发生的概率的计算公式，先看一个例子.

例 1.3.3　一箱产品是三家工厂生产的，其中 $\dfrac{1}{2}$ 是第一家工厂生产的，其余二厂各生产了 $\dfrac{1}{4}$. 已知第一、二、三家工厂的不合格率分别是 0.02, 0.03, 0.04. 现从该箱中随机取一件产品，试问取到不合格品的概率是多少？

分析　设 B_i 为"取到第 i 家工厂生产的产品"之事件（$i = 1,2,3$），A 为"取到的产品不合格"之事件. 则由题意可知：

$$P(B_1) = 0.5，P(B_2) = P(B_3) = 0.25，$$

$$P(A|B_1) = 0.02，P(A|B_2) = 0.03，P(A|B_3) = 0.04.$$

因 $\Omega = B_1 \bigcup B_2 \bigcup B_3$ 且 B_1, B_2, B_3 互不相容，故

$$A = A\Omega = A(B_1 \bigcup B_2 \bigcup B_3) = AB_1 \bigcup AB_2 \bigcup AB_3.$$

则
$$P(A) = P(AB_1 \bigcup AB_2 \bigcup AB_3) = P(AB_1) + P(AB_2) + P(AB_3)$$
$$= P(B_1)P(A|B_1) + P(B_2)P(A|B_2) + P(B_3)P(A|B_3)$$
$$= 0.5 \times 0.02 + 0.25 \times 0.03 + 0.25 \times 0.04 = 0.0275 .$$

定理 1.3.1　设 $B_i(i=1,2,\cdots,n)$ 是一列互不相容的事件，且有 $\bigcup\limits_{i=1}^{n} B_i = \Omega$ 与 $P(B_i) > 0$ $(i=1,2,\cdots,n)$ ，则对任一事件 A ，有

$$P(A) = \sum_{i=1}^{n} P(B_i)P(A|B_i) , \tag{1.3.3}$$

这个公式称作**全概率公式**.

例 1.3.4 (**敏感性问题调查**)* 在对涉及个人隐私或不便公开自己见解的敏感性问题的调查中，被调查者往往不愿当面或公开回答，所以需要精心设计调查方案，以便既取得满意的数据又不会泄露被调查者的观点. 美国社会学家沃纳（Warner）1965 年首先引入了随机化回答技术（randomized response technique，记为 RRT），称为 Warner 模型. 被调查者被请进一间没有调查者的单独调查室，自己完成调查过程，其中被调查者需要完成一张只有 A 和 B 两个问题的调查问卷. 调查过程的第一步是被调查者先从装有红球和白球的罐子里随机摸出一球，若摸到红球，则回答调查问卷中 A 问题，若摸到白球，则回答 B 问题. A 问题和 B 问题是对一个敏感问题提出的两个相关联却又相反的描述语句（有敏感问题与没有敏感问题），例如：

A 问题：	你有×××观点吗？	□是	□否
B 问题：	你没有×××观点吗？	□是	□否

第二步是完成问卷，被调查者无论回答 A 问题还是 B 问题只须在问卷上认可的方框内打"√"或打"×". 第三步是将完成的问卷放入一个密封的投票箱内. 这样调查者就无从知晓被调查者回答的是 A 问题还是 B 问题，是认可观点还是否认观点.

1967 年西蒙斯（Simmons）对 Warner 模型做了一定改进，改用与敏感问题 A 无关的非敏感问题 B 替代了前述的对立问题得到了 Simmons 模型. 例如，

A 问题：	你有×××观点吗？	□是	□否
B 问题：	你的生日是在 7 月 1 日之前吗？	□是	□否

例如，在对某个敏感性问题的调查中，共收回了 1000 份问卷，其中有 250 份问卷回答"是". 而罐子里有 20 个白球，30 个红球，所以

$$P(白球) = 0.4, P(红球) = 0.6, P(是|白球) = 0.5, P(是|红球) = p ,$$

则
$$P(是) = P(白球)P(是|白球) + P(红球)P(是|红) = 0.4 \times 0.5 + 0.6 \times p .$$
1000 份问卷中回答"是"的频率为 0.25，以此作为概率 $P(是)$ 的估计值，这样

$$0.25 \approx 0.4 \times 0.5 + 0.6 \times p ,$$

故 $p \approx 0.0833$. 这表明有 8.33%的被调查者持有×××观点.

1.3.2　事件的独立性

如果事件 A 的发生对事件 B 的发生没有影响，则自然应该有 $P(B) = P(B|A)$ ，此时必有 $P(AB) = P(A)P(B)$.

定义 1.3.2　对任意的两个事件 A 和 B ，若

$$P(AB) = P(A)P(B) \tag{1.3.4}$$

成立，则称事件 A 和 B **相互独立**（mutual independence）.

通俗地讲，A 与 B 相互独立是指 A 是否发生与 B 是否发生没有关系. 如先后掷两枚均匀的硬币，令 $A = \{$第一枚硬币出现正面$\}$，$B = \{$第二枚硬币出现正面$\}$，显然 A 与 B 相互独立，因为 A 或 B 是否发生互不影响.

定理 1.3.2　（1）若 $P(A) > 0$ ，则 A 与 B 独立的充要条件是

$$P(B) = P(B|A) . \tag{1.3.5}$$

（2）若 A 与 B 相互独立，则 A 与 $\overline{B}$ ，$\overline{A}$ 与 B ，$\overline{A}$ 与 $\overline{B}$ 也相互独立.

事件的独立性概念可推广到 n 个事件的情形.

定义 1.3.3　若从 n 个事件 $A_i(i = 1,2,\cdots,n)$ 中随机取 $r(r = 2,3,\cdots,n)$ 个事件 $A_{i_1}, A_{i_2}, \cdots, A_{i_r}$ ，都有

$$P(A_{i_1} A_{i_2} \cdots A_{i_r}) = P(A_{i_1})P(A_{i_2})\cdots P(A_{i_r}) , \tag{1.3.6}$$

则称事件 $A_i(i = 1,2,\cdots,n)$ **相互独立**.

事件的独立性在实际问题中往往不是用定义来检验的，而是根据具体情况来判断的.

例 1.3.5　双色球彩票是一种大盘玩法游戏，属乐透型彩票范畴，由中国福利彩票发行管理中心统一组织发行，在全国范围内销售. 双色球投注区分为红球号码区和蓝球号码区，红球号码范围为 01 ~ 33，蓝球号码范围为 01 ~ 16. 双色球每期从 33 个红球中开出 6 个号码，从 16 个蓝球中开出 1 个号码作为中奖号码，双色球玩法即是竞猜开奖号码的 6 个红球号码和 1 个蓝球号码，顺序不限. 一等奖为 6 个红球和一个蓝球的号码全猜中. 试求：

双色球

（1）购买一张双色球彩票中一等奖的概率；

（2）每周买一张，连续买 10 年至少中一次一等奖的概率（一年按 52 周算）.

解　（1）依题意，6 个红球号码和 1 个蓝球号码共有 $C_{16}^1 C_{33}^6$ 中排列组合方式，一等奖只有唯一的一组号码，因此购买一张双色球彩票中一等奖的概率为

$$P(A) = \frac{1}{C_{16}^1 C_{33}^6} = 1/17721088 \approx 0.00000006 .$$

（2）每周买一张，连续买 10 年时，每次是否中一等奖是相互独立的，这样 10 年都不中

一等奖的概率为 $(1-P(A))^{520}$. 因此每周买一张，连续买 10 年至少中一次一等奖的概率为

$$P(B) = 1 - (1 - P(A))^{520} \approx 0.00002934 .$$

如果一个事件发生的概率非常小，我们称其为小概率事件(event of small probability). "小概率事件在一次试验中几乎是不可能发生的"称为小概率事件的实际不可能性原理.

例 1.3.6　加工某种零件需经过三道工序，设第一、第二、第三道工序出现不合格品的概率分别是 0.02, 0.03, 0.05. 设各道工序的工作互不影响，试求随机抽取一个零件是不合格品的概率.

解　设第一、第二、第三道工序出现不合格品的事件为 A_1, A_2, A_3 ，随机抽取一个零件是不合格品为事件 B . 由题意得

$$P(B) = P(A_1 \bigcup A_2 \bigcup A_3) = 1 - P(\overline{A}_1 \overline{A}_2 \overline{A}_3) .$$

由于 A_1, A_2, A_3 相互独立，所以

$$P(B) = 1 - P(\overline{A}_1)P(\overline{A}_2)P(\overline{A}_3) = 1 - 0.98 \times 0.97 \times 0.95 \approx 0.0969 .$$

例 1.3.7　对某一目标依次进行三次独立射击，设第一、二、三次射击的命中率分别为 0.4, 0.5 和 0.7，试求：

（1）三次射击中恰好有一次命中的概率；

（2）三次射击中至少有一次命中的概率.

解　令 $A_i(i=1,2,3) = \{$第 i 次射击命中目标$\}$ ， $B = \{$三次射击中恰好有一次命中目标$\}$ ， $C = \{$三次射击中至少有一次命中目标$\}$ ，则

$$B = \overline{A}_1 \overline{A}_2 A_3 \bigcup \overline{A}_1 A_2 \overline{A}_3 \bigcup A_1 \overline{A}_2 \overline{A}_3 , \quad C = A_1 \bigcup A_2 \bigcup A_3 ,$$

由 A_1, A_2, A_3 的独立性知，

（1）$P(B) = P(\overline{A}_1)P(\overline{A}_2)P(A_3) + P(\overline{A}_1)P(A_2)P(\overline{A}_3) + P(A_1)P(\overline{A}_2)P(\overline{A}_3)$

$$= 0.6 \times 0.5 \times 0.7 + 0.6 \times 0.5 \times 0.3 + 0.4 \times 0.5 \times 0.3 = 0.36 ;$$

（2）$P(C) = 1 - P(\overline{A}_1 \overline{A}_2 \overline{A}_3) = 1 - P(\overline{A}_1)P(\overline{A}_2)P(\overline{A}_3) = 1 - 0.6 \times 0.5 \times 0.3 = 0.91 .$

例 1.3.8　设某个系统由 4 个部件构成，其中每个部件的可靠性均为 $p = 0.99$ ，且各个部件的工作是彼此独立的. 现用这 4 个部件分别构成图 1.3.1 所示的系统 1 和图 1.3.2 所示的系统 2，试比较这两个系统可靠性的大小.

图 1.3.1　系统 1　　　　　　　图 1.3.2　系统 2

解　系统 1 要正常工作，A_1 和 B_1 至少有一个正常，同时 A_2 和 B_2 也至少有一个是正常的. 由

于各个部件的工作是彼此独立的，所以系统 1 的可靠性为

$$P[(A_1 \bigcup B_1) \bigcap (A_2 \bigcup B_2)] = [P(A_1) + P(B_1) - P(A_1 B_1)][P(A_2) + P(B_2) - P(A_2 B_2)]$$
$$= [P(A_1) + P(B_1) - P(A_1)P(B_1)][P(A_2) + P(B_2) - P(A_2)P(B_2)]$$
$$= (2p - p^2)^2 = (2 \times 0.99 - 0.99^2)^2 = 0.9998.$$

系统 2 要正常工作，A_1 和 A_2 都必须正常或 B_1 和 B_2 都必须正常. 由于各个部件的工作是彼此独立的，所以系统 2 的可靠性为

$$P[(A_1 A_2) \bigcup (B_1 B_2)] = P(A_1 A_2) + P(B_1 B_2) - P(A_1 A_2 B_1 B_2)$$
$$= P(A_1)P(A_2) + P(B_1)P(B_2) - P(A_1)P(A_2)P(B_1)P(B_2)$$
$$= 2p^2 - p^4 = 2 \times 0.99^2 - 0.99^4 \approx 0.9996.$$

显然，系统 1 的可靠性要高于系统 2.

习题 1.3

1. 设 A 与 B 是两个事件，$P(A) = 0.5$，$P(B) = 0.6$，$P(AB) = 0.3$，试求 $P(A \bigcup B)$，$P(A\overline{B})$，$P(A|B)$，$P(\overline{A}|B)$，$P(A|\overline{B})$，$P(\overline{A}|\overline{B})$.

2. 设 A 与 B 是两个事件，$P(A) = 0.5$，$P(B) = 0.3$，$P(AB) = 0$，试求 $P(A \bigcup B)$，$P(A\overline{B})$，$P(A|B)$，$P(\overline{A}|B)$，$P(A|\overline{B})$，$P(\overline{A}|\overline{B})$.

3. 设 A 与 B 是两个事件，$P(A) = 0.5$，$P(B) = 0.6$，且 A 与 B 相互独立，试求 $P(A \bigcup B)$，$P(A\overline{B})$，$P(A|B)$，$P(\overline{A}|B)$，$P(A|\overline{B})$，$P(\overline{A}|\overline{B})$.

4. 事件 A 与 B 相互对立的充要条件是（   ）.

（A）$P(AB) = P(A)P(B)$ 　　　　（B）$P(AB) = 0$ 且 $P(A \bigcup B) = 1$

（C）$AB = \varnothing$ 且 $A \bigcup B = \Omega$ 　　（D）$AB = \varnothing$

5. 设 A 与 B 是两个事件，且 $B \subset A$，则下列式子正确的是（   ）.

（A）$P(A \bigcup B) = P(A)$ 　　　　（B）$P(AB) = P(A)$

（C）$P(B|A) = P(B)$ 　　　　　　（D）$P(B - A) = P(B) - P(A)$

6. 有三个孩子的家庭中，已知有一个女孩，试求此时至少有一个男孩的概率.

7. 设某种动物由出生活到 10 岁的概率为 0.8，而活到 15 岁的概率为 0.4. 试问现年为 10 岁的这种动物能活到 15 岁的概率是多少？

8. 证明：若事件 A 与 B 相互独立，则 A 与 $\overline{B}$，$\overline{A}$ 与 B，$\overline{A}$ 与 $\overline{B}$ 也相互独立.

9. 设 A 与 B 为两个互逆事件，且 $P(A) > 0$，$P(B) > 0$，则（   ）.

（A）$P(B|A) > 0$ 　　　　　　（B）$P(A|B) = P(A)$

（C）$P(A|B) = 0$ 　　　　　　（D）$P(AB) = P(A)P(B)$

10. 设 A 与 B 是两个事件，$P(A) = 0.3$，$P(B) = 0.5$，$P(AB) = 0.15$，则（   ）.

（A）$P(B|A) = P(B)$　　　　　　（B）$P(B|\overline{A}) = P(B)$

（C）$P(A|B) = P(A)$　　　　　　（D）$P(A|\overline{B}) = P(A)$

11. 设 A 与 B 是两个事件，$P(A) = 0.8$，$P(B) = 0.7$，$P(A|B) = 0.8$，则下列结论正确的是（   ）.

（A）$B \supset A$　　　　　　　　（B）$P(A \cup B) = P(A) + P(B)$

（C）事件 A 与事件 B 相互独立　　（D）事件 A 与事件 B 互逆

12. 设 A 与 B 是两个事件，$0 < P(A) < 1$，$0 < P(B) < 1$，$P(A|B) + P(\overline{A}|\overline{B}) = 1$，则（   ）.

（A）事件 A 与 B 互不相容　　　（B）事件 A 与 B 互逆

（C）事件 A 与 B 不相互独立　　（D）事件 A 与 B 相互独立

13. 袋中有 4 个大小形状相同但颜色不同的球，其中 1 个是红色，1 个是白色，1 个是黑色、1 个是带有红白黑三色的彩色球，随机取出 1 个球，设事件 A_1, A_2, A_3 分别为"取到带红颜色的球""取到带白颜色的球""取到带黑颜色的球". 证明事件 A_1, A_2, A_3 两两独立但三个事件不独立.

14. 甲乙两人独立地对同一目标各射击一次，其命中率分别为 0.6 和 0.7，现已知目标至少被击中一次，试求它是甲射中的概率.

15. 设 20 件产品中有 5 件不合格品，从中随机取 2 件，已知 2 件中有一件是不合格品，试求另一件也是不合格品的概率.

16. 在对"是否持有×××观点"的敏感性问题调查中，提出两个问题：① 你是否持有×××观点？② 你是否是龙年出生的？调查用 RRT 方法进行，结果总的回答"是"的比例 $p = 0.3$，红球比例 $\lambda = 0.8$，白球比例 $1 - \lambda = 0.2$，在一般人群中，龙年出生的比例 $\mu = 0.09$，试求抽到敏感问题①人中，回答"是"的比例.

17. 一批一等小麦种子中混有 2% 的二等种子，1.5% 的三等种子和 1% 的四等种子. 已知一、二、三、四等种子能长成优良小麦的概率分别为 50%，15%，10%，5%，试求这批种子能长成优良小麦的概率.

18. 根据以往的临床记录，患有某种疾病而血液化验呈阳性的概率为 0.95，未患有该种疾病而血液化验呈阳性的概率为 0.05，经普查得知人群中患有该疾病的比例为 3‰. 某被普查对象的血液化验呈阳性，试问他确实患有该疾病的概率是多少？

19. 一种无线电通信中，由于随机干扰，当发出信号"·"时，收到的信号是"·""不清"和"–"的概率分别是 0.7, 0.2, 0.1；当发出信号"–"时，收到的信号是"·""不清"和"–"的概率分别是 0.02, 0.08, 0.9. 设整个发报过程中"·"和"–"发出的概率分别为 0.6 和 0.4，试问收到信号为"·""不清"和"–"的概率各是多少？

20. 某学生钥匙掉了，掉在宿舍里，掉在教室里，掉在路上的概率分别是 40%，35% 和 25%，而掉在上述三处地方被找到的概率分别是 0.8, 0.3 和 0.1，试求找到钥匙的概率.

21. 某学生在做一道有 4 个选项的单项选择题时，如果他不知道正确答案时，就作随机猜测. 现从卷面上看题是答对了，试在以下情况下求学生确实知道正确答案的概率.

（1）学生知道正确答案和胡乱猜测的概率都是 0.5；

（2）学生知道正确答案的概率是 0.2.

22. 某类灯泡使用时数在 1000 h 以上的概率是 0.2，试求三个灯泡在使用 1000 h 以后都坏了的概率和都不坏的概率.

23. 向三个相邻的军火库投掷一枚炸弹，炸中第一个军火库的概率为 0.025，炸中其余两个军火库的概率各为 0.1. 只要炸中一个另外两个必然爆炸，试求军火库发生爆炸的概率.

24. 一射手对同一目标进行四次独立的射击，若至少射中一次的概率为 $\frac{80}{81}$，试求此射手每次射击的命中率.

25. 甲、乙、丙三人同时各用一发子弹对目标进行射击，三人各自击中目标的概率分别是 0.4，0.5，0.7. 目标被击中一发而冒烟的概率为 0.2，被击中两发而冒烟的概率为 0.6，被击中三发则必定冒烟，试求目标冒烟的概率.

26. 设三次独立试验中，事件 A 出现的概率相等，若已知 A 至少出现一次的概率等于 $\frac{19}{27}$，则事件 A 在一次试验中出现的概率多大？

27. 三人独立地破译一个密码，他们能单独译出的概率分别为 $\frac{1}{5}$，$\frac{1}{3}$ 和 $\frac{1}{4}$，试求此密码被译出的概率.

28. 有甲乙两批种子，发芽率分别为 0.8 和 0.9，在两批种子中各随机取一粒，试求：

（1）两粒种子都能发芽的概率；

（2）至少有一粒种子能发芽的概率；

（3）恰好有一粒种子能发芽的概率.

29. 设电路由 A,B,C 三个元件组成，若元件 A,B,C 发生故障的概率分别是 0.3，0.2 和 0.2，且各元件独立工作，试在以下情况下，试求此电路发生故障的概率：

（1）A,B,C 三个元件串联；

（2）A,B,C 三个元件并联；

（3）元件 A 与两个并联的元件 B 及 C 串联而成.

1.4 Excel 在计算古典概率中的应用

Excel 是 Microsoft 公司开发的集文字、数据、图形、图表于一身对数据进行计算、统计分析的一款优秀办公软件. Excel 内置有许多常用函数和统计工具，利用这些函数或统计工具可以很方便地对一些问题进行统计分析，以后在各章中将陆续介绍这些函数或统计工具的使用.

　　古典概率的计算常常需要计算一些组合数、排列数、阶乘或幂，Excel 内置有这些常用函数，使用方法是点击'插入(C)/fx 函数(F)'，'插入函数'对话框如图 1.4.1 所示，在'或选择类别(C):'框中选择'数学与三角函数'，再在'选择函数(N):'框中选择要应用的函数，点击确定即可.

图 1.4.1　插入函数对话框

1.4.1　组合数

　　组合数的计算公式为

$$C_n^k = \frac{n!}{k!(n-k)!}.$$

Excel 中的组合数函数为
　　COMBIN(number，number_chosen)
其中，Number 表示对象的总个数，Number_chosen 表示每个组合中选择的对象个数.

　　例 1.4.1　用 Excel 对例 1.2.4 进行求解.

　　解　在空白单元格输入函数=COMBIN(950,95)*COMBIN(50,5)/COMBIN(1000,100)，得所要求的概率约等于 0.1897.

1.4.2　排列数

　　排列数的计算公式为

$$A_n^k = \frac{n!}{(n-k)!}.$$

Excel 中的排列数函数为
　　PERMUT(number，number_chosen)
其中，Number 表示对象的总个数，Number_chosen 表示每个排列中选择的对象个数.

1.4.3　阶　乘

　　阶乘为 $n!$，Excel 中的阶乘函数为

FACT(number)

其中，number 表示阶乘 $n!$ 中的数 n.

例 1.4.2　用 Excel 对例 1.2.5 进行求解.

解　在空白单元格输入函数=10* FACT (99)/ FACT (100)，得所要求的概率约等于 0.1.

1.4.4　数的幂 x^n 函数

Excel 中的数的幂函数为

POWER(number，power)

其中，Number 为底数 x，可以为任意实数，Power 为指数 n.

例 1.4.3　用 Excel 对例 1.2.2 进行求解.

解　在空白单元格输入函数= PERMUT(365,10)/POWER(365,10)，得所要求的概率约等于 0.8831.

2　随机变量的分布及其数字特征

实践中我们只了解某个事件的概率是不够的．例如，制鞋厂需要了解某一消费人群脚的大小的分布情况，即不同大小的脚所占的比例，不然所生产的鞋会出现有的号码的鞋滞销，有的号码的鞋脱销．保险公司需要了解不同年龄的人出现意外死亡的概率，目的是针对不同年龄的投保人收取不同的保费．对于投资者来讲，风险资产的收益是不确定的，投资者可能更关注的是其平均收益和风险的大小．日常的考试，我们喜欢计算平均成绩，然而为了考察成绩是否两极分化，我们还需要计算成绩的方差．平均成绩、平均收益、风险（用方差刻画）的大小和成绩的方差的理论基础是随机变量的数字特征．

荷兰数学家、物理学家惠更斯（C.Huygens, 1629—1695），法国数学家费尔马（P. Fermat, 2601—1665）和帕斯卡（B.Pascal, 1623—1662）通过对随机博弈现象的深入研究，建立了概率和数学期望等概念，并对其基本性质和演算方法进行了研究，塑造了概率论的雏形．拉普拉斯（P. S. Laplace，1749—1827）的《分析概率》，实现了概率论由单纯的组合计算到分析方法的过渡．切比雪夫最早建立并提倡使用随机变量概念，并利用微积分方法对随机变量的分布进行了开创性的研究，奠定了今天的连续性随机变量的基本研究方法．

П. Л. Чебышев
（1821—1894）

本章主要内容有：随机变量及其分布、随机变量的数字特征、常用分布和 Excel 中常用分布的函数等．

第 2 章知识结构图

☆ 用数学方法处理随机现象, 首先需要对随机试验结果进行量化, 即引入随机变量的概念.

☆ 随机变量可分为离散型随机变量和连续型随机变量. 离散型随机变量可用分布列或分布函数来刻画, 连续型随机变量可用密度函数或分布函数来刻画. 利用随机变量的分布可以计算概率和数字特征.

☆ 除了了解随机变量的分布外, 我们还需要了解随机变量的某些数字特征, 如期望、方差等. 风险资产的平均收益, 风险 (用方差表示) 刻画都是数字特征的具体应用.

☆ 常用的随机变量有二项分布、泊松分布、正态分布、指数分布等. 其中正态分布在概率论与数理统计中占有重要地位. 利用常用分布可以计算现实中某类事件的概率或满足一定概率的事件临界值.

☆ Excel 内置有常用分布的函数, 利用这些函数可以进行常用分布的计算.

2.1 随机变量及其分布

2.1.1 随机变量与分布函数

在第 1 章中, 许多事件都是用文字来描述的, 文字描述有其直观性的优点, 但不利于数学上的处理和计算. 为了用数学工具研究随机试验的结果及其概率, 我们需要对随机试验的样本点与样本空间以及事件进行量化.

例如, 用 X 表示掷一枚骰子出现的点数, X 的可能取值为 $1, 2, 3, 4, 5$ 或 6, 所以 X 是一个不确定的变量. 再如, 用 Y 来表示一台电视机的寿命, Y 的可能取值为 $[0, +\infty)$ 中的任何一个实数, 所以 Y 也是一个不确定的变量. 掷一枚硬币的结果是 "正面向上" 或 "正面向下", 如果用 Z 表示出现正面的次数, 则 Z 的可能取值为 0 或 1, Z 是一个不确定的变量, Z 取 0 时表明出现了反面, Z 取 1 时表明出现了正面.

有正态分布曲线的德国硬币

定义 2.1.1 用来表示随机试验结果的变量称为**随机变量**(random variable), 常用大写字母 X, Y, Z 等表示.

可以用随机变量表示事件. 例如, 设 X 是掷一颗骰子出现的点数, 则 X 是随机变量, 随机事件 "点数小于 3" 可表示为 $\{X < 3\}$, 随机事件 "点数小于 3" 的概率可表示为 $P\{X < 3\}$.

对于随机变量 X, 有时我们会关心随着 X 的取值 x 的增大, 概率 $P\{X \leqslant x\}$ 的变化情况. 如保险公司需要知道随着人们年龄的增大, 发生意外死亡的概率变化, 以便设置合理的保费, 既吸引人们购买保险, 又使公司的利润达到最佳. 对于在一个区间上取值的随机变量 X, 由几何概率知, X 取任何实数的概率皆为 0, 只能考虑在某个区间上的概率. 若知道概率 $P\{X \leqslant x\}$ (x 为任何实数), 则概率

$$P\{a < X \leqslant b\} = P\{X \leqslant b\} - P\{X \leqslant a\}.$$

定义 2.1.2 设 X 为随机变量, 则称函数

$$F(x) = P\{X \leqslant x\}, -\infty < x < +\infty \tag{2.1.1}$$

为 X 的**累积概率分布函数**，简称**分布函数**（distribution function），记作 $X \sim F(x)$.

由分布函数的定义可知，

$$P\{a < X \leqslant b\} = P\{X \leqslant b\} - P\{X \leqslant a\} = F(b) - F(a). \tag{2.1.2}$$

随机变量的分布函数具有以下性质：

（1）单调性：若 $x_1 < x_2$，则 $F(x_1) \leqslant F(x_2)$.

（2）$F(-\infty) = \lim\limits_{x \to -\infty} F(x) = 0$；$F(+\infty) = \lim\limits_{x \to +\infty} F(x) = 1$. $\tag{2.1.3}$

（3）右连续：$F(x+0) = F(x), \forall x \in \mathbf{R}$.

可以证明，满足上述三条性质的函数一定是某个随机变量的分布函数.

2.1.2　离散型随机变量及其概率分布

定义 2.1.3　若随机变量 X 的全部可能取值只有有限个或可数个 $x_1, x_2, \cdots$，且

$$P\{X = x_i\} = p(x_i) = p_i, \ i = 1, 2, \cdots, \tag{2.1.4}$$

则称 X 是一个**离散型随机变量**（discrete random variable），并称 $p(x_i), i = 1, 2, \cdots$，为 X 的**概率分布函数**（probability distribution function）或**分布律**或**分布列**，记作 $X \sim \{p(x_i), i = 1, 2, \cdots\}$.

离散型随机变量的分布列常用表格的形式表示，如表 2.1.1 所示.

表 2.1.1　离散型随机变量的分布列

X	x_1	x_2	$\cdots$	x_i	$\cdots$
p_i	p_1	p_2	$\cdots$	p_i	$\cdots$

例如，设 X 表示掷一枚硬币出现正面的次数，则 X 的分布列为：

X	0	1
p_i	0.5	0.5

离散型随机变量 X 的分布列 $\{p(x_i), i = 1, 2, \cdots\}$ 具有以下性质：

（1）$p(x_i) \geqslant 0$；

（2）$\sum\limits_{i=1}^{+\infty} p(x_i) = 1$. $\tag{2.1.5}$

离散型随机变量 X 的分布函数为

$$F(x) = P\{X \leqslant x\} \equiv \sum_{x_i \leqslant x} p(x_i), -\infty < x < +\infty. \tag{2.1.6}$$

例 2.1.1　袋中装有标记分别为 1, 2, 3 的大小形状相同的 3 个球. 设 X 表示从中随机取出 2 个球的最大号码，试求 X 的分布列和分布函数.

解　X 的可能取值为 2 或 3. $P\{X = 2\} = \dfrac{1}{3}$，$P\{X = 3\} = \dfrac{2}{3}$，故 X 的分布列为

X	2	3
p_i	$\dfrac{1}{3}$	$\dfrac{2}{3}$

如图 2.1.1 所示，将分布列表示在平面直角坐标系中，就是散点图.

图 2.1.1

下面求 X 的分布函数.

当 $x < 2$ 时，$F(x) = P\{X \leqslant x\} = 0$；

当 $2 \leqslant x < 3$ 时，$F(x) = P\{X \leqslant x\} = P\{X = 2\} = \dfrac{1}{3}$；

当 $x \geqslant 3$ 时，$F(x) = P\{X \leqslant x\} = P\{X = 2\} + P\{X = 3\} = 1$.

所以 X 的分布函数为

$$F(x) = \begin{cases} 0, x < 2, \\ \dfrac{1}{3}, 2 \leqslant x < 3, \\ 1, x \geqslant 3. \end{cases}$$

例 2.1.1 中 X 的分布函数 $F(x)$ 的图像如图 2.1.2 所示.

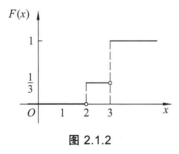

图 2.1.2

$F(x)$ 是跳跃形状的分段阶梯函数，这是所有离散型随机变量的分布函数的共同特征. 一旦知道了离散型随机变量 X 的分布列，就可以求得由 X 生成的任何事件的概率.

例 2.1.2　设随机变量 X 的分布函数为 $F(x) = \begin{cases} 0, & x < -1, \\ 0.4, & -1 \leqslant x < 1, \\ 0.8, & 1 \leqslant x < 3, \\ 1, & x \geqslant 3, \end{cases}$ 试求 X 的分布列.

解　显然 $F(x)$ 的间断点，即 X 的可能取值为 $-1, 1$ 或 3，从而

$$P\{X = -1\} = 0.4 - 0 = 0.4 \,, \quad P\{X = 1\} = 0.8 - 0.4 = 0.4 \,, \quad P\{X = 3\} = 1 - 0.8 = 0.2 \,,$$

即 X 的分布列为

X	-1	1	3
p_i	0.4	0.4	0.2

例 2.1.3　一汽车沿一街道行驶，需要通过三个均设有红绿信号灯的路口，每个信号灯为红或绿与其他信号灯为红或绿相互独立，且红绿两种信号灯显示的时间相等，以 X 表示该汽车首次遇到红灯前已通过的路口个数，试求 X 的分布列.

解　由题设可知，X 的可能取值为 $0, 1, 2$ 或 3. 设 $A_i = \{$ 汽车在第 i 个路口遇到红灯 $\}$，则事件 A_1, A_2, A_3 相互独立，且 $P(A_i) = P(\bar{A}_i) = 0.5$ $(i = 1, 2, 3)$. 故有

$$P\{X = 0\} = P(A_1) = 0.5 \,,$$

$$P\{X = 1\} = P(\bar{A}_1 A_2) = P(\bar{A}_1)P(A_2) = 0.5^2 = 0.25 \,,$$

$$P\{X = 2\} = P(\bar{A}_1 \bar{A}_2 A_3) = P(\bar{A}_1)P(\bar{A}_2)P(A_3) = 0.5^3 = 0.125 \,,$$

$$P\{X = 3\} = P(\bar{A}_1 \bar{A}_2 \bar{A}_3) = P(\bar{A}_1)P(\bar{A}_2)P(\bar{A}_3) = 0.5^3 = 0.125 \,,$$

所以，X 的分布列为

X	0	1	2	3
p_i	0.5	0.25	0.125	0.125

例 2.1.4　设随机变量 X 的分布列为

X	-1	0	1	2
p_i	$\dfrac{1}{8}$	$\dfrac{1}{4}$	$\dfrac{1}{8}$	$\dfrac{1}{2}$

试求：（1）$P\{X < -1\}$；（2）$P\{X \leqslant -1\}$；（3）$P\{X < 1\}$；（4）$P\{-1 < X \leqslant 1\}$；（5）$P\{X \leqslant 2.5\}$；（6）$P\{X > -1\}$；（7）$P\{X > 2\}$.

解　（1）$P\{X < -1\} = P(\varnothing) = 0$；

（2）$P\{X \leqslant -1\} = P\{X = -1\} = \dfrac{1}{8}$；

（3）$P\{X < 1\} = P\{X = -1\} + P\{X = 0\} = \dfrac{1}{8} + \dfrac{1}{4} = \dfrac{3}{8}$；

（4）$P\{-1 < X \leqslant 1\} = P\{X = 0\} + P\{X = 1\} = \dfrac{1}{4} + \dfrac{1}{8} = \dfrac{3}{8}$；

（5）$P\{X \leqslant 2.5\} = P\{\Omega\} = 1$；

（6）$P\{X > -1\} = P\{X = 0\} + P\{X = 1\} + P\{X = 2\} = \dfrac{7}{8}$；

（7）$P\{X > 2\} = 0$.

随机变量的函数一般也是随机变量，可以利用已知随机变量的分布求已知随机变量函数的分布.

例 2.1.5 已知随机变量 X 的分布列如下：

X	–2	–1	0	1	2
p_i	0.1	0.2	0.3	0.3	0.1

试求 $Y = X^2 - 1$ 的分布列.

解 X 可能的取值为 –2，–1，0，1 或 2，所以 $Y = X^2 - 1$ 的可能取值为 –1，0 或 3.

$$P\{Y = -1\} = P\{X = 0\} = 0.3,$$

$$P\{Y = 0\} = P\{X = -1\} + P\{X = 1\} = 0.2 + 0.3 = 0.5,$$

$$P\{Y = 3\} = P\{X = -2\} + P\{X = 2\} = 0.1 + 0.1 = 0.2,$$

所以 $Y = X^2 - 1$ 的分布列为

Y	–1	0	3
p_i	0.3	0.5	0.2

2.1.3 连续型随机变量及其分布

我们先看几个例子. 在区间 $[a,b]$ 内做随机投点试验. 假设每次都能投中 $[a,b]$，且 $[a,b]$ 内的每个点被投中的可能性相同. 再设 X 表示被投中点的坐标，由几何概率知，当 $x < a$ 时，$P\{X \leqslant x\} = 0$；当 $a \leqslant x < b$ 时；$P\{X \leqslant x\} = \dfrac{x-a}{b-a}$；当 $x \geqslant b$ 时，$P\{X \leqslant x\} = 1$. 令函数

$$f(x) = \begin{cases} \dfrac{1}{b-a}, & a \leqslant x < b, \\ 0, & \text{其他.} \end{cases}$$

由定积分知识可知，对于任意的 $x \in (-\infty, +\infty)$，X 的分布函数为

$$P\{X \leqslant x\} = \int_{-\infty}^{x} f(t)\mathrm{d}t.$$

再如，已知某机器加工的零件尺寸（单位：mm）与设计尺寸的偏差 X 在 $[-3,3]$ 上，现随机抽取 2000 件，将测得的数据从小到大排序，分为 12 组，每组的间隔为 0.5，令落在第 i 组中的频数为 f_i，则落在第 i 组中的频率为 $\dfrac{f_i}{2000}$. 以 $\dfrac{2f_i}{2000}$ 为高在第 i 组所在的区间上做小矩形，如图 2.1.3 所示，则小矩形的面积就是落在该区间上的频率. 显然，零件的偏差不超过 –1

图 2.1.3 分布函数与频率的联系

的频率 $F_n\{X \le -1\} = \sum \dfrac{2f_i}{2000}$ 为前 4 个小矩形的面积之和. 过每个小矩形的上边的中点做一条曲线, 记作 $f(x)$, 由定积分的定义可得

$$F_n\{X \le -1\} \approx \int_{-\infty}^{-1} f(x)\, dx .$$

试想, 抽取的零件数越多, 分组越多组距越小, 曲线 $f(x)$ 就越光滑, 频率越趋近于概率. 也就是说, 零件的偏差小于 -1 的概率

$$P\{X \le -1\} \approx \int_{-\infty}^{-1} f(x)\, dx .$$

定义 2.1.4　设随机变量 X 的分布函数为 $F(x)$, 如果存在一个非负可积函数 $f(x)$, 使得

$$F(x) = P\{X \le x\} = \int_{-\infty}^{x} f(t)\, dt , \tag{2.1.7}$$

则称 X 为**连续型随机变量**（ continuous random variable ）, 并称 $f(x)$ 为 X 的**概率密度函数**（ probability density function ）, 简称**密度函数**或**密度**.

连续型随机变量的密度函数和分布函数的图像如图 2.1.4 和图 2.1.5 所示. 密度函数的几何意义是: 密度函数 $f(x)$, 直线 $y = 0$, $x = x$ 围成的曲边图形面积为分布函数 $F(x)$ 的值.

图 2.1.4　密度函数

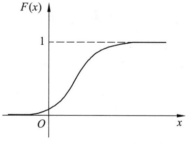
图 2.1.5　分布函数

连续型随机变量的密度函数及分布函数具有以下性质:

（1）$f(x) \ge 0, x \in (-\infty, +\infty)$.

（2）$\displaystyle\int_{-\infty}^{+\infty} f(x)\, dx = 1$. $\tag{2.1.8}$

（3）$f(x)$ 在 x 处连续, 有 $F'(x) = f(x)$. $\tag{2.1.9}$

（4）$P\{a < X \le b\} = F(b) - F(a) = \displaystyle\int_a^b f(x)\, dx = \int_a^b dF(x)$. $\tag{2.1.10}$

（5）$P\{X = a\} = 0$.

（6）$P\{a < X < b\} = P\{a \le X < b\} = P\{a \le X \le b\} = P\{a < X \le b\}$. $\tag{2.1.11}$

例 2.1.6　设随机变量 X 的密度函数为 $f(x) = \begin{cases} 0, & x < 0, \\ \lambda e^{-\lambda x}, & x \ge 0, \end{cases}$ 其中 $\lambda > 0$ 为常数, 试求 X 的分布函数.

解　当 $x < 0$ 时, $F(x) = P\{X \le x\} = \displaystyle\int_{-\infty}^{x} f(t)\, dt = \int_{-\infty}^{x} 0\, dt = 0$;

当 $x \geqslant 0$ 时，$F(x) = P\{X \leqslant x\} = \int_{-\infty}^{x} f(t)\mathrm{d}t = \int_{-\infty}^{0} 0\mathrm{d}t + \int_{0}^{x} \lambda \mathrm{e}^{-\lambda t}\mathrm{d}t = -\mathrm{e}^{-\lambda t}\Big|_{0}^{x} = 1 - \mathrm{e}^{-\lambda x}$，

所以 X 的分布函数为

$$F(x) = \begin{cases} 0, x < 0, \\ 1 - \mathrm{e}^{-\lambda x}, x \geqslant 0. \end{cases}$$

例 2.1.7 设随机变量 X 的密度函数为 $f(x) = \begin{cases} cx^2, \ 0 \leqslant x < 1, \\ 0, 其他, \end{cases}$ 试确定常数 c 的值和

$P\{0.5 < X < 3\}$.

解 由密度函数的性质知，$\int_{-\infty}^{+\infty} f(x)\mathrm{d}x = 1$，则

$$\int_{-\infty}^{0} 0\mathrm{d}x + \int_{0}^{1} cx^2\mathrm{d}x + \int_{1}^{+\infty} 0\mathrm{d}x = 1.$$

解得 $c = 3$. 因此有：X 的密度函数为

$$f(x) = \begin{cases} 3x^2, 0 \leqslant x < 1, \\ 0, 其他. \end{cases}$$

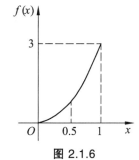

图 2.1.6

密度函数的图像如图 2.1.6 所示.

$$P\{0.5 < X < 3\} = \int_{0.5}^{3} f(x)\mathrm{d}x = \int_{0.5}^{1} 3x^2\mathrm{d}x + \int_{1}^{3} 0\mathrm{d}x = 0.875.$$

例 2.1.8 设随机变量 X 的分布函数为 $F(x) = \begin{cases} 0, x \leqslant 0, \\ cx^2, 0 < x \leqslant 1, \\ 1, x > 1, \end{cases}$ 求：（1）常数 c 的值及 X 的

密度函数；（2）$P\{0.5 < X \leqslant 0.8\}$.

解 （1）设 X 的密度函数为 $f(x)$，由密度函数及分布函数的性质知，

$$f(x) = F'(x) = \begin{cases} 2cx, 0 < x \leqslant 1, \\ 0, 其他. \end{cases}$$

再由性质 $\int_{-\infty}^{+\infty} f(x)\mathrm{d}x = 1$ 可得 $c = 1$. 故 X 的密度函数为

$$f(x) = \begin{cases} 2x, 0 < x \leqslant 1, \\ 0, 其他. \end{cases}$$

X 的密度函数及分布函数的图像如图 2.1.7 和图 2.1.8 所示.

图 2.1.7

图 2.1.8

（2）$P\{0.5 < X \leqslant 0.8\} = F(0.8) - F(0.5) = 0.8^2 - 0.5^2 = 0.39$.

例 2.1.9　设随机变量 X 的密度函数为 $f(x) = \begin{cases} 0.2, 0 < x < 5, \\ 0, 其他, \end{cases}$ 试求 $Y = X^2$ 的分布.

解　设 Y 的分布函数为 $F_Y(y)$，$Y = X^2$ 在区间 $(0,5)$ 为严格单调函数，当 $0 < x < 5$ 时，$0 < y < 25$. 所以：

当 $y < 0$ 时，$F_Y(y) = P\{Y \leqslant y\} = P\{X^2 \leqslant y\} = 0$；

当 $0 \leqslant y < 25$ 时，$F_Y(y) = P\{Y \leqslant y\} = P\{X^2 \leqslant y\} = P\{X \leqslant \sqrt{y}\} = \int_0^{\sqrt{y}} 0.2 \mathrm{d}x = 0.2\sqrt{y}$；

当 $y \geqslant 25$ 时，$F_Y(y) = P\{Y \leqslant y\} = P\{X^2 \leqslant y\} = P\{X \leqslant \sqrt{y}\} = 1$.

因此 Y 的分布函数为

$$F_Y(y) = \begin{cases} 0, y < 0, \\ 0.2\sqrt{y}, 0 \leqslant y < 25, \\ 1, y \geqslant 25. \end{cases}$$

习题 2.1

1. 袋中装有大小形状相同，编号分别为 0 至 9 的 10 个球，从中随机取 1 个，将观察号码记录下来，按"小于 5""等于 5""大于 5"三种情况，定义一个随机变量，并写出其分布列.

2. 某篮球运动员投中篮圈的概率是 0.9，试求他两次独立投篮投中次数的概率分布.

3. 将一颗骰子掷两次，以 X 表示两次中所得的最小点数，试求 X 的分布列.

4. 设有 10 件同类型的产品，其中有 2 件次品. 从中随机取 3 件，每次取一件. 记 X 为 3 件中的次品数，试分别在不放回抽取和有放回抽取情况下求 X 的分布列.

5. 某射手参加射击比赛，共有 4 发子弹. 设该射手的命中率为 p，各次射击是相互独立的，则直至命中目标为止需射击次数 X 是一随机变量，试求 X 的分布列.

6. 袋中有 5 个球，编号为 1, 2, 3, 4 和 5，从中随机取 3 个，以 X 表示取出的 3 个球中的最大号码. 试求：（1）X 的分布列；（2）写出 X 的分布函数.

7. 设随机变量 X 的分布列为

X	0	1	2	3
p_i	0.1	0.4	0.2	a

其中 a 为常数，试求：$P\{X < 2\}$，$P\{X < 3\}$，$P\{X \leqslant 3\}$，$P\{X > 1.5\}$.

8. 已知随机变量 X 的分布列如下：

Y	−2	−1	0	1
p_i	0.1	0.3	0.4	0.2

试求 $Y = -X + 1$ 的分布列.

9. 设随机变量 X 的密度函数为 $f(x) = \begin{cases} x, 0 \leq x < 1, \\ 2 - x, 1 \leq x \leq 2, \\ 0, 其他, \end{cases}$ 试求 $P\{X \leq 1.5\}$.

10. 设随机变量 X 的密度函数为 $f(x) = \begin{cases} 2x, 0 \leq x \leq 1, \\ 0, 其他, \end{cases}$ 试求 X 的分布函数.

11. 设随机变量 X 的分布函数为 $F(x) = \begin{cases} 0, x < 10, \\ 1 - ax^{-1}, x \geq 10, \end{cases}$ 试求：（1）常数 a 及 X 的密度函数；（2）$P\{X < 20\}$.

12. 设随机变量 X 的分布函数为 $F(x) = \begin{cases} 0, x \leq 0, \\ ax^4, 0 < x \leq 1, \\ 1, x > 1, \end{cases}$ 其中 a 为常数，试求：$P\{X < 0.5\}$，$P\{X > 0.5\}$，$P\{-0.5 < X < 0.5\}$.

13. 设随机变量 X 的密度函数为 $f(x) = \begin{cases} 1 - x, 0 \leq x < 1, \\ x - 1, 1 \leq x \leq 2, \\ 0, 其他, \end{cases}$ 试求：$P\{X < 0.5\}$，$P\{X > 0.5\}$，$P\{-0.5 < X < 0.5\}$，$P\{X > 1\}$.

14. 设随机变量 X 的密度函数为 $f(x) = \begin{cases} \dfrac{A}{\sqrt{1-x^2}}, |x| < 1, \\ 0, |x| > 1. \end{cases}$ 试求：（1）系数 A；（2）X 落在 $(-0.5, 0.5)$ 内的概率.

15. 设随机变量 X 的分布函数为 $F(x) = \begin{cases} 0, x < 1, \\ \ln x, 1 \leq x < e, \\ 1, x \geq e. \end{cases}$ 试求：$P\{X < 2\}$，$P\{0 < X < 3\}$，$P\{2 < X < 2.5\}$.

16. 设随机变量 X 的分布函数为 $F(x) = \begin{cases} Ae^x, x < 0, \\ B, 0 \leq x < 1, \\ 1 - Ae^{-(x-1)}, x > 1, \end{cases}$ 试求：（1）A, B 的值；（2）X 的密度函数；（3）$P\left\{X > \dfrac{1}{3}\right\}$.

17. 已知随机变量 X 的密度函数为 $f(x) = \begin{cases} ax + b, 1 < x < 3, \\ 0, 其他, \end{cases}$ 又知 $P\{2 < X < 3\} = 2P\{-1 < X < 2\}$，试求 $P\{0 \leq X \leq 1.5\}$.

18. 设随机变量 X 的密度函数为 $f(x) = \begin{cases} 0, x \leq 0, \\ e^{-x}, x > 0, \end{cases}$ 试求 $Y = e^X$ 的分布.

2.2　随机变量的数字特征

除了需要研究随机变量的分布外，还需要研究它的期望、方差、分位数等数字特征．这些数字特征，一方面刻画了随机变量的分布，另一方面有着重要的应用．

2.2.1　随机变量的数学期望

下面通过一个例子引出离散型随机变量数学期望的概念．例如，将一枚均匀的骰子掷了 100 次，出现的点数分布情况如下：

点数 x_i	1	2	3	4	5	6
频数 n_i	15	16	19	17	18	15
频率 f_i	$\dfrac{15}{100}$	$\dfrac{16}{100}$	$\dfrac{19}{100}$	$\dfrac{17}{100}$	$\dfrac{18}{100}$	$\dfrac{15}{100}$

则点数的平均数为

$$\bar{x} = \frac{1\times15 + 2\times16 + 3\times19 + 4\times17 + 5\times18 + 6\times15}{100} = 3.52 .$$

上式也可变形为

$$\bar{x} = 1\times\frac{15}{100} + 2\times\frac{16}{100} + 3\times\frac{19}{100} + 4\times\frac{17}{100} + 5\times\frac{18}{100} + 6\times\frac{15}{100} = 3.52 ,$$

式中 $\dfrac{15}{100}, \dfrac{16}{100}, \dfrac{19}{100}, \dfrac{17}{100}, \dfrac{18}{100}, \dfrac{15}{100}$ 分别是在 100 次掷骰子中，点数 1, 2, 3, 4, 5 和 6 出现的频率．当试验次数充分大时，频率趋近于概率，而均匀骰子每种点数出现的概率都是 $\dfrac{1}{6}$，因此，若掷 10000 次，可用概率来估算出现的点数的平均数，即

$$\bar{x} \approx 1\times\frac{1}{6} + 2\times\frac{1}{6} + 3\times\frac{1}{6} + 4\times\frac{1}{6} + 5\times\frac{1}{6} + 6\times\frac{1}{6} = 3.5 .$$

定义 2.2.1　设离散型随机变量 X 的分布列为

$$p(x_i) = P(X = x_i), \ i = 1, 2, \cdots, n, \cdots,$$

如果 $\displaystyle\sum_{i=1}^{+\infty} |x_i| \, p(x_i) < +\infty$，则称

$$E(X) \equiv \sum_{i=1}^{+\infty} x_i p(x_i) \tag{2.2.1}$$

为离散型随机变量 X 的**数学期望**（mathematical expectation），简称**期望**或**均值**（mean）．若 $\displaystyle\sum_{i=1}^{+\infty} |x_i| \, p(x_i)$ 不收敛，则称离散型随机变量 X 的数学期望不存在．

数学期望就是随机变量在一次试验中的平均取值.

例 2.2.1 某种彩票中彩的中奖金额为随机变量 X，分布如下：

X	500 000	50 000	5 000	500	50	10	0
p_i	0.000 001	0.000 009	0.000 09	0.000 9	0.009	0.09	0.9

试计算购买一张该种彩票的平均中奖金额.

解 由数学期望的计算公式，每张彩票的平均中奖金额为

$$E(X) = 500000 \times 0.000001 + 50000 \times 0.000009 + 5000 \times 0.00009 +$$

$$500 \times 0.0009 + 50 \times 0.009 + 10 \times 0.09 = 3.2 .$$

我们也通过一个例子引出连续型随机变量数学期望的概念. 设某机器加工的零件尺寸（单位：mm）与设计尺寸的偏差为随机变量 X，现随机抽取 n 件零件，将测得的零件尺寸偏差数据从小到大排序，分为 k 组，第 i 组的组距为 Δx，组中值为 x_i，对应的频数为 f_i. 如图 2.2.1 所示，$f(x)$ 为 X 的密度曲线，则这 n 件零件尺寸偏差的加权算术平均数为

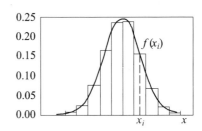

图 2.2.1　连续型随机变量的期望计算

$$\overline{x} = \sum_{i=1}^{k} x_i \frac{f_i}{n} \approx \sum_{i=1}^{k} x_i f(x_i) \Delta x .$$

当 $n = \sum_{i=1}^{k} f_i \to +\infty$ 且 $\Delta x \to 0$ 时，由定积分的定义有

$$\overline{x} \approx \int_{-\infty}^{+\infty} x f(x) \mathrm{d}x .$$

定义 2.2.2 设连续型随机变量 X 的密度函数为 $f(x)$，如果 $\int_{-\infty}^{+\infty} |x| f(x) \mathrm{d}x < +\infty$，则称

$$E(X) \equiv \int_{-\infty}^{+\infty} x f(x) \mathrm{d}x = \int_{-\infty}^{+\infty} x \mathrm{d}F(x) \qquad (2.2.2)$$

为连续型随机变量 X 的**数学期望**. 若 $\int_{-\infty}^{+\infty} |x| f(x) \mathrm{d}x$ 不收敛，则称随机变量 X 的数学期望不存在.

例 2.2.2 设随机变量 X 的密度函数为 $f(x) = \begin{cases} x, 0 \leqslant x < 1, \\ 2-x, 1 \leqslant x < 2, \\ 0, \text{其他}, \end{cases}$ 试求 $E(X)$.

解 $E(X) = \int_{-\infty}^{+\infty} x f(x) \mathrm{d}x = \int_0^1 x^2 \mathrm{d}x + \int_1^2 x(2-x) \mathrm{d}x = 1 .$

一般地，随机变量的函数也是随机变量. 在实践中，我们经常需要用已知随机变量的分布去求已知随机变量函数的数字特征. 例如，我们知道中国女鞋码与脚长（单位：cm）有如下关系：

$$\text{鞋码} = \text{脚长} \times 2 - 10,$$

即鞋码与脚长有表 2.2.1 中的对应关系. 生产鞋时，如果知道了脚的平均长度就可以确定鞋码的平均大小.

表 2.2.1 女性脚长与中国女鞋号的对应关系

脚长 (cm)	22.5	23	23.5	24	24.5	25	25.5	26
中国女鞋号	35	36	37	38	39	40	41	42

对于随机变量函数的数学期望有以下定理.

定理 2.2.1 若随机变量 X 的分布列为 $P\{X = x_i\}$，或密度函数为 $f(x)$，函数 $Z = g(X)$ 的期望存在，则期望为

$$E(Z) = \begin{cases} \sum_i g(x_i)P\{X = x_i\}, \text{在离散型场合} \\ \int_{-\infty}^{+\infty} g(x)f(x)\mathrm{d}x, \text{在连续型场合}. \end{cases}$$ （2.2.3）

定理 2.2.1 的证明需要较多的数学工具，证明省略. 但是定理 2.2.1 的应用却是非常广泛的，它可以让我们在不知道 $g(X)$ 的分布的情况下，直接使用随机变量 X 的分布来计算 $g(X)$ 的数学期望.

例 2.2.3 已知随机变量 X 的分布列如下：

X	−2	−1	0	1	2
p_i	0.1	0.2	0.3	0.3	0.1

试求 $X^2 - 1$ 的数学期望.

解 $E(X^2 - 1) = [(-2)^2 - 1] \times 0.1 + [(-1)^2 - 1] \times 0.2 +$

$(0^2 - 1) \times 0.3 + (1^2 - 1) \times 0.3 + (2^2 - 1) \times 0.1 = 0.3$.

对任意随机变量 X 与任意常数 a，利用期望的定义和定理 2.2.1 可以立即得到期望的以下**性质**：

（1）$E(a) = a$. （2.2.4）

（2）$E(X + a) = E(X) + a$. （2.2.5）

（3）$E(aX) = aE(X)$. （2.2.6）

证明 我们只以连续型随机变量为例证明性质 $E(X + a) = E(X) + a$，其余两个性质请读者自行证明. 由期望的定义知，

$$E(X + a) = \int_{-\infty}^{+\infty} (x + a)f(x)\mathrm{d}x = \int_{-\infty}^{+\infty} xf(x)\mathrm{d}x + a\int_{-\infty}^{+\infty} f(x)\mathrm{d}x = E(X) + a.$$

例 2.2.4 历史资料表明：某公司经销的某种原料的市场需求量（单位：吨）X 的密度函数为

$$f(x) = \begin{cases} 0.005, 300 \leqslant x < 500, \\ 0, \text{其他}. \end{cases}$$

已知每售出一吨，公司可获利 1.5 千元；若积压一吨，公司损失 0.5 千元. 试问公司组织多

少货源可使平均收益最大？

分析 由于市场需求量是随机的，公司的收益也是随机的，是关于市场需求量的函数，所以首先应找到收益关于需求量的函数关系，然后再计算平均收益即可.

解 设公司组织该原料 a 吨，显然 $300 \leqslant a \leqslant 500$. 当 $X \geqslant a$ 时，收益为 $1.5a$ ；当 $X < a$ 时，收益为 $1.5X - 0.5(a - X) = 2X - 0.5a$ ，则公司的收益函数为

$$g(X) = \begin{cases} 2X - 0.5a, X < a, \\ 1.5a, X \geqslant a. \end{cases}$$

公司的平均收益为

$$E[g(X)] = \int_{300}^{a} 0.005(2x - 0.5a)\mathrm{d}x + \int_{a}^{500} 0.005 \times 1.5a \mathrm{d}x = -0.005a^2 + 4.5a - 450.$$

对上式求导并令其为 0，解得 $a = 450$ 吨. 所以公司组织原料 450 吨时平均收益最大.

2.2.2 随机变量的方差

期望刻画了随机变量的集中程度或平均取值. 如比较甲乙两个班的学习成绩，若甲班的平均成绩比乙班的平均成绩高，则认为甲班的成绩总体上比乙班要好. 若两个班的平均成绩一样，则成绩较集中在平均成绩附近的班级成绩较好，因为成绩若过分分散，说明该班的学习成绩出现了两极分化，好的特别好，差的特别差. 再比如两项投资，期望收益率越高越值得投资. 若两项投资的期望收益率一样，显然收益率波动越小风险越小. 考虑如下两项特殊的风险资产 A 和 B ，它们的收益率都为随机变量，其分布列分别为

R_A	3%	5%	7%
p_{Ai}	0.3	0.4	0.3

R_B	−1%	5%	11%
p_{Bi}	0.3	0.4	0.3

容易算得，$E(R_A) = E(R_B) = 5\%$ ，即期望收益率一样. 然而风险资产 B 的潜在风险可能比风险资产 A 要高，但风险资产 B 的潜在收益可能比风险资产 A 也要高. 对于那些风险厌恶者来讲，可能会选择风险资产 A 进行投资；对于那些风险喜好者来讲，可能会选择风险资产 B 进行投资. 潜在风险和潜在收益不同的原因是两项风险资产的收益率取值的分散程度不同，如何用一个数字来刻画这两项风险资产收益率的分散程度呢？

我们称随机变量的取值与其期望的差为**离差**. 离差也是随机变量. 两项资产的离差分布如下：

$R_A - E(R_A)$	−2%	0%	2%
p_{Ai}	0.3	0.4	0.3

$R_B - E(R_B)$	−6%	0%	6%
p_{Bi}	0.3	0.4	0.3

离差取值的大小反映了随机变量取值偏离其期望的程度. 不难发现，两项资产的离差的期望都等于 0，即 $E[R_A - E(R_A)] = 0$, $E[R_B - E(R_B)] = 0$ ，其原因是离差有正有负，正负正好抵消. 所以不能用离差的期望来度量收益率的分散程度. 为此，可选择离差的绝对值的期望来刻画收益率的分散程度，但绝对值函数会给计算带来许多不便. 离差的绝对值越大，离差的

平方就越大，反之亦然. 因此可选择离差的平方的期望来度量风险资产收益率的分散程度. 上述两项风险资产的离差的平方的期望分别为：

$$E[R_A - E(R_A)]^2 = 0.3 \times (-2\%)^2 + 0.4 \times 0 + 0.3 \times (2\%)^2 = 0.00024,$$

$$E[R_B - E(R_B)]^2 = 0.3 \times (-6\%)^2 + 0.4 \times 0 + 0.3 \times (6\%)^2 = 0.00216.$$

由此可知，资产 B 比资产 A 风险高.

定义 2.2.3　设 X 为随机变量，若 $E[X - E(X)]^2$ 存在，则称

$$Var(X) \equiv E[X - E(X)]^2 \tag{2.2.7}$$

为随机变量 X 的**方差**（variance）. 并称 $\sqrt{Var(X)}$ 为 X 的**标准差**（standard deviation）.

随机变量的方差用来刻画随机变量取值的离散程度或波动程度. 方差越小，随机变量的取值越集中；方差越大，随机变量的取值越分散.

若 X 为离散型随机变量，其分布列为 $p(x_i) = P\{X = x_i\}$, $i = 1, 2, \cdots, n, \cdots$，则

$$Var(X) = \sum_{i=1}^{+\infty} (x_i - E(X))^2 p(x_i). \tag{2.2.8}$$

若 X 为连续型随机变量，其密度函数为 $f(x)$，则

$$Var(X) = \int_{-\infty}^{+\infty} (x - E(X))^2 f(x) \mathrm{d}x. \tag{2.2.9}$$

对任意随机变量 X 与任意常数 a，利用方差的定义和期望的性质立即可以得到方差的以下性质：

（1）$Var(a) = 0$. \hfill（2.2.10）

（2）$Var(X + a) = Var(X)$. \hfill（2.2.11）

（3）$Var(aX) = a^2 Var(X)$. \hfill（2.2.12）

（4）$Var(X) = E(X^2) - [E(X)]^2$. \hfill（2.2.13）

证明　我们只证明性质 $Var(X) = E(X^2) - [E(X)]^2$，其余性质请读者自行证明. 由方差的定义知，

$$Var(X) = E[X - E(X)]^2 = E\{X^2 - 2E(X)X + [E(X)]^2\}$$

$$= E(X^2) - 2E(X)E(X) + [E(X)]^2 = E(X^2) - [E(X)]^2.$$

例 2.2.5　设甲乙两家灯泡厂生产的灯泡的寿命（单位：h）X 和 Y 的分布列如下：

X	900	1 000	1 100
p_i	0.1	0.8	0.1

Y	950	1 000	1 050
p_i	0.3	0.4	0.3

试问哪家生产的灯泡质量较稳定？

解　$E(X) = 900 \times 0.1 + 1000 \times 0.8 + 1100 \times 0.1 = 1000$，

$E(Y) = 950 \times 0.3 + 1000 \times 0.4 + 1050 \times 0.3 = 1000$；

$E(X^2) = 900^2 \times 0.1 + 1000^2 \times 0.8 + 1100^2 \times 0.1 = 1002000$，

$$E(Y^2) = 950^2 \times 0.3 + 1000^2 \times 0.4 + 1050^2 \times 0.3 = 1001500 \; ;$$

$$Var(X) = E(X^2) - [E(X)]^2 = 1002000 - 1000000 = 2000 \; ,$$

$$Var(Y) = E(Y^2) - [E(Y)]^2 = 1001500 - 1000000 = 1500 \; .$$

由于 $E(X) = E(Y)$ ，$Var(X) > Var(Y)$ ，所以乙厂生产的灯泡质量较稳定.

例 2.2.6 某种贴现债券（期中不付息，期末还本付息的债券）的到期收益率为随机变量 $R\%$ ，R 的密度函数为

$$f(r) = \begin{cases} 0.2 \, , 0 \leqslant r < 5, \\ 0, \text{其他}, \end{cases}$$

试求：（1）这种债券的期望收益率和风险（用收益率的方差表示）；

（2）若这种债券承诺到期还本付息共计 1025 元，则这种债券的期初平均价是多少？

解 （1）债券的期望收益率为 $R\%$ 的期望 $E(R\%)$ ，由于

$$E(R) = \int_0^5 0.2r \mathrm{d}r = 2.5 \; ,$$

所以

$$E(R\%) = 2.5\% \; , \quad E(R^2) = \int_0^5 0.2r^2 \mathrm{d}r = \frac{25}{3} \; ,$$

$$Var(R) = E(R^2) - [E(R)]^2 = \frac{25}{3} - 2.5^2 = \frac{25}{12} \; .$$

所以这种债券的风险为

$$Var(R\%) = \frac{1}{10000} \times \frac{25}{12} \approx 0.0002 \; .$$

（2）将贴现债券期还本付息所得收益折现即为现在的价格，所以这种债券的期初平均价格是

$$\frac{1025}{1 + 2.5\%} = 1000 \; \text{元} .$$

习题 2.2

1. 某时装店根据以往的销售情况得知：一位顾客在该店中购买时装的件数 X 服从以下分布：

X	0	1	2	3	4	5
p_i	0.10	0.33	0.31	0.13	0.09	0.04

试求一位顾客在该店购买时装的平均件数.

2. 设随机变量 X 的分布列为

X	-1	0	0.5	1	2
p_i	$\dfrac{1}{3}$	$\dfrac{1}{6}$	$\dfrac{1}{6}$	$\dfrac{1}{12}$	$\dfrac{1}{4}$

试求 $E(X)$，$E(-X+1)$，$E(X^2)$.

3. 已知投资某一项目的收益率 R 是一个随机变量，其分布列为

R	1%	2%	3%	4%	5%	6%
p_i	0.1	0.1	0.2	0.3	0.2	0.1

一位投资者在该项目上投资了 10 万元，试求他预期可获得多少收入？收入的风险（用方差来表示）有多高？

4. 某工程队完成某项工程的时间 X（单位：月）是一个随机变量，它的分布列为

X	10	11	12	13
p_i	0.4	0.3	0.2	0.1

（1）试求该工程队完成此项工程的平均月数；

（2）设该工程队所获利润为 $Y=50(13-X)$（单位：万元）. 试求工程队的平均利润.

5. 设随机变量 X 的密度函数为 $f(x)=\begin{cases}\dfrac{1}{3}+2x^2, & 0<x<1 \\ 0, & \text{其他,}\end{cases}$ 试求 $E(X)$.

6. 设随机变量 X 的密度函数为 $f(x)=\begin{cases}0, & x\leqslant 0, \\ e^{-x}, & x>0,\end{cases}$ 试求 $E(2X+5)$.

7. 设随机变量 X 的密度函数为 $f(x)=\begin{cases}cx^2, & 0\leqslant x<1, \\ 0, & \text{其他,}\end{cases}$ 试求 $E(X)$ 和 $Var(X)$.

8. 设随机变量 X 的密度函数为 $f(x)=\begin{cases}1+x, & -1<x\leqslant 0, \\ 1-x, & 0<x\leqslant 1, \\ 0, & \text{其他,}\end{cases}$ 试求 $Var(3X+2)$.

9. 某新产品在未来市场上的占有率 X 是随机变量，其密度函数为

$$f(x)=\begin{cases}4(1-x)^3, & 0<x<1, \\ 0, & \text{其他,}\end{cases}$$

试求平均市场占有率和方差.

10. 设随机变量 X 的密度函数为 $f(x)=\begin{cases}\dfrac{3x^2}{8}, & 0<x<2, \\ 0, & \text{其他,}\end{cases}$ 试求 $E(1/X^2)$.

2.3 常用离散型分布

常用离散型分布有两点分布、二项分布、几何分布、负二项分布、超几何分布、泊松分布等.

2.3.1 两点分布

如果一个随机变量 X 只有两个可能的取值，其分布列为

X	x_1	x_2
p_i	p	$1-p$

则称 X 服从**两点分布**（two point distribution）.

特别地，称 $x_1=1$，$x_2=0$ 的两点分布为 **0-1 分布**（0–1 distribution）. **0-1 分布是常用的分布，用来描述某一类别在总体中所占的比例，或一次试验中某事件 A 发生的次数**. 如某种产品的合格率为 p，则合格品所占的比例为 p，从一大批该种产品中随机取一个产品，取得的合格品数 X 服从 0-1 分布. 又如，X 为在一次掷硬币的试验中正面出现的次数，则 X 服从 0-1 分布. 0-1 分布的分布列亦可表示为

$$P\{X=x\}=p^x(1-p)^{1-x}, x=0,1 .$$

容易证明，两点分布的期望与方差分别是：

（1） $E(X)=px_1+(1-p)x_2$. （2.3.1）

（2） $Var(X)=p(1-p)(x_1-x_2)^2$. （2.3.2）

0-1 分布的期望与方差分别是：

（1） $E(X)=p$. （2.3.3）

（2） $Var(X)=p(1-p)$. （2.3.4）

例 2.3.1 某种产品的成本为 5 元，售价为 15 元，合格率为 0.98，不合格品可退货，试求卖出这种产品 100 件的平均利润.

解 设 X 表示该产品的利润，则 X 服从如下两点分布：

X	15	−5
p_i	0.98	0.02

所以 $E(X)=15\times0.98+(-5)\times0.02=14.6$，售出 100 件该产品的平均利润为 1460 元.

2.3.2 n 个点上的均匀分布

若随机变量 X 的分布列为

X	x_1	x_2	$\cdots$	x_n
p_i	$\dfrac{1}{n}$	$\dfrac{1}{n}$	$\cdots$	$\dfrac{1}{n}$

则称 n 服从 n 个点 $\{x_1, x_2, \cdots, x_n\}$ 上的**均匀分布**（rectangular distribution）.

显然，

（1） $E(X) = \dfrac{1}{n}\sum_{i=1}^{n} x_i = \bar{x},$ （2.3.5）

（2） $Var(X) = \dfrac{1}{n}\sum_{i=1}^{n}(x_i - \bar{x})^2 .$ （2.3.6）

例 2.3.2   设 X 表示掷一颗骰子出现的点数，则 X 服从 6 个点上的均匀分布.

$$E(X) = \frac{1}{6}(1+2+3+4+5+6) = \frac{7}{2},$$

$$E(X^2) = \frac{1}{6}(1^2 + 2^2 + 3^2 + 4^2 + 5^2 + 6^2) = \frac{91}{6},$$

$$Var(X) = E(X^2) - [E(X)]^2 = \frac{91}{6} - \left(\frac{7}{2}\right)^2 = \frac{35}{12}.$$

2.3.3   二项分布

概率论的奠基人瑞士数学家雅各·伯努利（Jacob Bernoulli，1654—1705）的遗著《猜度术》（1713 年）给出了二项分布概率公式. 二项分布常用来描述 n 重伯努利试验中某事件"成功"次数的分布.

在许多随机试验中，试验的结果都可以分为两种结果. 如随机抽取一个人，要么是男性要么是女性；掷一颗骰子出现的点数要么大于 3 要么不大于 3；从一大批产品中随机抽取一个产品，要么是合格品要么是不合格品；射击时要么击中目标要么击不中目标，等等.

Jacob Bernoulli
（1654—1705）

一般地，如果试验只有两个可能的结果 A 及 $\bar{A}$ ，并且 $P(A) = p$ ，则把该试验称作**伯努利试验**，将伯努利试验独立地重复 n 次构成了一个试验，称作 n **重伯努利试验**. n 重伯努利试验中事件 A 恰好发生 x 次的概率为

$$P\{X = x\} = C_n^x p^x (1-p)^{n-x}, 0 < p < 1, x = 0,1,2,\cdots,n. \qquad （2.3.7）$$

若随机变量 X 的分布列为（2.3.7），则称 X 服从参数为 n , p 的**二项分布**（binomial distribution），记作 $X \sim B(n,p)$.

$B(10,0.3)$ ， $B(20,0.3)$ 和 $B(30,0.3)$ 的散点图如图 2.3.1 所示. $B(10,0.15)$ ， $B(10,0.5)$ 和 $B(10,0.8)$ 的散点图如图 2.3.2 所示. 读者可以自行探寻其中的规律.

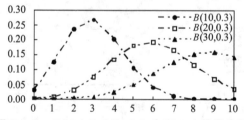

图 2.3.1 $B(10,0.3), B(20,0.3), B(30,0.3)$ 的散点图

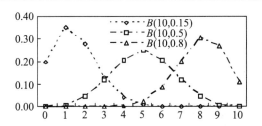

图 2.3.2 $B(10,0.15), B(10,0.5), B(10,0.8)$ 的散点图

例如，一个袋子中装有 N 个球，其中 N_1 个白球，N_2 个黑球，从中依次有放回地随机抽取 n 个球，设 X 表示取到白球的数目，那么 X 服从二项分布. 事实上，每次取球要么取到白球要么取不到白球，且取到白球的概率皆为 $p = \dfrac{N_1}{N}$，有放回地抽取 n 个球相当于做 n 重伯努利试验. 所以 X 服从二项分布. 分布列为

$$P\{X = x\} = C_n^x \left(\frac{N_1}{N}\right)^x \left(\frac{N_2}{N}\right)^{n-x}, x = 0, 1, 2, \cdots, n .$$

可以证明二项分布的期望和方差分别为：

（1）$E(X) = np$,   （2.3.8）

（2）$Var(X) = np(1 - p)$.   （2.3.9）

例 2.3.3 某厂生产的某种产品规定合格率要达到 95%，从该厂生产的一大批产品中随机取 100 件，试求：

（1）若生产正常，100 件产品中恰有 5 件次品的概率；

（2）若生产正常，100 件产品中至多有 5 件次品的概率；

（3）若生产正常，100 件产品中的平均次品数；

（4）100 件产品中最多允许出现多少个次品，才能保证这 100 件产品合格率达到 95%.

解 设 100 件中的次品数为 X，依题意 $X \sim B(100, 0.05)$，所以

（1）若生产正常，100 件中恰有 5 件次品的概率为

$$P\{X = 5\} = C_{100}^5 0.05^5 0.95^{95} \approx 0.1800 .$$

（2）若生产正常，100 件产品中至多有 5 件次品的概率为

$$P\{X \leqslant 5\} = \sum_{x=0}^{5} C_{100}^x 0.05^x 0.95^{100-x} \approx 0.6160 .$$

（3）若生产正常，100 件产品中的平均次品数为 $E(X) = 100 \times 0.05 = 5$.

（4）若要 100 件产品的合格率达到 95%，100 件产品中最多允许出现的次品数为 a，则 $P\{X \leqslant a\} \leqslant 0.05$，即

$$\sum_{x=0}^{a} C_{100}^x 0.05^x 0.95^{100-x} \leqslant 0.05 ,$$

查表得 $a = 2$.

例 2.3.4　某保险公司多年的资料统计表明，在索赔户中被盗户占 20%，试求在随机抽查的 100 家索赔户中被盗户数不少于 14 户且不多于 30 户的概率.

解　设在随机抽查的 100 家索赔户中被盗户数为 X，据题意可知 $X \sim B(100, 0.2)$，所以在随机抽查的 100 家索赔户中被盗户数不少于 14 户且不多于 30 户的概率为

$$P\{14 \leqslant X \leqslant 30\} = P\{X \leqslant 30\} - P\{X \leqslant 13\}$$

$$= \sum_{x=0}^{30} C_{100}^{x} 0.2^{x} (1 - 0.2)^{100-x} - \sum_{x=0}^{13} C_{100}^{x} 0.2^{x} (1 - 0.2)^{100-x} \approx 0.9470 .$$

2.3.4　几何分布与负二项分布（巴斯卡分布）

几何分布常用来描述某事件第一次出现时，试验次数的分布. 负二项分布常用来描述某事件出现 r 次时，试验次数的分布，常用来描述某计数过程.

例如，袋子中有 1 个白球，3 个黑球，每次从袋中有放回地摸出 1 个球，则第一次摸到白球时，试验次数为 3 的概率是

$$P\{X = 3\} = 0.25(1 - 0.25)^{2} = 0.140625 ,$$

试验继续独立重复地进行下去，则第二次摸到白球时，试验次数为 5 的概率是

$$P\{X = 5\} = 0.25^{2}(1 - 0.25)^{3} \approx 0.0264 .$$

无论第一次白球何时出现，第二次摸到白球时，试验次数为 5 的概率是

$$P\{X = 5\} = C_{4}^{1} 0.25^{2}(1 - 0.25)^{3} \approx 0.1055 ,$$

这是因为在 5 重伯努利试验中，最后一次是摸到白球，而前 4 次摸球中白球出现了 1 次，由二项分布可知其概率为 $C_{4}^{1} 0.25(1 - 0.25)^{3}$，再乘以最后一次摸到白球的概率 0.25，即 $C_{4}^{1} 0.25^{2}(1 - 0.25)^{3}$.

一般地，设在伯努利试验中事件 A 发生的概率为 p，则 n 重伯努利试验中，A 首次发生时，试验次数为 x 的概率为

$$P\{X = x\} = p(1 - p)^{x-1}, 0 < p < 1, x = 1, 2, \cdots , \tag{2.3.10}$$

而事件 A 第 r 次发生时，试验次数为 x 的概率为

$$P\{X = x\} = C_{x-1}^{r-1} p^{r}(1 - p)^{x-r}, 0 < p < 1, x = r, r+1, r+2, \cdots . \tag{2.3.11}$$

若随机变量 X 的分布列为（2.3.10），则称 X 服从**几何分布**（geometric distribution），记作 $X \sim Ge(p)$. 几何分布的期望与方差分别为：

（1）$E(X) = \dfrac{1}{p}$. $\qquad\qquad\qquad\qquad\qquad\qquad\qquad\qquad\qquad$ (2.3.12)

（2）$Var(X) = \dfrac{1 - p}{p^{2}}$. $\qquad\qquad\qquad\qquad\qquad\qquad\qquad\qquad$ (2.3.13)

若随机变量 X 的分布列为（2.3.11），则称 X 服从**负二项分布**（negative binomial distribution），记作 $X \sim Nb(r,p)$．当 $r=1$ 时，负二项分布即为几何分布．负二项分布的期望与方差分别为

（1） $E(X) = \dfrac{r}{p}$． （2.3.14）

（2） $Var(X) = \dfrac{r(1-p)}{p^2}$． （2.3.15）

例 2.3.5 某射手连续对某目标进行射击，假设每次命中目标的概率均为 0.75，试计算：

（1）第 4 次射击才命中目标的概率；

（2）射击次数不超过 5 次就能把目标击中的概率；

（3）第 1 次命中目标所需要的平均射击次数；

（4）第 3 次命中目标，射击了 5 次的概率；

（5）第 3 次命中目标，需要的平均射击次数．

解 设 X 表示第 1 次命中目标时的射击次数，依题意

射击

$X \sim Ge(0.75)$．

（1）第 4 次射击才命中目标的概率为

$$P\{X = 4\} = 0.25^3 \times 0.75 = 0.0117．$$

（2）射击次数不超过 5 次就能把目标击中的概率为

$$P\{X \leqslant 5\} = \sum_{x=1}^{5} P\{X = x\} = \sum_{x=1}^{5} 0.25^{x-1} \times 0.75 = \frac{1023}{1024}．$$

（3）第 1 次命中目标所需要的平均射击次数为

$$E(X) = \frac{1}{0.75} \approx 1.333．$$

（4）设 Y 表示第 3 次命中目标时的射击次数，依题意 $Y \sim Nb(3,0.75)$，第 3 次命中目标，射击了 5 次的概率为

$$P\{X = 5\} = C_{5-1}^{3-1} 0.75^3 (1-0.75)^{5-3} \approx 0.1582．$$

（5）第 3 次命中目标，需要的平均射击次数为

$$E(X) = \frac{r}{p} = \frac{3}{0.75} = 4．$$

例 2.3.6 如果要找 10 个反应敏捷的人，已知具有这种特征的候选人的概率为 0.6，试在找到 10 个合格候选人之前，需要对 5 个不合格候选人进行面试的概率．

解 设 X 表示在找到 10 个合格候选人时所面试的人数，则 $X \sim Nb(10,0.6)$．在找到 10 个合格候选人之前，需要对 5 个不合格候选人进行面试，则共要进行面试 15 人次，所以在找到 10 个合格候选人之前，需要对 5 个不合格候选人进行面试的概率为

$$P\{X = 15\} = C_{15-1}^{10-1} 0.6^{10} (1-0.6)^{15-10} \approx 0.1240．$$

2.3.5 超几何分布

超几何分布常用来描述类似于在有限总体中不放回摸球的分布.

一个袋子中装有 N 个球，其中 N_1 个白球，$N-N_1$ 个黑球，从中不放回地随机抽取 $n(n \leqslant N_1)$ 个球，X 表示取到白球的数目，那么 X 不再服从二项分布，此时 X 的分布列为

$$P\{X = x\} = \frac{C_{N_1}^x C_{N-N_1}^{n-x}}{C_N^n}, x = 0, 1, 2, \cdots, n. \tag{2.3.16}$$

若随机变量 X 的分布列为（2.3.16），则称 X 服从**超几何分布**（hypergeometric distribution）. 超几何分布的期望和方差分别为：

（1） $E(X) = \frac{nN_1}{N}.$ $\tag{2.3.17}$

（2） $D(X) = \frac{nN_1(N-N_1)(N-n)}{N^2(N-1)}.$ $\tag{2.3.18}$

例 2.3.7 一批产品共有 80 个合格品 20 个次品，试求：

（1）从中随机取 30 个产品出现 5 个次品的概率；

（2）从中随机取 30 个产品的平均次品数.

解 设 X 为随机取 30 个产品中出现的次品个数，则 X 服从超几何分布.

（1） $P\{X = 5\} = \frac{C_{80}^{25} C_{20}^5}{C_{100}^{30}} \approx 0.1918;$

（2） $E(X) = \frac{30 \times 20}{100} = 6.$

2.3.6 泊松分布

泊松分布是 1837 年法国数学家泊松（S.D.Poisson，1781—1840）在推广伯努利大数定律时，研究得出的一种概率分布. **泊松分布常用来描述某计数过程.** 例如，电话交换台在单位时间内收到的呼叫次数；单位时间内售票窗口到达的顾客数；单位时间内通过收费站的轿车的数量；保险公司在单位时间内被索赔的次数等均可认为是服从泊松分布.

S.D.Poisson
（1781—1840）

若随机变量 X 的分布列为

$$P\{X = x\} = \frac{\lambda^x}{x!} e^{-\lambda}, x = 0, 1, 2, \cdots, \tag{2.3.19}$$

其中 $\lambda > 0$ 为参数，则称 X 服从**泊松分布**（Poission distribution），记作 $X \sim P(\lambda)$. 泊松分布的期望和方差皆为参数 λ，即

$$E(X) = Var(X) = \lambda. \tag{2.3.20}$$

$P(3), P(5)$ 和 $P(7)$ 的散点图如图 2.3.3 所示. 读者可以自行探寻其中的规律.

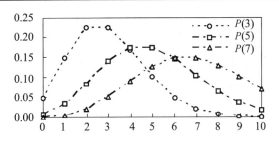

图 2.3.3　$P(3), P(5), P(7)$ 的散点图

例 2.3.8　某商店根据过去的销售记录知道，某种商品每月的销售量可以用参数为 $\lambda = 5$ 的泊松分布来描述. 为了以 95% 以上的概率保证不脱销，商店月底应存多少件商品？

解　设每月的销售量为 X，则 $X \sim P(5)$. 又设商店月底存货为 a，由题意知，

$$P\{X \leqslant a\} = \sum_{x=0}^{a} \frac{5^x}{x!} \mathrm{e}^{-5} \geqslant 0.95 .$$

查泊松分布表知，

$$\sum_{x=0}^{8} \frac{5^x}{x!} \mathrm{e}^{-5} = 1 - \sum_{x=9}^{\infty} \frac{5^x}{x!} \mathrm{e}^{-5} \approx 1 - 0.068 = 0.932 < 0.95 .$$

$$\sum_{x=0}^{9} \frac{5^x}{x!} \mathrm{e}^{-5} = 1 - \sum_{x=10}^{\infty} \frac{5^x}{x!} \mathrm{e}^{-5} \approx 1 - 0.032 = 0.968 > 0.95 ,$$

于是月底存货应不少于 9 件商品.

习题 2.3

1. 一种射击游戏规定每 10 元可以射击 10 次，击中至少 5 次奖 20 元，否则不奖. 某游戏参与者每次射击的命中率为 0.6，试问他获奖的概率有多大？

2. 从家中乘汽车到学校的途中有 3 个交通岗，假设在每个交通岗遇到红灯的事件是相互独立的，并且概率都是 $\dfrac{1}{3}$，设 X 为途中遇到红灯的次数，试求 X 的分布列.

3. 甲乙两选手进行比赛，假定每局比赛甲胜的概率为 0.6，乙胜的概率为 0.4，试问采用 3 局 2 胜制还是 5 局 3 胜制，对甲有利？

4. 某特效药的临床有效率为 0.95，今有 100 人服用，试问平均有多少人能治愈呢？

5. 某产品的次品率为 0.1，检验员每天检验 4 次，每次随机抽取 10 个产品进行检验，如发现次品多于 1 个就要调整设备，试求 1 天中要调整设备的平均次数.

6. 进行 4 次独立的试验，每次试验中事件 A 发生的概率均为 0.3，若 A 不发生，则事件 B 也不发生；若 A 发生一次，则 B 发生的概率为 0.6；若 A 至少发生二次，则 B 一定发生. 试求 B 发生的概率.

7. 设有一大批某种产品，其次品率为 0.02，现对该批产品一个一个地进行检查，直到检查出次品为止，试求需要检查 60 个的概率.

8. 从一个装有 8 个白球，6 个黑球的袋中有放回地随机摸球，直到摸到白球为止. 试求取出黑球数的期望.

9. 某人有一串 10 把外形相同的钥匙，其中只有一把能打开家门. 有一天该人酒醉后回家，下意识地每次从 10 把钥匙中随机拿一把去开门，试问该人在第 3 次才把门打开的概率多大？平均试几次才能把门打开？

10. 证明：若随机变量 $X \sim Ge(p)$，则对任意两个正数 m,n，都有

$$P\{X > m+n \mid X > m\} = P\{X > n\},$$

即几何分布具有无记忆性.

11. 某校高三年级某班的数学课外活动小组中有 6 名男生，4 名女生，从中随机选出 4 人参加数学竞赛，用 X 表示选中的男生人数，试求 X 的分布列.

12. 从 4 名男生和 2 名女生中随机选 3 人参加演讲比赛，设随机变量 X 表示所选三人中女生人数. 试求 $P\{X \leqslant 1\}$.

13. 某导游团有外语导游 10 人，其中 6 人会说日语，现要随机选出 4 人去完成一项任务，试求其中有两人会说日语的概率.

14. 一批产品共 100 件，其中有 10 件次品，为了检验其质量，从中随机抽取 5 件，试求在抽取的这 5 件产品中次品数的分布列，并说明 5 件产品中有 3 件以上为次品的概率.

15. 一批产品共有 180 件产品，其中有 8 件是次品，现从中随机抽 4 件，用 X 表示抽到的次品数，试求：

（1）抽取的 4 件中恰好有 k 件次品的概率；

（2）抽取的 4 件中次品超过 1 件的概率.

16. 某优秀射手命中 10 环的概率为 0.7，试问在他第 5 次命中 10 环时平均要射击几次？

17. 一部电话交换台每分钟接到的呼叫次数 $X \sim P(4)$，试求：（1）$P\{X = 6\}$；（2）$P\{X > 5\}$.

18. 一铸件的砂眼数 $X \sim P(0.5)$，试求 $P\{X \leqslant 1\}$ 和 $P\{X \geqslant 2\}$.

19. 设随机变量 $X \sim P(1)$，试求 $P\{X = E(X^2)\}$.

20. 为了保证设备正常工作，需配备适量的维修工人，现有同类型设备 300 台，各台工作是相互独立的，发生故障的概率都是 0.01. 在通常情况下一台设备的故障可由一个人来处理，试问至少需配备多少工人，才能保证设备发生故障但不能及时维修的概率小于 0.01？

21. 假如生三胞胎的概率为 0.0001，试求 100000 次分娩中，有 0,1,2 次生三胞胎的概率.

22. 设一个纺织工照顾 800 个纺锭，每个纺锭在某一段时间内发生断头的概率为 0.005，试求 k 使发生断头次数超过 k 的概率为 0.7619.

23. 某人每次射击的命中率为 0.02，他独立射击 400 次.

（1）试求至少击中两次的概率；

（2）试问必须进行多少次射击，才能使至少击中一次的概率不小于 0.9 呢？

24. 某保险公司开发的一种保险规定每一保单有效期为一年，有效理赔一次，每个保单收取保费 500 元，理赔额为 20000 元，据估计每个保单索赔概率为 0.005，设公司共卖出这种保单 800 个，试求该公司在该险种上获得的平均利润.

2.4 常用连续型分布

常用连续型分布有均匀分布、指数分布、正态分布、卡方分布、t 分布、F 分布等，本节先介绍均匀分布、指数分布和正态分布，卡方分布、t 分布和 F 分布留到第 4 章介绍.

2.4.1 均匀分布

均匀分布用来描述在一个区间上取每一点的可能性均相等的随机变量及其分布规律.

若随机变量 X 的密度函数为

$$f(x) = \begin{cases} \dfrac{1}{b-a}, a \leqslant x \leqslant b, \\ 0, 其他, \end{cases} \tag{2.4.1}$$

则称 X 服从 $[a,b]$ 上的**均匀分布**（rectangular distribution），记作 $X \sim U(a,b)$. 均匀分布的分布函数为

$$F(x) = \begin{cases} 0, x < a, \\ \dfrac{x-a}{b-a}, a \leqslant x < b, \\ 1, x \geqslant b. \end{cases} \tag{2.4.2}$$

图 2.4.1 均匀分布的密度函数图像

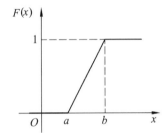

图 2.4.2 均匀分布的分布函数图像

均匀分布的密度函数和分布函数图像如图 2.4.1 和图 2.4.2 所示. 均匀分布的期望和方差分别为

（1）$E(X) = \dfrac{a+b}{2}$. $\tag{2.4.3}$

（2）$Var(X) = \dfrac{(b-a)^2}{12}$. $\tag{2.4.4}$

例 2.4.1 某种圆盘形构件的半径 R 与其设计标准 C（单位：cm）的偏差服从 $[-a,a]$ 上的均匀分布，试求该种构件的周长 L 和面积 S 的平均值.

解 由题意，该种构件的半径 R 服从 $[C-a, C+a]$ 上的均匀分布，其密度函数为

$$f(r) = \begin{cases} \dfrac{1}{2a}, C-a \leqslant r \leqslant C+a, \\ 0, 其他, \end{cases}$$

所以

$$E(L) = E(2\pi R) = 2\pi E(R) = 2\pi C,$$

$$E(S) = E(\pi R^2) = \pi E(R^2) = \pi \int_{C-a}^{C+a} \frac{1}{2a} r^2 \mathrm{d}r = \frac{\pi}{6a}[(C+a)^3 - (C-a)^3] = C^2\pi + \frac{1}{3}a^2\pi.$$

例 2.4.2 设随机变量 $X \sim U[2,5]$，现在对 X 进行三次独立观测，试求至少有两次观测值大于 3 的概率.

解 由题意知，X 的密度函数为

$$f(x) = \begin{cases} \dfrac{1}{3}, \ 2 \leqslant x \leqslant 5, \\ 0, 其他. \end{cases}$$

所以

$$P(A) = P\{X > 3\} = \int_3^5 \frac{1}{3}\mathrm{d}x = \frac{2}{3}.$$

设 Y 为三次独立观测中观测值大于 3 的次数，故 $Y \sim B\left(3, \dfrac{2}{3}\right)$，从而所求概率为

$$P\{Y \geqslant 2\} = P\{Y = 2\} + P\{Y = 3\} = C_3^2 \left(\frac{2}{3}\right)^2 \frac{1}{3} + C_3^3 \left(\frac{2}{3}\right)^3 = \frac{20}{27}.$$

2.4.2 指数分布

指数分布用来描述对某一事物发生的等待时间. 例如，乘客在汽车站的等车时间、互联网网页链接的出度入度、电子元器件的可靠性、电视机的寿命等符合指数分布. 在日本的工业标准和美国军用标准中，半导体器件的抽验方案都是采用指数分布. 指数分布还用来描述大型复杂系统（如计算机）的平均故障间隔时间.

若随机变量 X 的密度函数为

$$f(x) = \begin{cases} 0, x < 0, \\ \lambda \mathrm{e}^{-\lambda x}, x \geqslant 0, \end{cases} \tag{2.4.5}$$

其中，$\lambda > 0$ 为参数，则称 X 服从参数为 λ 的**指数分布**（exponential distribution），记作 $X \sim Exp(\lambda)$. 指数分布的分布函数为

$$F(x) = \begin{cases} 0, x < 0, \\ 1 - e^{-\lambda x}, x \geqslant 0. \end{cases} \tag{2.4.6}$$

如图 2.4.3 所示，不同参数的指数分布的密度函数都是单调递减的．指数分布的期望和方差分别为：

（1）$E(X) = \dfrac{1}{\lambda}$. $\tag{2.4.7}$

（2）$Var(X) = \dfrac{1}{\lambda^2}$. $\tag{2.4.8}$

图 2.4.3　指数分布的密度

指数分布具有无记忆性（证明留作课后习题），该特性是指，若 $X \sim Exp(\lambda)$，则对任意两个正数 $x_1, x_2 > 0$，都有

$$P\{X > x_1 + x_2 | X > x_2\} = P\{X > x_1\}, \tag{2.4.9}$$

即指数分布对过去的时间信息遗忘了．指数分布具有无记忆性与机械零件的疲劳、磨损、腐蚀、蠕变等损伤过程的实际情况是完全矛盾的，它违背了产品损伤累积和老化这一过程．所以，指数分布不能作为机械零件功能参数的分布形式．但是，指数分布可以近似地作为高可靠性的复杂部件、机器或系统的失效分布模型，特别是在部件或机器的整机试验中得到广泛的应用．

例 2.4.3* 产品的可靠性指标"平均故障间隔时间"（Mean Time Between Failures，MTBF），是可修复产品的一种基本可靠性参数，定义为：可修复产品的两次相邻故障的平均工作时间．对于使用标准化或已经发展成熟的零部件的电子产品而言，均以 MTBF 值作为其可靠度指标．一般而言，指数分布的失效率函数，公式如下：

（1）可靠度函数：$R(t) = e^{-\lambda t} = 1 - F(t)$.

（2）$MTBF = \dfrac{1}{\lambda}$.

（3）失效率函数：$F(t) = 1 - R(t) = 1 - e^{-\lambda t} = 1 - e^{-\frac{t}{MTBF}}$.

试求 $MTBF = 70000\ \text{h}$ 的产品在使用 4 年后其失效的概率（假设产品平均每天使用 10 h）和可靠度．

解 因为

$$F(t) = 1 - R(t) = 1 - e^{-\lambda t} = 1 - e^{-\frac{t}{MTBF}}. \quad t = 10 \times 365 \times 4 = 14600\ \text{h}, \quad MTBF = \frac{1}{\lambda} = 70000,$$

则四年后失效的概率：

$$F(14600) = 1 - \mathrm{e}^{\frac{14600}{70000}} = 0.1882 = 18.82\% ,$$

四年后的可靠度：

$$R(t) = 1 - F(t) = 1 - 18.82\% = 81\% .$$

例 2.4.4 某种电子元件的寿命 X 服从指数分布，已知其平均寿命为 1000 h，试求三个这样的电子元件使用 1000 h，至少已有一个损坏的概率.

解 $\lambda = \dfrac{1}{E(X)} = \dfrac{1}{1000}$. 所以指数分布的分布函数为

$$F(x) = \begin{cases} 0 , x < 0, \\ 1 - \mathrm{e}^{-\frac{x}{1000}}, x \geqslant 0. \end{cases}$$

则 $\qquad\qquad P\{X > 1000\} = 1 - P\{X < 1000\} = 1 - F(1000) = \mathrm{e}^{-1} .$

因此，三个这样的电子元件都使用 1000 h 的概率为 e^{-3} ，则至少已有一个损坏的概率为 $1 - \mathrm{e}^{-3}$.

2.4.3　正态分布

正态分布是最重要的一类分布，数理统计中的许多统计推断都是建立在正态分布的基础上的. 法国数学家棣谟佛（Abraham de Moivre, 1667—1754）发现了一个二项分布的近似公式，这一公式被认为是正态分布的首次露面，由于德国数学家高斯（C. F. Gauss, 1777—1855）在研究误差理论时首先使用了正态分布，故正态分布又叫**高斯分布**（Gauss distribution）.

第 3 章的中心极限定理将会告诉我们，如果一个随机变量受大量的微小而独立的因素决定，则这个随机变量一般可近似地认为服从正态分布，因而正态分布是最常用的分布.

C.F.Gauss
（1777—1855）

1）一般正态分布

如果随机变量 X 的密度函数为

$$\varphi(x) = \frac{1}{\sqrt{2\pi}\sigma} \exp\left\{ -\frac{(x-\mu)^2}{2\sigma^2} \right\} , \quad -\infty < x < +\infty , \qquad (2.4.10)$$

其中，μ 和 σ^2 为参数，则称 X 服从参数为 μ 和 σ^2 的**正态分布**（normal distribution），记作 $X \sim N(\mu, \sigma^2)$.

可以证明，正态分布密度函数中的参数 μ 和 σ^2 分别为其期望和方差，即

（1）$E(X) = \mu$.

（2）$Var(X) = \sigma^2$.

如图 2.4.4 所示，不同参数的正态分布密度函数 $\varphi(x)$ 关于参数 μ 对称，μ 越大 $\varphi(x)$ 图像越往右平移，参数 σ^2 越大图像越平坦.

图 2.4.4 正态分布密度函数

$X \sim N(\mu, \sigma^2)$ 的分布函数为

$$\Phi(x) = \frac{1}{\sqrt{2\pi}\sigma} \int_{-\infty}^{x} \exp\left\{-\frac{(t-\mu)^2}{2\sigma^2}\right\} \mathrm{d}t . \tag{2.4.11}$$

2）标准正态分布

$Z \sim N(0,1)$ 称为**标准正态分布**（standard normal distribution），其密度函数为

$$\varphi_0(z) = \frac{1}{\sqrt{2\pi}} \exp\left\{-\frac{z^2}{2}\right\}, -\infty < x < +\infty , \tag{2.4.12}$$

分布函数为

$$\Phi_0(z) = \frac{1}{\sqrt{2\pi}} \int_{-\infty}^{z} \exp\left\{-\frac{t^2}{2}\right\} \mathrm{d}t . \tag{2.4.13}$$

$Z \sim N(0,1)$ 的密度函数不含参数且关于原点对称. 因此，

（1）$\Phi_0(-a) = 1 - \Phi_0(a)$, $\tag{2.4.14}$

（2）$P\{a < Z < b\} = \Phi_0(b) - \Phi_0(a)$, $\tag{2.4.15}$

（3）$P\{Z > a\} = 1 - \Phi_0(a)$, $\tag{2.4.16}$

（4）$P\{|Z| < a\} = 2\Phi_0(a) - 1$, $\tag{2.4.17}$

（5）$P\{|Z| > a\} = 2 - 2\Phi_0(a)$. $\tag{2.4.18}$

正态分布的分布函数不能用初等函数来表示，人们利用数值计算方法编制了标准正态分布概率分布表，在实际计算时可以查表.

例 2.4.5　设随机变量 $Z \sim N(0,1)$.

（1）试求 $P\{Z \leqslant 1.96\}, P\{Z \leqslant -1.96\}, P\{|Z| \leqslant 1.96\}$, $P\{-1 < Z \leqslant 2\}$ ；

（2）已知 $P\{Z \leqslant a\} = 0.7019$, $P\{Z \leqslant b\} = 0.2981$, $P\{|Z| \leqslant c\} = 0.90$, 试求 a, b 和 c .

解　（1）查表得

$$P\{Z \leqslant 1.96\} = \Phi_0(1.96) = 0.975 ,$$

$$P\{Z \leqslant -1.96\} = 1 - P\{Z \leqslant 1.96\} = 1 - \Phi_0(1.96) = 0.025 ,$$

$$P\{|Z| \leqslant 1.96\} = 2\Phi_0(1.96) - 1 = 0.95 ,$$

$$P\{-1 < Z \leqslant 2\} = \Phi_0(2) - \Phi_0(-1) = \Phi_0(2) + \Phi_0(1) - 1 \approx 0.977 + 0.841 - 1 = 0.818.$$

（2）查表得 $a = 0.53$.

由于 $P\{Z \leqslant b\} = 0.2981 < 0.5$ ，所以 $b < 0$ ．又

$$\Phi_0(-b) = 1 - \Phi_0(b) = 1 - P\{Z \leqslant b\} = 0.7019 ,$$

查表得 $-b \approx 0.53$ ，$b = -0.53$.

因为 $P\{|Z| \leqslant c\} = 2\Phi_0(c) - 1 = 0.90$ ，故

$$\Phi_0(c) = \frac{1 + 0.90}{2} = 0.95 ,$$

查表得 $c \approx 1.645$.

3）一般正态分布的标准化

定理 2.4.1　若随机变量 $X \sim N(\mu, \sigma^2)$ ，$Y = aX + b$ ，$a(a \neq 0), b$ 为常数，则

$$Y \sim N(a\mu + b, a^2\sigma^2) . \tag{2.4.19}$$

例 2.4.6　设随机变量 $X \sim N(0, 2^2)$ ，试求 $Y_1 = 3X + 5$ 和 $Y_2 = -X$ 的分布．

解　由定理 2.4.1 知，Y_1，Y_2 都服从正态分布，其期望与方差分别为

$$E(Y_1) = E(3X + 5) = 3 \times 0 + 5 = 5 , \quad Var(Y_1) = Var(3X + 5) = 9 \times 2^2 = 6^2 ;$$

$$E(Y_2) = E(-X) = 0 , \quad Var(Y_2) = Var(-X) = 2^2 ,$$

所以，$Y_1 \sim N(5, 6^2)$ ，$Y_2 \sim N(0, 2^2)$.

在例 2.4.6 中，$Y_2 = -X$ 和 X 都服从 $N(0, 2^2)$ ，但这是两个完全不同的随机变量，因此分布相同与随机变量相等是两个完全不同的概念，不能混淆．

推论 2.4.1　随机变量 $X \sim N(\mu, \sigma^2)$ 的充要条件是

$$Z = \frac{X - \mu}{\sigma} \sim N(0, 1) . \tag{2.4.20}$$

对于一般随机变量 X ，令

$$X^* = \frac{X - E(X)}{\sqrt{Var(X)}} , \tag{2.4.21}$$

由期望和方差的性质知，$E(X^*) = 0$ ，$Var(X^*) = 1$ ，称 X^* 为 X 的标准化随机变量．正态分布的标准化随机变量仍然为正态分布，但其他类型的分布标准化后却不一定是原有的同类型分布．

推论 2.4.2　设随机变量 $X \sim N(\mu, \sigma^2)$ ，$\Phi(x), \varphi(x)$ 分别表示其分布函数和密度函数，$\Phi_0(x), \varphi_0(x)$ 分别表示 $N(0, 1)$ 的分布函数和密度函数，则有

$$P\{X \leqslant x\} = \Phi(x) = \Phi_0\left(\frac{x - \mu}{\sigma}\right) . \tag{2.4.22}$$

由推论 2.4.2 可知，利用 $N(0, 1)$ 可以计算一般正态分布 $X \sim N(\mu, \sigma^2)$ 的概率．

例 2.4.7 已知随机变量 $X \sim N(8, 0.5^2)$，试求：

（1）$P\{X < 9\}$，$P\{X < 7\}$，$P\{7.5 \leqslant X < 8.5\}$，$P\{|X - 8| < 1\}$，$P\{|X - 8| > 1\}$；

（2）若 $P\{X \leqslant a\} = 0.7019$，试求 a.

解 （1）$P\{X < 9\} = \Phi_0\left(\dfrac{9-8}{0.5}\right) = \Phi_0(2) \approx 0.9772$，

$$P\{X < 7\} = \Phi_0\left(\frac{7-8}{0.5}\right) = \Phi_0(-2) = 1 - \Phi_0(2) \approx 0.0228 ,$$

$$P\{7.5 \leqslant X < 8.5\} = \Phi_0\left(\frac{8.5-8}{0.5}\right) - \Phi_0\left(\frac{7.5-8}{0.5}\right) = \Phi_0(1) - \Phi_0(-1) = 2\Phi_0(1) - 1 \approx 0.6827 ,$$

$$P\{|X - 8| < 1\} = P\{7 < X < 9\} = P\{X < 9\} - P\{X < 7\} \approx 0.9545 ,$$

$$P\{|X - 8| > 1\} = 1 - P\{|X - 8| < 1\} \approx 0.0455 .$$

（2）$$P\{X \leqslant a\} = P\left\{\frac{X-8}{0.5} \leqslant \frac{a-8}{0.5}\right\} = \Phi_0\left(\frac{a-8}{0.5}\right) = 0.7019 ,$$

查表得，$\dfrac{a-8}{0.5} \approx 0.5299$，$a \approx 8.2649$.

例 2.4.8 某单位招聘员工，共有 10000 人报考. 假设考试成绩服从正态分布，且已知 90 分以上有 359 人，60 分以下有 1151 人. 现按考试成绩从高分到低分依次录取 2500 人，试问被录取者中最低分为多少？

解 设考试成绩为随机变量 $X \sim N(\mu, \sigma^2)$，则

$$P\{X \leqslant 90\} = \Phi_0\left(\frac{90-\mu}{\sigma}\right) \approx \frac{10000 - 359}{10000} = 0.9641 ,$$

$$P\{X \leqslant 60\} = \Phi_0\left(\frac{60-\mu}{\sigma}\right) \approx \frac{1151}{10000} = 0.1151 .$$

查正态分布表，得

$$\frac{90-\mu}{\sigma} \approx 1.8004 , \quad \frac{60-\mu}{\sigma} \approx -1.1998 ,$$

解得 $\mu \approx 71.9973$，$\sigma \approx 9.9993$. 若按考试成绩从高分到低分依次录取 2500 人，被录取者中最低分为 a，则

$$P\{X \geqslant a\} = 1 - P\{X < a\} = 1 - \Phi_0\left(\frac{a - 71.9973}{9.9993}\right) \approx \frac{2500}{10000} = 0.25 ,$$

$$\Phi_0\left(\frac{a - 71.9973}{9.9993}\right) = 0.75 .$$

查正态分布表，得

$$\frac{a - 71.9973}{9.9993} \approx 0.6745 ,$$

解得 $a \approx 78.74$. 所以，现按考试成绩从高分到低分依次录取 2500 人，被录取者中最低分为 78.74 分.

例 2.4.9[*] 设随机变量 $X \sim N(\mu, \sigma^2)$ ，试求 $Y = \exp\{X\}$ 的分布.

解 $Y = \exp\{X\}$ 是严格递增函数，其反函数为 $X = \ln Y$.

当 $y > 0$ 时， $F_Y(y) = P\{Y \leqslant y\} = P\{e^X \leqslant y\} = P\{X \leqslant \ln y\} = \Phi(\ln y)$ ；

当 $y \leqslant 0$ 时，显然有 $F_Y(y) = 0$.

因此， Y 的分布函数为

$$F_Y(y) = \begin{cases} 0, y \leqslant 0, \\ \Phi(\ln y), y > 0, \end{cases}$$

Y 的密度函数为

$$f_Y(y) = \begin{cases} 0, y \leqslant 0, \\ \dfrac{1}{\sqrt{2\pi}\sigma y} \exp\left\{-\dfrac{1}{2\sigma^2}(\ln y - \mu)^2\right\}, y > 0. \end{cases}$$

称上述分布为**对数正态分布**. 金融学中，常用对数正态分布描述风险资产的价格分布. 设风险资产的收益率 r 是连续复合收益率且服从正态分布 $N(\mu, \sigma^2)$ ，资产的期初价格为 P_0 ，到期价格为 P_1 ，则

$$P_1 = P_0 e^r,$$

由于假设 r 服从正态分布，所以 P_1 服从对数正态分布. 进而有：

$$r = \ln\left(\frac{P_1}{P_0}\right) = \ln P_1 - \ln P_0,$$

所以连续复合收益率也称为对数收益率.

例 2.4.10[*] 正态分布的应用可以从六西格玛管理中得到具体体现. 六西格玛（6σ）概念作为品质管理概念，最早是由摩托罗拉公司的比尔·史密斯（Blll smith）于 1986 年提出，其目的是设计一个目标：在生产过程中降低产品及流程的缺陷次数，防止产品变异，提升品质. 杰克·韦尔奇（Jack Welch）于 20 世纪 90 年代发展起来的六西格玛管理总结了全面质量管理的成功经验，提炼了其中流程管理技巧的精华和最行之有效的方法，如今成为一种提高企业业

Jack Welch

绩与竞争力的管理模式. 该管理法在摩托罗拉、通用电气、戴尔、惠普、西门子、索尼、东芝、华硕等众多跨国企业的实践证明是卓有成效的. 六西格玛管理要求产品、或服务、或过程的输出要达到顾客要求或不能超出规格规定，超出规格即为缺陷. 下面我们简要介绍六西格玛的统计学定义和应用.

摩托罗拉公司 通用电气公司

设短期中产品，或服务，或过程值为随机变量 $X \sim N(\mu, \sigma^2)$，顾客要求或规格上限（upper limit）为 USL，下限（lower limit）为 LSL，设 USL, LSL 关于 μ 对称，$X > ULS$ 或 $X < LSL$ 即为缺陷. 六西格玛管理水准通常以 $USL - \mu = z\sigma (z > 0)$ 来衡量，z 称为**西格玛水平**. 六西格玛管理的终极目标是通过控制方差 σ^2 最终达到

$$USL - \mu \geqslant 6\sigma \text{ 或 } LSL - \mu \leqslant -6\sigma,$$

即西格玛水平达到 $z \geqslant 6$. 正态分布 $X \sim N(\mu, \sigma^2)$ 与其 6σ 区间如图 2.4.5 所示.

图 2.4.5　六西格玛管理

六西格玛管理中，机会缺陷率（Defects Per Opportunity，DPO），即每次机会中出现缺陷的比率表示了每个样本量中缺陷数占全部机会数的比例，由下式计算：

$$DPO = \frac{\text{总的缺陷数}}{\text{产品数} \times \text{机会数}},$$

DPO 又常以百万机会缺陷数（Defects Per Million Opportunity, DPMO）表示，即 $DPMO = DPO \times 10^6$，或由下式计算：

$$DPMO = \frac{\text{总的缺陷数} \times 10^6}{\text{产品数} \times \text{机会数}}.$$

若短期中产品，或服务，或过程值为随机变量 $X \sim N(\mu, \sigma^2)$，由正态分布知，

$$P\{|X - \mu| > z\sigma\} = P\left\{\left|\frac{X - \mu}{\sigma}\right| > z\right\} = 2 - 2\Phi_0(z),$$

则 $DPMO = 10^6(2 - 2\Phi_0(z))$.

短期中西格玛水平 z 和对应的百万机会缺陷数见表 2.4.1.

表 2.4.1　短期中西格玛水平和对应的百万机会缺陷数

西格玛水平 z	规格落在规范限内概率	发生缺陷的概率	$DPMO$
1	0.682 689 492 1	0.317 310 507 9	317 310.507 9
2	0.954 499 736 1	0.045 500 263 9	45 500.263 9
3	0.997 300 203 9	0.002 699 796 1	2 699.796 1

续表

西格玛水平 z	规格落在规范限内概率	发生缺陷的概率	DPMO
4	0.999 936 657 5	0.000 063 342 5	63.342 5
5	0.999 999 426 7	0.000 000 573 3	0.573 3
6	0.999 999 998 0	0.000 000 002 0	0.002 0

实践表明，在长期中过程会发生漂移. 美国学者 Bender 和 Gilson 花了近 30 年的时间独立研究生产流程中的漂移，获得的结果是 1.49 个标准差(σ)，为了方便，人们把这种漂移看成 1.5 个 σ 的位移，如图 2.4.5 所示. 如长期中发生了右漂移，事件 $\{|X-\mu-1.5\sigma|>z\sigma\}$ 发生即认为是缺陷. 出现缺陷的概率为

$$P\{|X-\mu-1.5\sigma|>z\sigma\} = P\left\{\left|\frac{X-\mu}{\sigma}\right|>z+1.5\right\} = 2-2\Phi_0(z+1.5).$$

所以，在长期中产品、或服务、或过程设计的百万机会缺陷数会发生变化，见表 2.4.2.

表 2.4.2　过程右漂移时的西格玛水平和对应的百万机会缺陷数

西格玛水平 z	规格落在规范限内概率	发生缺陷的概率	DPMO
1	0.302 327 873 4	0.697 672 126 6	697 672.126 6
2	0.691 229 832 2	0.308 770 167 8	308 770.167 8
3	0.933 189 401 1	0.066 810 598 9	66 810.598 9
4	0.993 790 315 7	0.006 209 684 3	6 209.684 3
5	0.999 767 370 9	0.000 232 629 1	232.629 1
6	0.999 996 602 3	0.000 003 397 7	3.397 7

因此，在长期中六西格玛管理的目标是西格玛水平达到 6，百万机会缺陷数小于 3.4 个.

例如，假定 100 块电路板中，每一个电路板都含有 100 个缺陷机会，若在制造这 100 块电路板时共发现 21 个缺陷. 则

$$DPO = \frac{21}{100 \times 100} = 0.0021 = 0.21\%,$$

$$DPMO = \frac{21 \times 10^6}{100 \times 100} = 2100.$$

从表 2.4.1 可知，DPMO 对应的六西格玛水平为 4.3 ~ 4.4，远未达到六西格玛的水准.

习题 2.4

1. 某种型号的电子表的快慢误差（单位：s）$X \sim U(-5,5)$，试求该种电子表快慢绝对误差超过 3 s 的概率.

2. 设公共汽车站从上午 7 时起每隔 15 min 来一班车，如果某乘客到达此站的时间服从 7:00 与 7:30 之间的均匀分布. 试求该乘客候车时间不超过 5 min 的概率.

3. 设随机变量 $X \sim U(0,1)$，现随机取 4 个 X 值，已知至少有 1 个大于常数 a 的概率为 0.9，试问 a 为多少？

4. 在某公告汽车站甲、乙、丙三人分别等 1, 2, 3 路公共汽车，设每个人等车时间（单位：min）均服从 [0,5] 上的均匀分布，试求 3 人中至少有两个人等车时间不超过 2 min 的概率.

5. 设某种商品每周的需求量 $X \sim U(10,30)$，而商店进货数为区间 (10,30) 中的某一整数，商店每销售 1 单位商品可获利 500 元；若供大于求则削价处理. 每处理 1 单位商品亏损 100 元；若供不应求，则可从外部调剂供应，此时每 1 单位商品仅获利 300 元. 为使商店所获期望利润不少于 9280 元，试确定最少进货量.

6. 某机械发生故障后的维修时间（单位：h）$T \sim Exp(0.02)$，试求平均维修时间.

7. 若一次电话通话时间（单位：min）$X \sim Exp(0.25)$，试求一次通话的平均时间.

8. 设随机变量 $X \sim Exp(1)$，试求 $E(X + e^{-2X})$.

9. 试求 $MTBF=70000$ h 的产品在使用 6 个月后，其失效的概率（假设产品平均每天使用 10 h）（每月按 30 天计算）.

10. 某银行的服务窗口需要客户等待服务的时间（单位：min）$X \sim Exp(0.2)$. 某顾客每次到该银行的服务窗口办事都不想超过 10 min. 试求他一个月要到银行 5 次等待时间至少 1 次超过 10 min 的概率.

11. 3 个电子元件并联成一个系统，只有当 3 个元件损坏两个或两个以上时，系统便报废，已知电子元件的寿命 $X \sim Exp(0.001)$，试求系统的寿命超过 1000 h 的概率.

12. 某电子元件的寿命（单位：h）$X \sim Exp(0.0001)$. 试求 5 个同类型的元件在使用的前 6000 h 内恰有 2 个需要更换的概率.

13. 某种设备的使用寿命（单位：年）X 服从指数分布，其平均寿命为 4 年. 制造此种设备的厂家规定，若设备在使用一年之内损坏，则可以予以调换. 如果设备制造厂每售出一台设备可赢利 100 元，而调换一台设备制造厂需花费 300 元. 试求每台设备的平均利润.

14. 证明，若随机变量 $X \sim Exp(\lambda)$，则对任意两个正数 $x_1, x_2 > 0$，都有

$$P\{X > x_1 + x_2 \mid X > x_2\} = P\{X > x_1\},$$

即指数分布具有无记忆性，也即指数分布对过去的时间信息遗忘了.

15. 设随机变量 $X \sim N(3,4)$，试求：（1）$P\{2 < X \leqslant 5\}$；（2）$P\{|X| > 2\}$；（3）确定 c 使得 $P\{X > c\} = P\{X < c\}$.

16. 设随机变量 $X \sim N(\mu_1, \sigma_1^2)$，$Y \sim N(\mu_2, \sigma_2^2)$，且 $P\{|X - \mu_1| < 1\} > P\{|Y - \mu_2| < 1\}$，则必有（　　）.

（A）$\sigma_1^2 < \sigma_2^2$　　　　　　　　　　（B）$\sigma_1^2 > \sigma_2^2$

（C）$\mu_1 < \mu_2$　　　　　　　　　　（D）$\mu_1 < \mu_2$

17. 某中学数学高考成绩 $X \sim N(100,100)$，试求此校数学成绩在 120 分以上的考生占总人数的百分比.

18. 设某项竞赛成绩 $X \sim N(65,100)$，若按参赛人数的 10% 发奖，试问获奖分数线应定为

多少？

19. 一投资者在两个投资方案中选择一个，这两个投资方案的利润（万元）X 分别服从 $N(8,3^2)$ 和 $N(6,2^2)$，投资者要求利润超过 5 万元的概率尽量地大，那么他应选择哪一个方案？

20. 已知随机变量 $X \sim N(2,\sigma^2)$，$P\{2 < X < 4\} = 0.3$，试求 $P\{X < 0\}$．

21. 将温度调节器放置在贮存着某种液体的容器内，调节器设定在 d ℃，液体的温度 $X \sim N(d,0.5^2)$（单位：℃）．

（1）若 $d = 90$ ℃，试求 $X < 89$ ℃ 的概率；

（2）若要保持液体的温度至少为 80 ℃ 的概率不低于 0.99，试问 d 至少是多少？

22. 公共汽车门的高度是按照确保 99% 以上的成年男子头部不跟车门顶部碰撞设计的，如果某地成年男子的身高 $X \sim N(173,7^2)$（单位：cm），试问车门应设计多高（精确到 1cm）？

23. 某种型号电池的寿命 $X \sim N(\mu,\sigma^2)$，已知其寿命在 250 h 以上的概率和寿命不超过 350 小时的概率均为 92.36%，为使其寿命在 $\mu - x$ 和 $\mu + x$ 之间的概率不小于 0.9，x 至少为多少？

24. 在电源电压不超过 200 V，在 200 ~ 240 V 和超过 240 V 三种情形下，某种电子元件损坏的概率分别为 0.1，0.001 和 0.2．假设电源电压 $X \sim N(220,25^2)$，试求该电子元件损坏的概率．

2.5　随机变量的其他数字特征

除期望和方差外，还可以定义其他数字特征来描述随机变量的分布．

2.5.1　k 阶原点矩和 k 阶中心矩

定义 2.5.1　设 X 是随机变量，k 为正整数．如果期望

$$\mu_k \equiv E[(X)^k] \quad \text{和} \quad \nu_k \equiv E\{[X - E(X)]^k\} \tag{2.5.1}$$

存在，则分别称 μ_k 与 ν_k 为 X 的 k **阶原点矩**（k order origin moment）和 k **阶中心矩**（k order central moment）．

显然随机变量的一阶原点矩就是期望，二阶中心矩就是方差．

例 2.5.1　设随机变量 $X \sim N(0,1)$，试求 μ_k．

解　$\mu_k = E(X^k) = \dfrac{1}{\sqrt{2\pi}} \displaystyle\int_{-\infty}^{+\infty} x^k \exp\left\{-\dfrac{x^2}{2}\right\} \mathrm{d}x$．

当 k 为奇数时，上述被积函数为奇函数，故 $\mu_k = 0$，$k = 1,3,5,\cdots$；

当 k 为偶数时，上述被积函数为偶函数，$\mu_k = (k-1)(k-3)\cdots 1$，$k = 2,4,6,\cdots$；

故 $X \sim N(0,1)$ 分布的前四阶原点矩为

$$\mu_1 = 0，\quad \mu_2 = 1，\quad \mu_3 = 0，\quad \mu_4 = 3．$$

一般地，当随机变量的分布关于期望对称时，若奇数阶中心矩存在则必为 0．

2.5.2 变异系数

由于方差受随机变量总体取值大小的影响，用方差大小比较两个随机变量取值的离散程度就会缺乏可比性．为了克服随机变量的总体取值大小对方差的影响，定义随机变量的变异系数．

定义 2.5.2 设 X 是随机变量且二阶矩存在，则称

$$\gamma \equiv \frac{\sqrt{Var(X)}}{E(X)} \qquad (2.5.2)$$

为 X 的**变异系数**（coefficient of variation）．

变异系数较小的随机变量离散程度相对较小．

例 2.5.2 用 X 表示某品种同龄树的高度（单位：m），用 Y 表示另一品种同龄树的高度（单位：m）．X 的期望和方差分别为 10.5 m 和 196 m，Y 的期望和方差分别为 8.5 m 和 190 m. 试问两个品种的同龄树，那一个高度变异程度大．

解 此例观测值虽然都是高度，单位相同，但它们的平均数不相同，只能用变异系数来比较其变异程度的大小．由于 X 的变异系数为

$$\gamma_X = \frac{\sqrt{196}}{10.5} \approx 1.3333 ,$$

Y 的变异系数为

$$\gamma_Y = \frac{\sqrt{190}}{8.5} \approx 1.6217 .$$

所以，X 的变异程度小于 Y 的变异程度．

注意，变异系数的大小，同时受期望和标准差两个数字特征的影响，因而在利用变异系数表示随机变量的变异程度时，最好将期望和标准差也列出．

例 2.5.3 作为变异系数的应用，可以考察变异系数的倒数 $\frac{1}{\gamma} = \frac{E(X)}{\sqrt{Var(X)}}$．诺贝尔经济学奖获得者威廉·夏普（William F. Sharpe）将风险资产的期望收益率与无风险资产收益率之差比上风险资产的标准差定义为夏普率（Sharpe ratio），用以评价相对于风险来讲风险资产的收益率的高低．例如，风险资产 X 和 Y 的期望收益率分别为 $E(X) = 0.0038$，$E(Y) = 0.0030$，标准差分别为 $\sigma(X) = 0.0229$，$\sigma(Y) = 0.0389$，无风险利率为 $r_f = 0.0017$，则风险资产 X 和 Y 的夏普率分别为

$$Sr_X = \frac{E(X) - r_f}{\sigma(X)} = \frac{0.0038 - 0.0017}{0.0229} = 0.0917 ,$$

$$Sr_Y = \frac{E(Y) - r_f}{\sigma(Y)} = \frac{0.0030 - 0.0017}{0.0389} = 0.0334 .$$

所以，$Sr_X > Sr_Y$，即相对风险来讲风险资产 X 的收益率要高于 Y，投资者应选择风险资产 X 进行投资．

2.5.3　偏度系数与峰度系数

标准正态分布的密度函数关于期望对称，为了和标准正态分布做比较和刻画随机变量的密度函数的形态，我们定义随机变量的峰度系数和偏度系数.

定义 2.5.3　设随机变量 X 的前三阶矩存在，则称

$$\beta_s \equiv \frac{\nu_3}{(\nu_2)^{3/2}} = \frac{E[X - E(X)]^3}{[Var(X)]^{3/2}} \tag{2.5.3}$$

为 X 的**偏度系数**（coefficient of skewness），简称**偏度**（skewness）；

$$\beta_k \equiv \frac{\nu_4}{(\nu_2)^2} - 3 = \frac{E[X - E(X)]^4}{[Var(X)]^2} - 3 \tag{2.5.4}$$

为 X 的**峰度系数**（coefficient of kurtosis），简称**峰度**（kurtosis）.

可以证明，随机变量的分布关于期望对称时 3 阶中心矩 $\nu_3 = 0$，分布关于期望不对称时 3 阶中心矩 $\nu_3 \neq 0$. 偏度系数是 3 阶中心矩除以标准差的立方，是一个相对数，相当于对 3 阶中心矩进行标准化. 如图 2.5.1 所示，当 $\beta_s < 0$ 时，称分布是**左偏态分布**，此时分布的"左尾厚右尾薄"；当 $\beta_s = 0$ 时，分布是对称分布；当 $\beta_s > 0$ 时，称分布是**右偏态分布**，此时分布的"左尾薄右尾厚".

图 2.5.1　不同偏度的分布曲线

为了说明峰度系数的意义，我们将随机变量 X 标准化，即令

$$X^* = \frac{X - E(X)}{\sqrt{Var(X)}},$$

则 X 的峰度系数为

$$\beta_k = \frac{E[X - E(X)]^4}{[Var(X)]^2} - 3 = E(X^{*4}) - 3.$$

可以证明，标准正态分布的 4 阶原点矩等于 3，所以随机变量 X 的峰度系数是 X 的标准化变量与标准正态分布的 4 阶矩之差.

如图 2.5.2 所示，当 $\beta_k > 0$ 时，X 的标准化变量的分布比标准正态分布更尖峭，尾部更薄；当 $\beta_k = 0$ 时，X 的标准化变量的分布与标准正态分布在尖峭程度和尾部薄厚程度上相当；当 $\beta_k < 0$ 时，X 的标准化变量的分布比标准正态分布更平坦，尾部更厚.

2.5.4　分位数

定义 2.5.4　设 X 是连续型随机变量，称满足条件

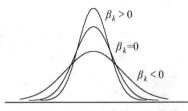

图 2.5.2　不同峰度的分布曲线

$$P\{X \leqslant x_\alpha\} = \alpha \ (0 < \alpha < 1) \tag{2.5.5}$$

的数 x_α 为分布 X 的左尾 α **分位数**（quantile）或**下分位数**，如图 2.5.3 所示.

称满足条件

$$P\{X > x_\alpha\} = \alpha \ (0 < \alpha < 1) \tag{2.5.6}$$

的数 x_α 为分布 X 的右尾 α **分位数**或**上分位数**，如图 2.5.4 所示.

图 2.5.3　左尾分位数　　　　　　　图 2.5.4　右尾分位数

随机变量的分位数在区间估计、假设检验、方差分析等数理统计方法中有重要应用.

例 2.5.4　标准正态分布 $X \sim N(0,1)$ 部分分位数如下：

表 2.5.1　标准正态分布的部分左尾分位数

α	0.025	0.05	0.1	0.5	0.90	0.95	0.975
分位数	$-1.960\,0$	$-1.644\,9$	$-1.281\,6$	$0.000\,0$	$1.281\,6$	$1.644\,9$	$1.960\,0$

定义 2.5.5　设 X 是连续型随机变量，称满足条件

$$P\{X \leqslant x_{0.5}\} = 0.5 \tag{2.5.7}$$

的数 $x_{0.5}$ 为随机变量 X 的**中位数**（median）.

中位数是描述随机变量的中心位置的数字特征. 中位数和均值不同，它表示的是随机变量的累积概率正好等于 0.5 的随机变量的取值. 如 X 表示某班级的数学成绩，且中位数为 80，则说明该班有一半的同学成绩在 80 分以上.

例 2.5.5　设随机变量 $X \sim Exp(\lambda)$，试求中位数 $x_{0.5}$.

解　由指数分布的分布函数知，

$$F(x_{0.5}) = 1 - \exp(-\lambda x_{0.5}) = 0.5 ,$$

$$x_{0.5} = -\frac{\ln 0.5}{\lambda} = \frac{\ln 2}{\lambda} .$$

习题 2.5

1. 设随机变量 X 的密度函数为

$$f(x) = \begin{cases} 2x, & 0 < x < 1, \\ 0, & \text{其他}, \end{cases}$$

试求 X 的中位数和左尾 0.95 分位数.

2. 设随机变量 $X \sim N(65,100)$，试求 X 的 0.05 左尾分位数和变异系数.

3. 设随机变量 $X \sim N(0,1)$，对给定的 $\alpha \in (0,1)$，数 z_α 满足 $P\{X > z_\alpha\} = \alpha$. 若 $P\{|X| < x\} = \alpha$，则 x 等于（　　）.

（A）$z_{\alpha/2}$ 　　　　（B）$z_{1-\alpha/2}$ 　　　　（C）$z_{(1-\alpha)/2}$ 　　　　（D）$z_{1-\alpha}$

4. 设随机变量 $X \sim Exp(\lambda)$，试求 X 的右尾 0.05 分位数.

2.6　Excel 在计算常用分布中的应用

Excel 内置有常用分布的分布函数、密度函数和分位数函数，利用这些函数可以很方便地求常用分布的分布函数值、密度函数值或分位数值. 调用这些函数的方法是点击'插入(C)/fx 函数(F)/或选择类别(C)：统计/选择函数(N):'，然后在选择对话框中选择要应用的函数.

2.6.1　二项式分布

1）Excel 中的二项分布的概率值函数

BINOMDIST 返回二项式分布的概率值.

语法：BINOMDIST(number_s,trials,probability_s,cumulative)

其中，Number_s 为试验成功的次数. Trials 为独立试验的次数. Probability_s 为每次试验中成功的概率. Cumulative 为一逻辑值，如果 cumulative 为 1 或 TRUE，函数 BINOMDIST 计算的是至多 number_s 次成功的概率；如果为 0 或 FALSE，计算的是 number_s 次成功的概率.

2）分布函数临界值的最小值函数

CRITBINOM 返回使累积二项式分布的函数值大于等于临界值 α 的最小值 x，即求满足 $P\{X \leqslant x\} \geqslant \alpha$ 的 x 的最小值.

语法：CRITBINOM(trials,probability_s,alpha)

其中，Trials 为独立试验的次数. Probability_s 为每次试验中成功的概率. Alpha（大于或等于 0，小于或等于 1）为临界值.

例 2.6.1　用 Excel 对例 2.3.3 进行求解.

解　步骤 1：在 A1 输入函数=BINOMDIST(5,100,0.05,0)，得 $P\{X = 5\} \approx 0.1800$.

步骤 2：在 A2 输入函数=BINOMDIST(5,100,0.05,1)，得 $P\{X \leqslant 5\} \approx 0.6160$.

步骤 3：在 A3 输入函数= CRITBINOM(100,0.05,0.05)，得 $P\{X \leqslant a\} = 0.05$ 中的 $a = 2$.

例 2.6.2　用 Excel 对例 2.3.4 进行求解.

解　在 A1 输入函数 =BINOMDIST(30,100,0.2,1)-BINOMDIST(13,100,0.2,1)，可得 $P\{14 \leqslant X \leqslant 30\} \approx 0.9470$.

2.6.2　负二项式分布

NEGBINOMDIST 返回负二项式分布的概率值.

语法：NEGBINOMDIST(number_f,number_s,probability_s)

其中，Number_f 是失败次数. Number_s 是成功的极限次数. Probability_s 是每次试验中成功的概率. 此函数计算的是在到达 number_s 次成功之前，出现 number_f 次失败的概率.

例 2.6.3　用 Excel 对例 2.3.5 进行求解.

解　步骤 1：在 A1 输入函数=NEGBINOMDIST(3,1,0.75)，得第 4 次射击才命中目标的概率约为 0.0117.

步骤 2：在 A2 输入函数=NEGBINOMDIST(2,3,0.75)，得第 3 次命中目标，射击了 5 次的概率约为 0.1582.

例 2.6.4　用 Excel 对例 2.3.6 进行求解.

解　在 A1 输入函数=NEGBINOMDIST(5,10,0.6)，得 $P\{X=15\}\approx0.1240$.

2.6.3　超几何分布

HYPGEOMDIST 返回超几何分布的概率值函数.

语法：HYPGEOMDIST(sample_s,number_sample,population_s,number_population)

其中，Sample_s 为样本中成功的次数. Number_sample 为样本容量. Population_s 为样本总体中成功的次数. Number_population 为样本总体的容量.

例 2.6.5　用 Excel 对例 2.3.7 进行求解.

解　在 A1 输入函数=HYPGEOMDIST(5,30,20,100)，得 $P\{X=5\}\approx0.1918$.

2.6.4　泊松分布

POISSON 返回泊松分布的分布函数值或概率值函数.

语法：POISSON(x,mean,cumulative)

其中，x 为事件数. Mean 为期望值（即参数 λ）. Cumulative 为一逻辑值. 如果 cumulative 为 1 或 TRUE，函数 POISSON 计算的是累积分布概率，即至多出现 x 个概率；如果为 0 或 FALSE，则计算的是恰好出现 x 个概率.

例 2.6.6　用 Excel 对例 2.3.8 进行求解.

解　步骤 1：在 A1 输入函数=POISSON(9,5, 1)，得 $P\{X\leqslant8\}\approx0.9319$；

步骤 2：在空白单元格输入函数=POISSON(9,5,1)，得 $P\{X\leqslant9\}\approx0.9683$；

步骤 3：在空白单元格输入函数=POISSON(10,5,1)，得 $P\{X\leqslant10\}\approx0.9863$.

由此可得月底存货不少于 9 件.

2.6.5　指数分布

EXPONDIST 返回指数分布的分布函数值或密度函数值函数.

语法：EXPONDIST(x,lambda,cumulative)

其中，x 为左尾部分位数的值. Lambda 为参数值. Cumulative 为一逻辑值，如果 cumulative 为 1 或 TRUE，EXPONDIST 计算的是分布函数值；如果为 0 或 FALSE，则计算的是概率密度函数值.

例 2.6.7　某电子元件的寿命 X 服从指数分布, 已知其平均寿命为 1000 h, 试求该电子元件使用 1200 h 以上的的概率.

解　在 A1 输入函数=1-EXPONDIST(1200,1/1000, 1), 得 $P\{X \geqslant 1200\} \approx 0.3012$.

2.6.6　标准正态分布

NORMSDIST 返回标准正态累积分布函数值.

语法: NORMSDIST(z)

其中, z 为左尾分位数的值.

NORMSINV 返回标准正态累积分布函数的反函数值, 即标准正态分布的左尾分位数.

语法: NORMSINV(probability)

其中, Probability 为左尾部概率值.

例 2.6.8　用 Excel 对例 2.4.5 进行求解.

解　步骤 1: 在 A1 输入函数=NORMSDIST(1.96), 得 $P\{X \leqslant 1.96\} \approx 0.9750$.

步骤 2: 在 A2 输入函数=NORMSDIST(2)-NORMSDIST(-1), 得 $P\{-1 < X \leqslant 2\} \approx 0.8186$.

步骤 3: 在 A3 输入函数=NORMSINV(0.7019), 得 $a \approx 0.5299$.

2.6.7　一般正态分布

NORMDIST 返回指定平均值和标准偏差的正态分布函数.

语法: NORMDIST(x,mean,standard_dev,cumulative)

其中, x 为需要计算其分布的数值, Mean 为分布的均值, Standard_dev 为分布的标准差. Cumulative 为一逻辑值, 如果 cumulative 为 1 或 TRUE, 函数 NORMDIST 计算的是分布函数值; 如果为 0 或 FALSE, 则计算的是概率密度函数的值.

NORMINV 返回指定平均值和标准偏差的正态累积分布函数的反函数.

语法: NORMINV(probability,mean,standard_dev)

其中, Probability 为左尾部概率值. Mean 为分布的均值. Standard_dev 为分布的标准差.

例 2.6.9　用 Excel 对例 2.4.7 进行求解.

解　步骤 1: 在 A1 输入函数=NORMDIST(9,8,0.5,1), 得 $P\{X < 9\} \approx 0.9772$.

步骤 2: 在 A2 输入函数=NORMDIST(8.5,8,0.5,1)-NORMDIST(7.5,8,0.5,1), 得 $P(7.5 \leqslant X < 8.5) \approx 0.6827$;

步骤 3: 在 A3 输入函数=NORMINV(0.7019,8,0.5), 得 $a \approx 8.2649$.

习题 2.6

1. 用 Excel 作 $B(10, 0.2)$ 分布列的散点图.

2. 用 Excel 作 $P(5)$ 分布列的散点图.

3. 用 Excel 作 $Exp(3)$ 的函数密度图像.

4. 用 Excel 作 $N(0, 1)$ 的函数密度图像.

3 多维随机变量的分布及其数字特征

复杂随机现象往往同时涉及多个随机变量. 例如, 将一根长度为 a 的铁丝首尾相接随机做成一个矩形, 设矩形长和宽别为 X 和 Y, 则 X 和 Y 可理解为随机变量. 显然, 矩形的面积是由 X 和 Y 共同决定的, 且也是随机变量. X 和 Y 会相互影响, 这是因为 $Y = \dfrac{a}{2} - X$. 又如, 银行服务窗口的营业员服务每个顾客的时间是随机变量 X, 每天到银行办理存款业务的顾客数量为随机变量 Y, 营业员一天当中服务顾客的时间（及业务操作时间）是由 X 和 Y 共同决定的, 而 X 和 Y 可以理解为互不影响.

本章主要介绍二维随机变量的联合分布、边际分布、二维随机变量的数字特征、随机变量的独立性、二维随机变量的线性相关性、大数定律和中心极限定理等.

第 3 章知识结构图

☆ 复杂随机现象可以用多维随机变量来刻画. 多维随机变量既可以研究其联合分布, 也可以研究其中单个随机变量的分布, 即边际分布. 利用联合分布或边际分布可以计算事件的概率.

☆ 可以从联合分布获得边际分布. 一般从边际分布获得联合分布较困难, 除非随机变量是相互独立的.

☆ 随机变量的独立性在概率论与数理统计中占有相当重要的地位. 大数定律、中心极限定理, 以及统计推断都是建立在随机变量的独立性基础之上的.

☆ 随机变量的线性相关性可以用协方差或相关系数刻画, 它是分析随机变量线性组合的数字特征的重要依据. 随机变量的线性相关性在多元统计分析、投资组合分析等实际问题中都有重要应用.

☆ 随机变量的独立性和线性相关性既有区别又有联系.

☆ 大数定律从理论上说明频率稳定于概率这一事实. 而中心极限定理则说明多个独立随机变量和的分布的渐近正态性，利用它可以对多个相互独立的随机变量和的分布进行近似计算.

3.1　二维随机变量的分布

3.1.1　二维随机变量及其分布函数

设 X 和 Y 就是两个随机变量，X 和 Y 可以组成一个向量 $(X,Y)^{\mathrm{T}}$ 或 (X,Y)，称为**二维随机向量**或**二维随机变量**（Two-dimensional random variable）. 例如，设 X 和 Y 分别表示人的身高和体重，则 (X,Y) 就是一个二维随机变量. 二维随机变量的取值 (X,Y) 往往不仅与 X 和 Y 有关，而且与 X 和 Y 的相互关系有关. 因此只研究 X 或 Y 是不够的，还需将 (X,Y) 作为一个整体加以研究，为此我们定义 (X,Y) 的分布函数.

定义 3.1.1　设 (X,Y) 是一个二维随机变量，对任意实数 x,y，二元函数

$$F(x,y) = P\{X \leqslant x, Y \leqslant y\}, -\infty < x < +\infty, -\infty < y < +\infty \qquad (3.1.1)$$

称为二维随机变量 (X,Y) 的**联合分布函数**，简称**分布函数**.

二维随机变量的分布函数具有如下性质：

（1）$F(x,y)$ 分别对 x 或 y 是单调不减的.

（2）对 x 或 y，$0 \leqslant F(x,y) \leqslant 1$，且 $F(-\infty,y) = 0$，$F(x,-\infty) = 0$，$F(+\infty,+\infty) = 1$.

（3）对于 x 或 y，$F(x,y)$ 都是右连续的.

（4）$P\{a < X \leqslant b, c < Y \leqslant d\} = F(b,d) - F(a,d) - F(b,c) + F(a,c)$. $\qquad (3.1.2)$

反之，凡具有上述四条性质的 $F(x,y)$ 都是某个二维随机变量的分布函数.

3.1.2　二维离散型随机变量及其分布

定义 3.1.2　如果二维随机变量 (X,Y) 只取有限个或可数个数对 (x_i,y_j)，则称 (X,Y) 为二**维离散型随机变量**，称

$$P\{X = x_i, Y = y_j\} = p_{ij}, i, j = 1, 2, \cdots \qquad (3.1.3)$$

为 (X,Y) 的**联合分布列**，简称**分布列**.

二维离散型随机变量 (X,Y) 的分布列常用表格给出.

X＼Y	y_1	$\cdots$	y_j	$\cdots$
x_1	p_{11}	$\cdots$	p_{1j}	$\cdots$
$\vdots$	$\vdots$	$\cdots$	$\vdots$	$\cdots$
x_i	p_{i1}	$\cdots$	p_{ij}	$\cdots$
$\vdots$	$\vdots$	$\cdots$	$\vdots$	$\cdots$

显然，二维离散型随机变量的分布列具有以下性质：

（1）$p_{ij} \geqslant 0, i, j = 1, 2, \cdots$；

（2）$\sum\limits_{i=1}^{+\infty}\sum\limits_{j=1}^{+\infty}p_{ij}=1$.　　　　　　　　　　　　　　　　　　　　　　　　（3.1.4）

例 3.1.1　袋中有大小形状完全相同的 3 个白球和 2 个黑球，先后无放回地从袋中随机取 1 个球，设 X 表示第 1 次取得的白球数，Y 表示第 2 次取得的白球数，试求：

（1）(X,Y) 的分布列；

（2）$P\{X=Y\}$，$P\{X>Y\}$，$P\{X+Y=1\}$，$P\{XY=0\}$，$P\{X=1\}$.

解　（1）若第 1 次取得白球，则取得的白球数为 1；若第 1 次取得黑球，则取得的白球数为 0，所以 X 的可能取值为 0 或 1. 同理 Y 的可能取值也为 0 或 1.

$$P\{X=0,Y=0\}=P\{X=0\}P\{Y=0|X=0\}=\frac{2}{5}\times\frac{1}{4}=0.1,$$

$$P\{X=0,Y=1\}=P\{X=0\}P\{Y=1|X=0\}=\frac{2}{5}\times\frac{3}{4}=0.3,$$

$$P\{X=1,Y=0\}=P\{X=1\}P\{Y=0|X=1\}=\frac{3}{5}\times\frac{2}{4}=0.3,$$

$$P\{X=1,Y=1\}=P\{X=1\}P\{Y=1|X=1\}=\frac{3}{5}\times\frac{2}{4}=0.3,$$

所以 (X,Y) 的分布列为

X ＼ Y	0	1
0	0.1	0.3
1	0.3	0.3

（2）$P\{X=Y\}=P\{X=0,Y=0\}+P\{X=1,Y=1\}=0.4$，

$\qquad P\{X\geqslant Y\}=1-P\{X<Y\}=1-P\{X=0,Y=1\}=0.7$，

$\qquad P\{X+Y=1\}=P\{X=0,Y=1\}+P\{X=1,Y=0\}=0.6$，

$\qquad P\{XY=0\}=1-P\{XY\neq 0\}=1-P\{X=1,Y=1\}=0.7$，

$\qquad P\{X=1\}=P\{X=1,Y=0\}+P\{X=1,Y=1\}=0.6$.

例 3.1.2　设随机变量 $Y\sim P(1)$，随机变量 X_1 和 X_2 的取值分别为 $X_1=\begin{cases}0,Y<1,\\1,Y\geqslant 1,\end{cases}$

$X_2=\begin{cases}0,Y<2,\\1,Y\geqslant 2,\end{cases}$ 试求 (X_1,X_2) 的分布列.

解　X_1 和 X_2 的可能取值为 0,1，则

$$P\{X_1=0,X_2=0\}=P\{Y<1,Y<2\}=P\{Y<1\}=\mathrm{e}^{-1},$$

$$P\{X_1=0,X_2=1\}=P\{Y<1,Y\geqslant 2\}=P(\varnothing)=0,$$

$$P\{X_1=1,X_2=0\}=P\{Y\geqslant 1,Y<2\}=P\{1\leqslant Y<2\}=\mathrm{e}^{-1},$$

$$P\{X_1=1,X_2=1\}=P\{Y\geqslant 1,Y\geqslant 2\}=P\{Y\geqslant 2\}=1-P\{Y<2\}=1-2\mathrm{e}^{-1}.$$

所以 (X_1,X_2) 的分布列为

X_2 ＼ X_1	0	1
0	e^{-1}	e^{-1}
1	0	$1-2e^{-1}$

3.1.3　二维连续型随机变量及其分布

定义 3.1.3　如果存在非负二元函数 $f(x,y)$，使得二维随机变量 (X,Y) 的分布函数

$$F(x,y) = \int_{-\infty}^{x} \int_{-\infty}^{y} f(u,v)\mathrm{d}u\mathrm{d}v，\tag{3.1.5}$$

则称 (X,Y) 为**二维连续型随机变量**，函数 $f(x,y)$ 为 (X,Y) 的**联合概率密度函数**，简称**密度函数**或**密度**.

二维连续型随机变量的密度函数 $f(x,y)$ 具有以下性质：

（1）$f(x,y) \geqslant 0$.

（2）$\int_{-\infty}^{+\infty} \int_{-\infty}^{+\infty} f(x,y)\mathrm{d}x\mathrm{d}y = 1$. $\tag{3.1.6}$

（3）$f(x,y) = \dfrac{\partial^2 F(x,y)}{\partial x \partial y}$. $\tag{3.1.7}$

（4）若 G 是平面上的某个区域，则

$$P\{(X,Y) \in G\} = \iint\limits_{G} f(x,y)\mathrm{d}x\mathrm{d}y. \tag{3.1.8}$$

例 3.1.3　设 G 是平面上的有界区域，其面积为 S，若二维连续型随机变量 (X,Y) 的密度函数为

$$f(x,y) = \begin{cases} \dfrac{1}{S}，(x,y) \in G, \\ 0，(x,y) \notin G, \end{cases}$$

则称 (X,Y) 在 G 上服从**二维均匀分布**. 图 3.1.1 为在 $-3 \leqslant x \leqslant 3, -3 \leqslant y \leqslant 3$ 上的二维均匀分布的密度函数图像.

图 3.1.1

例 3.1.4　设二维随机变量 (X,Y) 的密度函数为

$$f(x,y) = \begin{cases} e^{-x-y}，x > 0, y > 0, \\ 0，其他, \end{cases}$$

图 3.1.2 为其密度函数图像. 试求 $P\{X<1,Y>1\}$ 和 $P\{X>Y\}$.

图 3.1.2

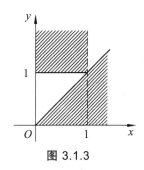

图 3.1.3

解 事件 $\{X<1,Y>1\}$ 和 $\{X>Y\}$ 所在区域如图 3.1.3 所示.

$$P\{X<1,Y>1\} = \int_1^{+\infty}\int_0^1 e^{-x-y}dxdy = \int_0^1 e^{-x}dx\int_1^{+\infty} e^{-y}dy = (1-e^{-1})e^{-1},$$

$$P\{X>Y\} = \int_0^{+\infty}\int_0^x e^{-x-y}dxdy = \int_0^{+\infty} e^{-x}(1-e^{-x})dx = \frac{1}{2}.$$

例 3.1.5 设二维随机变量 (X,Y) 的密度函数为

$$f(x,y)=\begin{cases}6(1-y),0<x<y<1,\\0,其他,\end{cases}$$

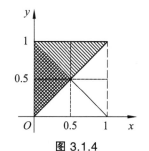

图 3.1.4

试求：（1） $P\{X>0.5\}$ ；（2） $P\{Y<0.5\}$ ；（3） $P\{X+Y<1\}$.

解 事件 $\{X>0.5\}$ ， $\{Y<0.5\}$ 和 $\{X+Y<1\}$ 所在区域如图 3.1.4 所示.

（1） $P\{X>0.5\} = \int_{0.5}^1\left(\int_x^1 6(1-y)dy\right)dx = \int_{0.5}^1(3-6x+3x^2)dx = (3x-3x^2+x^3)\big|_{0.5}^1 = 0.125$.

（2） $P\{Y<0.5\} = \int_0^{0.5}\left(\int_x^{0.5} 6(1-y)dy\right)dx = \int_0^{0.5}(2.25-6x+3x^2)dx = (2.25x-3x^2+x^3)\big|_0^{0.5} = 0.5$.

（3） $P\{X+Y<1\} = \int_0^{0.5}\left(\int_x^{1-x} 6(1-y)dy\right)dx = \int_0^{0.5}(3-6x)dx = 0.75$.

二维随机变量的有关概念可以推广到 n 维的情形.

习题 3.1

1. 袋中有大小形状完全相同的 3 个白球和 2 个黑球，先后从袋中有放回地随机取 1 个球，设 X 表示第 1 次取得的白球数， Y 表示第 2 次取得的白球数，试求 (X,Y) 的分布列.

2. 从 1,2,3 中随机取一数为 X ，再从 $1,2,\cdots,X$ 中随机取一数为 Y ，试求 (X,Y) 的分布列.

3. 袋中装有标号为 1,2,3 的大小形状完全相同的 3 个球，先后从袋中无放回地随机取 1 个球，用 X,Y 分别表示第一、第二次取到球的号码数，试求 (X,Y) 的分布列.

4. 一箱子装有 100 件产品，其中一、二、三等品分别为 80 件、10 件、10 件. 现从中随机抽取一件，记

$$X = \begin{cases} 1, & \text{若抽到一等品}, \\ 0, & \text{其他}, \end{cases} \qquad Y = \begin{cases} 1, & \text{若抽到二等品}, \\ 0, & \text{其他}, \end{cases}$$

试求 (X,Y) 的分布列.

5. 二维随机变量 (X,Y) 的分布列为

X \ Y	1	2	3
1	0.1	0.2	0.1
2	0.2	0.1	0.3

试求 $P\{X \leqslant 1\}$, $P\{Y \geqslant 1\}$, $P\{X = Y\}$, $P\{X < Y\}$, $P\{X + Y = 2\}$.

6. 将 2 个大小相同但颜色不同的乒乓球随机地放入 3 个盒子中, 用 X,Y 分别表示第一个盒子和第二个盒子中的乒乓球数, 试求: （1） (X,Y) 的分布列；（2） $P\{X \leqslant 1\}$, $P\{Y \geqslant 1\}$, $P\{X = Y\}$, $P\{X < Y\}$, $P\{X + Y = 2\}$.

7. 设二维随机变量 (X,Y) 的分布函数为 $F(x,y) = \dfrac{1}{\pi^2}\left(\dfrac{\pi}{2} + \arctan\dfrac{x}{2}\right)\left(\dfrac{\pi}{2} + \arctan\dfrac{y}{2}\right)$, 试求 (X,Y) 的密度函数.

8. 设二维随机变量 (X,Y) 的密度函数为 $f(x,y) = \begin{cases} 1, & 0 \leqslant x \leqslant 1, 0 \leqslant y \leqslant 1, \\ 0, & \text{其他}, \end{cases}$ 试求 $P\{X < 0.5, Y < 0.5\}$, $P\{X + Y \leqslant 1\}$, $P\{X < Y\}$.

9. 设二维随机变量 (X,Y) 的密度函数为 $f(x,y) = \begin{cases} 4xy, & 0 \leqslant x \leqslant 1, 0 \leqslant y \leqslant 1, \\ 0, & \text{其他}, \end{cases}$ 试求 $P\{X < 0.5, Y < 0.5\}$, $P\{X + Y \leqslant 1\}$, $P\{X < Y\}$, $P\{X = Y\}$.

10. 设二维随机变量 (X,Y) 的密度函数为 $f(x,y) = \begin{cases} a(x+y), & 0 \leqslant x \leqslant 1, 0 \leqslant y \leqslant 1, \\ 0, & \text{其他}, \end{cases}$ 其中 a 为常数, 试求: （1） 常数 a；（2） $P\{X < 0.5, Y < 0.5\}$, $P\{X + Y \leqslant 1\}$, $P\{X < Y\}$.

11. 设二维随机变量 (X,Y) 的密度函数为 $f(x,y) = \begin{cases} e^{-x-y}, & x > 0, y > 0, \\ 0, & \text{其他}, \end{cases}$ 试求 $P\{X + Y \leqslant 1\}$ 和 $P\{X - Y > 1\}$.

12. 设二维随机变量 (X,Y) 的密度函数为 $f(x,y) = \begin{cases} x^2 + \dfrac{xy}{3}, & 0 < x < 1, 0 < y < 2, \\ 0, & \text{其他}, \end{cases}$ 试求 $P\{X + Y \geqslant 1\}$.

13. 设二维随机变量 (X,Y) 的密度函数为 $f(x,y) = \begin{cases} e^{-y}, & 0 < x < y, \\ 0, & \text{其他}, \end{cases}$ 试求 $P\{X + Y \leqslant 1\}$.

3.2 边际分布与随机变量的独立性

3.2.1 二维随机变量的边际分布

相对于联合分布来讲, 称随机变量自身的分布为**边际分布**（marginal distribution）.

若二维随机变量 (X,Y) 的分布函数为 $F(x,y) = P\{X \leqslant x, Y \leqslant y\}$，则称

$$F_X(x) = P\{X \leqslant x\} = P\{X \leqslant x, Y < +\infty\} = \lim_{y \to +\infty} F(x,y) \qquad (3.2.1)$$

为 X 的**边际分布函数**；

$$F_Y(y) = P\{Y \leqslant y\} = P\{X < +\infty, Y \leqslant y\} = \lim_{x \to +\infty} F(x,y) \qquad (3.2.2)$$

为 Y 的**边际分布函数**.

若二维离散型随机变量 (X,Y) 的分布列为

$$P\{X = x_i, Y = y_j\} = p_{ij}, i, j = 1, 2, \cdots,$$

则 X 的**边际分布列**为

$$P\{X = x_i\} = \sum_{j=1}^{+\infty} P\{X = x_i, Y = y_j\} = p_{i\cdot}, i = 1, 2, \cdots, \qquad (3.2.3)$$

Y 的**边际分布列**为

$$P\{Y = y_j\} = \sum_{i=1}^{+\infty} P\{X = x_i, Y = y_j\} = p_{\cdot j}, j = 1, 2, \cdots. \qquad (3.2.4)$$

例 3.2.1 设二维随机变量 (X,Y) 的分布列为

X \ Y	0	1	2	3
0	0.1	0.15	0.05	0.04
1	0.06	0.07	0.12	0.12
2	0.15	0.05	0.05	0.04

试求 X 和 Y 的边际分布列.

解 根据边际分布的定义可得

X \ Y	0	1	2	3	$P\{X = x_i\} = p_{i\cdot}$
0	0.10	0.15	0.05	0.04	0.34
1	0.06	0.07	0.12	0.12	0.37
2	0.15	0.05	0.05	0.04	0.29
$P\{Y = y_j\} = p_{\cdot j}$	0.31	0.27	0.22	0.20	1

即 X 与 Y 的分布列为

X	0	1	2
$p_{i\cdot}$	0.34	0.37	0.29

Y	0	1	2	3
$p_{\cdot j}$	0.31	0.27	0.22	0.20

如果二维随机变量 (X,Y) 的密度函数为 $f(x,y)$，则 X 和 Y 的边际分布函数为

$$F_X(x) = F(x, +\infty) = \int_{-\infty}^{x} \left(\int_{-\infty}^{+\infty} f(u,y)\mathrm{d}y \right)\mathrm{d}u = \int_{-\infty}^{x} f_X(u)\mathrm{d}u, \qquad (3.2.5)$$

$$F_Y(y) = F(+\infty, y) = \int_{-\infty}^{y}\left(\int_{-\infty}^{+\infty} f(x,v)\mathrm{d}x\right)\mathrm{d}v = \int_{-\infty}^{y} f_Y(v)\mathrm{d}v ，\qquad（3.2.6）$$

其中 $f_X(x) = \int_{-\infty}^{+\infty} f(x,y)\,\mathrm{d}y$，$f_Y(y) = \int_{-\infty}^{+\infty} f(x,y)\,\mathrm{d}x$ 分别为 X 与 Y 的**边际密度函数**.

　　例 3.2.2　若二维随机变量 (X,Y) 的分布函数为

$$F(x,y) = \begin{cases} 1-\mathrm{e}^{-x}-\mathrm{e}^{-y}+\mathrm{e}^{-x-y-\lambda xy}, & x>0, y>0, \\ 0, & 其他, \end{cases}$$

则称 (X,Y) 服从**二维指数分布**，其中参数 $\lambda > 0$.

　　X 的边际分布函数为

$$F_X(x) = F(x,+\infty) = \begin{cases} 0, & x \leqslant 0, \\ 1-\mathrm{e}^{-x}, & x>0. \end{cases}$$

　　Y 的边际分布函数为

$$F_Y(y) = F(+\infty,y) = \begin{cases} 0, & y \leqslant 0, \\ 1-\mathrm{e}^{-y}, & y>0. \end{cases}$$

　　例 3.2.3　若二维随机变量 (X,Y) 的密度函数为

$$f(x,y) = \begin{cases} 2x, & 0<x<1, 0<y<1, \\ 0, & 其他, \end{cases}$$

图 3.2.1 为其密度函数图像. 试求 X 和 Y 的边际密度函数.

图 3.2.1

　　解　当 $x \leqslant 0$ 或 $x \geqslant 1$ 时，$f(x,y)=0$，所以

$$f_X(x) = \int_{-\infty}^{+\infty} f(x,y)\mathrm{d}y = 0 ；$$

当 $0<x<1$ 时，$f(x,y)=2x$，所以

$$f_X(x) = \int_{-\infty}^{+\infty} f(x,y)\mathrm{d}y = \int_0^1 2x\mathrm{d}y = 2x .$$

所以 X 的边际密度函数为

$$f_X(x) = \begin{cases} 2x, & 0<x<1, \\ 0, & 其他. \end{cases}$$

　　当 $y \leqslant 0$ 或 $y \geqslant 1$ 时，$f(x,y)=0$，所以

$$f_Y(y) = \int_{-\infty}^{+\infty} f(x,y)\mathrm{d}x = 0 ；$$

当 $0<y<1$ 时，$f(x,y)=2x$，所以

$$f_Y(y) = \int_{-\infty}^{+\infty} f(x,y)\mathrm{d}x = \int_0^1 2x\mathrm{d}x = 1 .$$

所以 Y 的边际密度函数为

$$f_Y(y) = \begin{cases} 1, 0 < y < 1, \\ 0, 其他. \end{cases}$$

3.2.2 随机变量的独立性

人的身高 X 与体重 Y 会相互影响，而人的身高 X 与收入 Z 一般不会相互影响. 当两个随机变量的取值互不影响时，我们说这两个随机变量相互独立. 对于二维随机变量 (X,Y)，事件 $\{X \leq x, Y \leq y\}$ 是事件 $\{X \leq x\}$ 和 $\{Y \leq y\}$ 的积事件，若事件 $\{X \leq x\}$ 和 $\{Y \leq y\}$ 相互独立，则

$$P\{X \leq x, Y \leq y\} = P\{X \leq x\}P\{Y \leq y\},$$

即

$$F(x,y) = F_X(x)F_Y(y),$$

若对任意的 x, y 上式都成立，则说明 X 与 Y 的取值是互不影响的.

定义 3.2.1 设 $F(x,y), F_X(x), F_Y(y)$ 分别为二维随机变量 (X,Y) 的联合分布函数和边际分布函数. 若对任意实数 x, y，都有

$$F(x,y) = F_X(x)F_Y(y), \tag{3.2.7}$$

则称 X 与 Y **相互独立**.

（1）离散型随机变量 X 和 Y 相互独立的充要条件是，对任意实数 x_i, y_j 都有

$$p_{ij} = P\{X = x_i, Y = y_j\} = P\{X = x_i\}P\{Y = y_j\} = p_{i\cdot}p_{\cdot j}. \tag{3.2.8}$$

（2）连续型随机变量 X 和 Y 相互独立的充要条件是

$$f(x,y) = f_X(x)f_Y(y). \tag{3.2.9}$$

例 3.2.4 验证例 3.2.1 中 X 和 Y 不相互独立.

解 因为 $p_{11} = 0.1$，而 $p_{1\cdot}p_{\cdot1} = 0.34 \times 0.31$，即 $p_{11} \neq p_{1\cdot}p_{\cdot1}$，所以 X 和 Y 不相互独立.

例 3.2.5 验证例 3.2.2 中的随机变量 X 和 Y 不相互独立.

解 当 $x > 0, y > 0$ 时，

$$F_X(x)F_Y(y) = 1 - e^{-x} - e^{-y} + e^{-x-y} \neq F(x,y),$$

所以 X 和 Y 不相互独立.

例 3.2.6 验证例 3.2.3 中的随机变量 X 和 Y 相互独立.

解 当 $0 < x < 1, 0 < y < 1$ 时，$f_X(x)f_Y(y) = f(x,y)$；

当 $x \notin (0,1)$ 或 $y \notin (0,1)$ 时，亦有 $f_X(x)f_Y(y) = f(x,y)$.

所以 X 和 Y 相互独立.

二维随机变量的独立性可以推广到 n 维的情形.

习题 3.2

1. 设二维随机变量 (X,Y) 的分布列如下，试完成表格：

X \ Y	y_1	y_2	y_3	$p_{i\cdot}$
x_1	0.1		0.2	0.4
x_2	0.2	0.2		
$p_{\cdot j}$				1

2. 设随机变量 X 与 Y 相互独立，(X,Y) 的分布列如下，试完成表格：

X \ Y	y_1	y_2	y_3	$p_{i\cdot}$
x_1		$\dfrac{1}{8}$		
x_2	$\dfrac{1}{8}$			
$p_{\cdot j}$	$\dfrac{1}{6}$			1

3. 设二维随机变量 (X,Y) 的分布列为

X \ Y	1	2
0	0.24	a
1	0.36	0.24

其中 a 为常数，试求 X 和 Y 的边际分布列，并验证 X 和 Y 是否相互独立.

4. 设二维随机变量 (X,Y) 的分布列为

X \ Y	1	2	3
0	0.09	0.21	0.24
1	0.07	a	0.27

其中 a 为常数，试求 X 和 Y 的边际分布列，并验证 X 和 Y 是否相互独立.

5. 设二维随机变量 (X,Y) 的密度函数为 $f(x,y)=\begin{cases} \mathrm{e}^{-y}, & 0<x<y, \\ 0, & 其他, \end{cases}$ 试求 X 和 Y 的边际密度.

6. 设二维随机变量 (X,Y) 的密度函数为 $f(x,y)=\begin{cases} 6, & 0<x^2<y<x<1, \\ 0, & 其他, \end{cases}$ 试求 X 和 Y 的边际密度.

7. 设二维随机变量 (X,Y) 的密度函数为 $f(x,y)=\begin{cases}1,0<x<1,0<y<1,\\0,\text{其他},\end{cases}$ 试问 X 和 Y 是否相互独立？

8. 设二维随机变量 (X,Y) 的密度函数为 $f(x,y)=\begin{cases}ax^2y^2,0<x<1,0<y<1,\\0,\text{其他},\end{cases}$ 其中 a 为常数，试问 X 和 Y 是否相互独立？

9. 设二维随机变量 (X,Y) 的密度函数为 $f(x,y)=\begin{cases}x+y,0\leqslant x\leqslant 1,0\leqslant y\leqslant 1,\\0,\text{其他},\end{cases}$ 试问 X 和 Y 是否独立？

10. 设二维随机变量 (X,Y) 的密度函数为 $f(x,y)=\begin{cases}\dfrac{(1+2x)(1+2y)}{4},0\leqslant x\leqslant 1,0\leqslant y\leqslant 1,\\0,\text{其他},\end{cases}$ 试问 X 和 Y 是否独立？

11. 设二维随机变量 (X,Y) 的密度函数为 $f(x,y)=\begin{cases}8xy,0\leqslant x\leqslant y\leqslant 1,\\0,\text{其他},\end{cases}$ 试问 X 和 Y 是否独立？

12. 设二维随机变量 (X,Y) 的密度函数为 $f(x,y)=\begin{cases}3x,0<x<1,0<y<x,\\0,\text{其他},\end{cases}$ 试问 X 和 Y 是否独立？

13. 设二维随机变量 (X,Y) 的密度函数为 $f(x,y)=\begin{cases}1,|x|<y,0<y\leqslant 1,\\0,\text{其他},\end{cases}$ 试问 X 和 Y 是否独立？

14. 设二维随机变量 (X,Y) 在以原点为圆心，R 为半径的圆上服从均匀分布，试求 (X,Y) 的密度函数和边际概率密度.

15. 一电子仪器由两个部件构成，以 X 和 Y 分别表示两个部件的寿命（单位：千小时），已知 (X,Y) 的分布函数为

$$F(x,y)=\begin{cases}1-\mathrm{e}^{-0.5x}-\mathrm{e}^{-0.5y}+\mathrm{e}^{-0.5(x+y)},x\geqslant 0,y\geqslant 0,\\0,\text{其他},\end{cases}$$

（1）试问 X 和 Y 是否相互独立？

（2）试求两个部件的寿命都超过 100 小时的概率.

16. 从 $(0,1)$ 中随机取两个数 X 和 Y，试求 $P\{X+Y<1.2\}$ 和 $P\{XY<0.25\}$.

17. 设 X 和 Y 是两个相互独立的随机变量，$X\sim U(0,1)$，$Y\sim U(-1,1)$，试求：（1）(X,Y) 的密度函数；（2）$P\{Y\leqslant X\}$ 和 $P\{X+Y\leqslant 1\}$.

18. 设 X 和 Y 是两个相互独立的随机变量，$X\sim U(0,1)$，$Y\sim Exp(1)$，试求：（1）(X,Y) 的密度函数；（2）$P\{Y\leqslant X\}$ 和 $P\{X+Y\leqslant 1\}$.

3.3　二维随机变量的数字特征

利用二维随机变量 (X,Y) 的分布可以研究 X 或 Y 的数字特征或它们函数的数字特征，也可以研究它们的关联程度.

3.3.1　二维随机变量的期望与方差

定理 3.3.1　设二维随机变量 (X,Y) 的分布列为 $P\{X = x_i, Y = y_j\}$ 或密度函数为 $f(x,y)$，若二元函数 $Z = g(X,Y)$ 的期望存在，则 Z 的期望为

$$E(Z) = \begin{cases} \sum_i \sum_j g(x_i, y_j) P\{X = x_i, Y = y_j\}, \text{在离散型场合,} \\ \int_{-\infty}^{+\infty} \int_{-\infty}^{+\infty} g(x,y) f(x,y) \mathrm{d}x \mathrm{d}y, \text{在连续型场合.} \end{cases} \quad (3.3.1)$$

二元函数 $Z = g(X,Y)$ 的方差仍然定义为

$$Var(Z) = E[(Z - E(Z))^2]. \quad (3.3.2)$$

性质 3.3.1　设 (X,Y) 为二维随机变量，则

$$E(X + Y) = E(X) + E(Y). \quad (3.3.3)$$

证明　我们以二维连续型随机变量为例证明此性质. 设 $f(x,y)$ 是 (X,Y) 的密度函数，则

$$E(X + Y) = \int_{-\infty}^{+\infty} \int_{-\infty}^{+\infty} (x + y) f(x,y) \mathrm{d}x \mathrm{d}y$$

$$= \int_{-\infty}^{+\infty} x \left(\int_{-\infty}^{+\infty} f(x,y) \mathrm{d}y \right) \mathrm{d}x + \int_{-\infty}^{+\infty} y \left(\int_{-\infty}^{+\infty} f(x,y) \mathrm{d}x \right) \mathrm{d}y$$

$$= \int_{-\infty}^{+\infty} x f_X(x) \mathrm{d}x + \int_{-\infty}^{+\infty} y f_Y(y) \mathrm{d}y = E(X) + E(Y).$$

例 3.3.1　一民航班车上共有 20 名旅客. 自机场开出，旅客有 10 个车站可以下车，如到达一个车站没有旅客下车就不停车，以 X 表示停车的次数，求 $E(X)$（设每位旅客在各车站下车是等可能的）.

解　引入随机变量

$$X_i = \begin{cases} 0, \text{在第} i \text{站无人下车}, i = 1,2,\cdots,10, \\ 1, \text{在第} i \text{站有人下车}, i = 1,2,\cdots,10. \end{cases}$$

易见，$X = X_1 + X_2 + \cdots + X_{10}$. 按题意，任一旅客在第 i 站不下车的概率是 0.9，因此，20 位旅客都不在第 i 站下车的概率为 0.9^{20}，从而，在第 i 站有人下车的概率为 $1 - 0.9^{20}$. 也就是说，X_i 的分布列为

X_i	0	1
p_i	0.9^{20}	$1 - 0.9^{20}$

于是 $E(X_i) = 1 - 0.9^{20}, i = 1,2,\cdots,10$，进而有

$$E(X) = E\left(\sum_{i=1}^{10} X_i \right) = \sum_{i=1}^{10} E(X_i) = 10(1 - 0.9^{20}) = 8.784.$$

也就是说，平均停车 8.784 次.

性质 3.3.2　若随机变量 X 和 Y 相互独立，则

$$E(XY) = E(X)E(Y) . \tag{3.3.4}$$

证明 我们以二维连续型随机变量为例来证明此性质. 设 $f(x, y)$ 是 (X, Y) 的密度函数，则

$$E(XY) = \int_{-\infty}^{+\infty} \int_{-\infty}^{+\infty} xy f(x, y) \mathrm{d}x \mathrm{d}y = \int_{-\infty}^{+\infty} x f_X(x) \left(\int_{-\infty}^{\infty} y f_Y(y) \mathrm{d}y \right) \mathrm{d}x$$

$$= E(Y) \int_{-\infty}^{+\infty} x f_X(x) \mathrm{d}x = E(X)E(Y) .$$

性质 3.3.3 若随机变量 X 和 Y 相互独立，则

$$Var(X \pm Y) = Var(X) + Var(Y) . \tag{3.3.5}$$

证明
$$Var(X \pm Y) = E[X \pm Y - E(X \pm Y)]^2$$
$$= E[(X - E(X)) \pm E(Y - E(Y))]^2$$
$$= E(X - E(X))^2 + E(Y - E(Y))^2 \pm 2E\{[X - E(X)][Y - E(Y)]\}$$
$$= Var(X) + Var(Y) \pm 2E\{[X - E(X)][Y - E(Y)]\} .$$

而
$$E\{[X - E(X)][Y - E(Y)]\}$$
$$= E[XY - E(Y)X - E(X)Y + E(X)E(Y)]$$
$$= E(XY) - E(Y)E(X) - E(X)E(Y) + E(X)E(Y)$$
$$= E(XY) - E(X)E(Y) ,$$

由于 X 和 Y 相互独立，所以

$$E\{[X - E(X)][Y - E(Y)]\} = E(XY) - E(X)E(Y) = 0 ,$$

故
$$Var(X \pm Y) = Var(X) + Var(Y) .$$

上述性质亦可推广到 n 维随机变量的情形.

例 3.3.2 一台设备由三大部件构成，在设备运转过程中各部件需要调整的概率分别为 0.1, 0.2, 0.3，假设各部件的状态相互独立，以 X 表示同时需要调整的部件数，试求 X 的数学期望 $E(X)$ 和方差 $Var(X)$.

解 设 X_i 表示第 $i(i = 1, 2, 3)$ 个部件需要调整的个数，$X_1 \sim B(1, 0.1)$，$X_2 \sim B(1, 0.2)$，$X_3 \sim B(1, 0.3)$，则 $X = X_1 + X_2 + X_3$. 由于

$$E(X_1) = 0.1 , \quad E(X_2) = 0.2 , \quad E(X_3) = 0.3 ,$$

$$Var(X_1) = 0.1 \times 0.9 = 0.09 , \quad Var(X_1) = 0.2 \times 0.8 = 0.16 , \quad Var(X_3) = 0.3 \times 0.7 = 0.21 .$$

所以，

$$E(X) = E(X_1 + X_2 + X_3) = E(X_1) + E(X_2) + E(X_3) = 0.1 + 0.2 + 0.3 = 0.6 .$$

$$Var(X) = Var(X_1 + X_2 + X_3) = Var(X_1) + Var(X_2) + Var(X_3) = 0.09 + 0.16 + 0.21 = 0.46 .$$

3.3.2 协方差与相关系数

由性质 3.3.3 的证明可知，当 X 和 Y 相互独立时，$E\{[X - E(X)][Y - E(Y)]\} = 0$，当

$E\{[X-E(X)][Y-E(Y)]\} \neq 0$ 时， X 和 Y 不相互独立而是存在某种联系.

定义 3.3.1　设 (X,Y) 为二维随机变量， $E\{[X-E(X)][Y-E(Y)]\}$ 存在，则称其为 X 和 Y 的**协方差**（covariance），或**相关矩**（correlation moment），记作

$$Cov(X,Y) \equiv E\{[X-E(X)][Y-E(Y)]\}. \qquad (3.3.6)$$

由性质 3.3.3 的证明知，

（1） $Cov(X,Y) = E(XY) - E(X)E(Y)$. $\qquad(3.3.7)$

（2） $Var(X \pm Y) = Var(X) + Var(Y) \pm 2Cov(X,Y)$. $\qquad(3.3.8)$

对任意常数 a,b ，利用协方差的定义立即可得到如下性质：

（1） $Cov(X,a) = 0$. $\qquad(3.3.9)$

（2） $Cov(aX,bY) = abCov(X,Y)$. $\qquad(3.3.10)$

（3） $Cov(X+Y,Z) = Cov(X,Z) + Cov(Y,Z)$. $\qquad(3.3.11)$

协方差的大小一定程度上反映了随机变量之间关联程度，和方差一样其大小受随机变量量纲的影响，为了克服这一缺点，将协方差进行标准化，引入相关系数的概念.

定义 3.3.2　设 (X,Y) 为二维随机变量， $Var(X) > 0$ ， $Var(Y) > 0$ ，称

$$\rho \equiv \frac{Cov(X,Y)}{\sqrt{Var(X)Var(Y)}} \qquad (3.3.12)$$

为 X 和 Y 的**相关系数**（correlation coefficient）.

相关系数有以下性质：

（1） $-1 \leqslant \rho \leqslant 1$.

（2） $\rho = \pm 1$ 的充要条件是：存在常数 $a,b(b \neq 0)$ ，使得 $P\{Y = a+bX\} = 1$ ，即 X 和 Y 以概率 1 线性相关.

相关系数是随机变量间是否存在线性关联的测度，所以又称**线性相关系数**（linear correlation coefficient）. 当 $\rho > 0$ 时，称 X 和 Y 正相关， $\rho = 1$ 时，称 X 和 Y 完全正相关；当 $\rho < 0$ 时，称 X 和 Y 负相关， $\rho = -1$ 时，称 X 和 Y 完全负相关；当 $\rho = 0$ ，称 X 和 Y 不相关.

例 3.3.3　设二维随机变量 (X,Y) 的密度函数为 $f(x,y) = \begin{cases} x+y, 0 \leqslant x \leqslant 1, 0 \leqslant y \leqslant 1, \\ 0, 其他. \end{cases}$ 试求 X 和 Y 的协方差和相关系数.

解　$E(X) = \int_0^1 \mathrm{d}x \int_0^1 x(x+y)\mathrm{d}y = \int_0^1 \left(x^2 + \frac{x}{2}\right)\mathrm{d}x = \frac{1}{3} + \frac{1}{4} = \frac{7}{12}$ ，

$\qquad E(Y) = \int_0^1 \mathrm{d}x \int_0^1 y(x+y)\mathrm{d}y = \int_0^1 \left(\frac{1}{3} + \frac{x}{2}\right)\mathrm{d}x = \frac{1}{3} + \frac{1}{4} = \frac{7}{12}$ ，

$\qquad E(XY) = \int_0^1 \mathrm{d}x \int_0^1 xy(x+y)\mathrm{d}y = \int_0^1 \left(\frac{x}{3} + \frac{x^2}{2}\right)\mathrm{d}x = \frac{1}{6} + \frac{1}{6} = \frac{1}{3}$ ；

$\qquad E(X^2) = \int_0^1 \mathrm{d}x \int_0^1 x^2(x+y)\mathrm{d}y = \int_0^1 \left(x^3 + \frac{x^2}{2}\right)\mathrm{d}x = \frac{1}{4} + \frac{1}{6} = \frac{5}{12}$ ，

$$E(Y^2) = \int_0^1 dx \int_0^1 y^2(x+y)dy = \int_0^1 \left(\frac{1}{4} + \frac{x}{3} \right) dx = \frac{1}{4} + \frac{1}{6} = \frac{5}{12} ;$$

$$Var(X) = E(X^2) - [E(X)]^2 = \frac{5}{12} - \frac{49}{144} = \frac{11}{144} ,$$

$$Var(Y) = E(Y^2) - [E(Y)]^2 = \frac{5}{12} - \frac{49}{144} = \frac{11}{144} ;$$

$$Cov(X,Y) = E(XY) - E(X)E(Y) = \frac{1}{3} - \frac{49}{144} = -\frac{1}{144} ;$$

$$\rho_{XY} = \frac{Cov(X,Y)}{\sqrt{Var(X)}\sqrt{Var(Y)}} = \frac{-\dfrac{1}{144}}{\dfrac{11}{144}} = -\frac{1}{11} .$$

注意：随机变量相互独立是指它们互不影响，而不相关只是没有线性关系. **随机变量 X 和 Y 相互独立，则一定不相关，反之不然.** 但若两个随机变量都服从正态分布，则独立和不相关是等价的.

例 3.3.4 设 X 服从 $(-1,1)$ 上均匀分布，试证明 X 与 $Y = |X|$ 不相关也不相互独立.

证明 由题意知，X 的密度函数为

$$f(x) = \begin{cases} 0.5 , & -1 < x < 1, \\ 0 , & 其他, \end{cases}$$

又由于奇函数在关于原点对称的区间上的定积分等于 0，所以

$$E(X) = \int_{-1}^1 0.5x dx = 0 , \quad E(XY) = E(X|X|) = \int_{-1}^1 0.5x|x| dx = 0 ,$$

$$Cov(X,Y) = E(XY) - E(X)E(Y) = 0 ,$$

因此 X 与 $|X|$ 不相关.

要证明 X 与 $Y = |X|$ 不相互独立，只要举出某两个事件积的概率不等于概率的积即可. 事实上，由几何概率知，

$$P\{X < 0.5\} = \frac{1.5}{2} = 0.75 , \quad P\{|X| < 0.5\} = \frac{1}{2} = 0.5 ,$$

$$P\{X < 0.5, |X| < 0.5\} = P\{|X| < 0.5\} = 0.5 ,$$

$$P\{X < 0.5, |X| < 0.5\} \neq P\{|X| < 0.5\}P\{X < 0.5\} ,$$

所以 X 与 $Y = |X|$ 不相互独立.

例 3.3.5 若二维随机变量 (X,Y) 的密度函数为

$$f(x,y) = \frac{1}{2\pi\sigma_1\sigma_2\sqrt{1-\rho^2}} \cdot \exp\left\{ -\frac{1}{2(1-\rho^2)} \left[\frac{(x-\mu_1)^2}{\sigma_1^2} - \frac{2\rho(x-\mu_1)(y-\mu_2)}{\sigma_1\sigma_2} + \frac{(y-\mu_2)^2}{\sigma_2^2} \right] \right\},$$

$$-\infty < x < +\infty , -\infty < y < +\infty.$$

（3.3.13）

其中 $\mu_1, \mu_2, \sigma_1, \sigma_2, \rho$ 均为常数，$\sigma_1 > 0, \sigma_2 > 0, |\rho| < 1$. 我们称 (X, Y) 为服从参数 $\mu_1, \mu_2, \sigma_1, \sigma_2, \rho$ 的**二维正态分布**，记作 $(X, Y) \sim N(\mu_1, \mu_2, \sigma_1^2, \sigma_2^2, \rho)$.

二维正态分布 $(X, Y) \sim N(\mu_1, \mu_2, \sigma_1^2, \sigma_2^2, \rho)$ 的边际分布仍为正态分布，即 $X \sim N(\mu_1, \sigma_1^2)$，$Y \sim N(\mu_2, \sigma_2^2)$，且 ρ 为 X 和 Y 的相关系数.

图 3.3.1、图 3.3.2 和图 3.3.3 分别是 $\mu_1 = \mu_2 = 0$，$\sigma_1 = \sigma_2 = 1$，$\rho = -0.5$，$\rho = 0$，$\rho = 0.5$ 的 $(X, Y) \sim N(\mu_1, \mu_2, \sigma_1^2, \sigma_2^2, \rho)$ 的密度函数图象.

图 3.3.1　$\rho = -0.5$　　　图 3.3.2　$\rho = 0$　　　图 3.3.3　$\rho = 0.5$

定义 3.3.3　设 $X = (X_1, X_2, \cdots, X_n)^{\mathrm{T}}$ 是 n 维随机变量，由 $X_1, X_2, \cdots, X_n$ 的两两协方差构成的矩阵

$$Cov(X) \equiv \begin{bmatrix} Cov(X_1, X_1) & Cov(X_1, X_2) & \cdots & Cov(X_1, X_n) \\ Cov(X_2, X_1) & Cov(X_2, X_2) & \cdots & Cov(X_2, X_n) \\ \vdots & \vdots & & \vdots \\ Cov(X_n, X_1) & Cov(X_n, X_2) & \cdots & Cov(X_n, X_n) \end{bmatrix} \qquad (3.3.14)$$

称为 X 的**协方差矩阵**（covariance matrix）.

定义 3.3.4　设 $X = (X_1, X_2, \cdots, X_n)^{\mathrm{T}}$ 是 n 维随机变量，由 $X_1, X_2, \cdots, X_n$ 的两两相关系数构成的矩阵

$$Corr(X) = \begin{bmatrix} 1 & \rho_{X_1 X_2} & \cdots & \rho_{X_1 X_n} \\ \rho_{X_2 X_1} & 1 & \cdots & \rho_{X_2 X_n} \\ \vdots & \vdots & & \vdots \\ \rho_{X_n X_1} & \rho_{X_n X_2} & \cdots & 1 \end{bmatrix}, \qquad (3.3.15)$$

称为 X 的**相关系数矩阵**（correlation coefficient matrix）.

显然，协方差矩阵和相关系数矩阵都是对称矩阵.

例 3.3.6[*]　已知二维随机变量 $X = (X_1, X_2)^{\mathrm{T}}$ 的协方差矩阵为 $Cov(X) = \begin{bmatrix} 1 & -1.5 \\ -1.5 & 3 \end{bmatrix}$，$C = \begin{bmatrix} 2 & 1 \\ -1 & 1 \end{bmatrix}$，试验证 $Cov(CX) = C \cdot Cov(X) \cdot C^{\mathrm{T}}$.

验证　令 $CX = \begin{bmatrix} 2 & 1 \\ -1 & 1 \end{bmatrix} \begin{bmatrix} X_1 \\ X_2 \end{bmatrix} = \begin{bmatrix} 2X_1 + X_2 \\ -X_1 + X_2 \end{bmatrix} = Y$，即

$$Y_1 = 2X_1 + X_2, \ Y_2 = -X_1 + X_2,$$

则

$$Var(Y_1) = Var(2X_1 + X_2) = 4Var(X_1) + Var(X_2) + 4Cov(X_1, X_2)$$
$$= 4 + 3 + 4 \times (-1.5) = 1,$$
$$Var(Y_2) = Var(-X_1 + X_2) = Var(X_1) + Var(X_2) - 2Cov(X_1, X_2)$$
$$= 1 + 3 - 2 \times (-1.5) = 7,$$
$$Cov(Y_1, Y_2) = Cov(2X_1 + X_2, -X_1 + X_2)$$
$$= -2Var(X_1) + 2Cov(X_1, X_2) - Cov(X_2, X_1) + Var(X_2)$$
$$= -2 \times 1 + 2 \times (-1.5) + 1.5 + 3 = -0.5.$$

由此可得 CX 的协方差矩阵为

$$Cov(CX) = \begin{bmatrix} 1 & -0.5 \\ -0.5 & 7 \end{bmatrix}.$$

而

$$C \cdot Cov(X) \cdot C^{\mathrm{T}} = \begin{bmatrix} 2 & 1 \\ -1 & 1 \end{bmatrix} \begin{bmatrix} 1 & -1.5 \\ -1.5 & 3 \end{bmatrix} \begin{bmatrix} 2 & -1 \\ 1 & 1 \end{bmatrix} = \begin{bmatrix} 1 & -0.5 \\ -0.5 & 7 \end{bmatrix},$$

从而有

$$Cov(CX) = C \cdot Cov(X) \cdot C^{\mathrm{T}}.$$

定义 3.3.5* 设 $X = (X_{ij})_{n \times m}$ 为一随机矩阵（元素为随机变量），X 的期望定义为 X 的元素的期望做成的矩阵，即

$$E(X) = [E(X_{ij})]_{n \times m}. \tag{3.3.16}$$

性质 3.3.4* 设 $X = (X_{ij})_{n \times m}$ 为一随机矩阵，A 和 B 都为实数矩阵，AX 和 BX 有意义，则

$$E(AX) = AE(X), \quad E(XB) = E(X)B. \tag{3.3.17}$$

性质 3.3.5* 一般地，若 $X = (X_1, X_2, \cdots, X_n)^{\mathrm{T}}$ 是 n 维随机变量，$C = (c_{ij})_{m \times n}$ 为一实数矩阵，则 CX 为 m 维随机变量，

$$Cov(CX) = C \cdot Cov(X) \cdot C^{\mathrm{T}}, \tag{3.3.18}$$

特别地，当 $C = (c_1, c_2, \cdots, c_n)^{\mathrm{T}}$ 为实向量时，随机变量 $C^{\mathrm{T}}X$ 的方差为

$$Var(C^{\mathrm{T}}X) = C^{\mathrm{T}}Cov(X)C. \tag{3.3.19}$$

例 3.3.7* 设两只股票的收益率 $r = (r_1, r_2)^{\mathrm{T}}$ 为二维随机变量，其协方差矩阵为 $Cov(r) = \begin{bmatrix} 1 & 0.3 \\ 0.3 & 1 \end{bmatrix}$，现有两个组合 $W = \begin{bmatrix} 0.3 & 0.6 \\ 0.7 & 0.4 \end{bmatrix}$（每列为一个组合，每列的元素和为 1），求这两个组合的协方差矩阵.

解 $Cov(W^{\mathrm{T}}r) = W^{\mathrm{T}}Cov(r)W$

$$= \begin{bmatrix} 0.3 & 0.7 \\ 0.6 & 0.4 \end{bmatrix} \begin{bmatrix} 1 & 0.3 \\ 0.3 & 1 \end{bmatrix} \begin{bmatrix} 0.3 & 0.6 \\ 0.7 & 0.4 \end{bmatrix} = \begin{bmatrix} 0.706 & 0.622 \\ 0.622 & 0.664 \end{bmatrix}.$$

构造投资组合或资产组合实际上就是构造众多资产的线性组合. 因此需要了解随机变量线性组合的数字特征.

例 3.3.8[*]　设两只股票的收益率 $r = (r_1, r_2)^T$ 为二维随机变量，期望收益率向量为 $E(r) = (0.03, 0.05)^T$，其收益率的协方差矩阵为 $Cov(r) = \begin{bmatrix} 1 & 0.3 \\ 0.3 & 1 \end{bmatrix}$，现有一个资产组合 $W = (0.3, 0.7)^T$，令 $r_W = 0.3r_1 + 0.7r_2$，求 r_W 的期望收益率和方差.

解　$E(r_W) = E(W^T r) = W^T E(r) = (0.3, 0.7)(0.03, 0.05)^T = 0.0440$，

$$Var(r_W) = Var(W^T r) = W^T Cov(r)W = (0.3, 0.7)\begin{bmatrix} 1 & 0.3 \\ 0.3 & 1 \end{bmatrix}\begin{bmatrix} 0.3 \\ 0.7 \end{bmatrix} = 0.7060.$$

性质 3.3.6[*]　设 $X = (X_1, X_2, \cdots, X_n)^T$ 是 n 维随机变量，$a = (a_1, a_2, \cdots, a_n)^T$ 和 $b = (b_1, b_2, \cdots, b_n)^T$ 是 n 维实数向量，则

$$Cov(a^T X, b^T X) = a^T Cov(X)b = b^T Cov(X)a. \tag{3.3.20}$$

证明　$Cov(a^T X, b^T X) = E\{[a^T X - E(a^T X)][b^T X - E(b^T X)]\}$

$$= E\{[a^T X - a^T E(X)][b^T X - b^T E(X)]\}$$
$$= E\{a^T [X - E(X)][b^T [X - E(X)]]\}$$
$$= E\{a^T [X - E(X)][X - E(X)]^T b\}$$
$$= a^T E\{[X - E(X)][X - E(X)]^T\}b$$
$$= a^T Cov(X)b.$$

例 3.3.9[*]　设两只股票的收益率 $r = (r_1, r_2)^T$ 为二维随机变量，其协方差矩阵为 $Cov(r) = \begin{bmatrix} 1 & 0.3 \\ 0.3 & 1 \end{bmatrix}$，现有两个组合，$W_1 = (0.3, 0.7)^T$，$W_2 = (0.6, 0.4)^T$，令 $r_{W_1} = 0.3r_1 + 0.7r_2$，$r_{W_2} = 0.6r_1 + 0.4r_2$，试求这两个组合的协方差.

解　$Cov(r_{W_1}, r_{W_2}) = Cov(W_1^T r, W_2^T r) = W_1^T Cov(r)W_2$

$$= (0.3, 0.7)\begin{bmatrix} 1 & 0.3 \\ 0.3 & 1 \end{bmatrix}\begin{bmatrix} 0.6 \\ 0.4 \end{bmatrix} = 0.6220.$$

例 3.3.10[*]　1952 年，美国经济学家、金融学家、诺贝尔奖获得者哈里·马克维茨（Markowitz, Harry）在《资产组合选择》（Porfolio Selection .Journal of Finance 1952.Vol.7）一文中，第一次从风险资产的收益率与风险之间的关系出发，讨论了不确定经济系统中最优资产组合的选择问题，获得了著名的基金分离定理，为资产定价理论奠定了坚实的基础，也为整个现代金融理论奠定了基础. 下面我们以一个特殊的例子介绍均值方差在投资组合中的应用.

Harry Markowitz
（1927）

设 3 只互不相关的股票的收益率 $r = (r_1, r_2, r_3)^T$ 为三维随机变量，期望收益率向量为 $E(r) = (0.03, 0.05, 0.02)^T$，方差分别为 $Var(r_1) = 0.0001$，$Var(r_2) = 0.0004$，$Var(r_3) = 0.0009$. 令 $W = (w_1, w_2, w_3)^T$，$w_1 + w_2 + w_3 = 1$，$r_W = W^T r$. 试求 W 使 $E(r_W) = 0.04$ 且 $Var(r_W)$ 最小.

解　由期望和方差的性质知，

$$E(r_W) = 0.03w_1 + 0.05w_2 + 0.02w_3 = 0.04，$$

$$Var(r_W) = Var(W^\mathrm{T}r) = w_1^2 Var(r_1) + w_2^2 Var(r_2) + w_3^2 Var(r_3)$$
$$= 0.0001w_1^2 + 0.0004w_2^2 + 0.0009w_3^2,$$

得以下优化问题：

$$\min(0.0001w_1^2 + 0.0004w_2^2 + 0.0009w_3^2),$$

$$\text{s.t.} \begin{cases} 0.03w_1 + 0.05w_2 + 0.02w_3 = 0.04, \\ w_1 + w_2 + w_3 = 1. \end{cases}$$

拉格朗日乘子函数为

$$L = 0.0001w_1^2 + 0.0004w_2^2 + 0.0009w_3^2$$
$$+ \lambda(0.03w_1 + 0.05w_2 + 0.02w_3 - 0.04) + \mu(w_1 + w_2 + w_3 - 1).$$

L 取极小值的必要条件为

$$\begin{cases} \partial L / \partial w_1 = 0.0002w_1 + 0.03\lambda + \mu = 0, \\ \partial L / \partial w_2 = 0.0008w_2 + 0.05\lambda + \mu = 0, \\ \partial L / \partial w_3 = 0.0018w_3 + 0.02\lambda + \mu = 0, \\ 0.03w_1 + 0.05w_2 + 0.02w_3 - 0.04 = 0, \\ w_1 + w_2 + w_3 - 1 = 0, \end{cases}$$

解得 $w_1 = 0.5306, w_2 = 0.4898, w_3 = -0.0204$.

3.3.3 n 维正态分布的性质

例 3.3.11（n 维正态分布） 设 n 维随机变量 $X = (X_1, X_2, \cdots, X_n)^\mathrm{T}$ 的协方差矩阵为 $\Sigma \equiv Cov(X)$，数学期望向量为 $E \equiv E(X)$. 又记 $x = (x_1, x_2, \cdots, x_n)^\mathrm{T}$，则由密度函数

$$f(x) = \frac{1}{(2\pi)^{\frac{n}{2}} |\Sigma|^{\frac{1}{2}}} \exp\left\{ -\frac{1}{2}(x - E)^\mathrm{T} \Sigma^{-1}(x - E) \right\}, x \in \mathbf{R}^n \qquad (3.3.21)$$

定义的分布称为 n 维正态分布，记作 $X \sim N(E, \Sigma)$. 其中 $|\Sigma|$ 是 Σ 的行列式，Σ^{-1} 是 Σ 的逆矩阵.

n 维正态分布在数理统计中占有重要的地位，这里不加证明地给出它的几条重要性质：

（1）$X = (X_1, X_2, \cdots, X_n)^\mathrm{T}$ 服从 n 维正态分布的充分必要条件是：对任意实向量 $A = (a_1, a_2, \cdots, a_n)^\mathrm{T}$，$A^\mathrm{T} X$ 均服从正态分布.

（2）若 $X = (X_1, X_2, \cdots, X_n)^\mathrm{T}$ 服从 n 维正态分布，$Y = (Y_1, Y_2, \cdots, Y_k)^\mathrm{T}$ 是 X 的线性变换，则 Y 也服从多维正态分布.

（3）若 $X = (X_1, X_2, \cdots, X_n)^\mathrm{T}$ 服从 n 维正态分布，则"$X_1, X_2, \cdots, X_n$ 相互独立"与"$X_1, X_2, \cdots, X_n$ 两两不相关"是等价的.

例 3.3.12 设两个相互独立的随机变量 X 和 Y 分别服从正态分布 $N(0,1)$ 和 $N(1,1)$，则（　　）.

（A）$P\{X + Y \leqslant 0\} = 0.5$　　　　（B）$P\{X + Y \leqslant 1\} = 0.5$

（C）$P\{X - Y \leqslant 0\} = 0.5$　　　　（D）$P\{X - Y \leqslant 1\} = 0.5$

解　$X+Y \sim N(1,2)$，$X-Y \sim N(-1,2)$，$E(X+Y)=1$，$E(X-Y)=-1$，由正态分布密度函数关于期望的对称性，应选（B）.

习题 3.3

1. 设二维随机变量 (X,Y) 的分布列为

X ＼ Y	0	1
0	0.3	0.4
1	0.2	0.1

试求 $E(X)$，$E(Y)$，$E(X-2Y)$，$E(3XY)$.

2. 试求掷 n 颗骰子出现点数之和的数学期望与方差.

3. 设随机变量 X 和 Y 相互独立，$X \sim P(5)$，$Y \sim B(8,0.2)$，试求 $E(X-2Y)$ 和 $Var(X-2Y)$.

4. 设随机变量 $X \sim N(-2,0.4^2)$，试求 $E(X+3)^2$.

5. 设随机变量 $X \sim N(10,0.6)$，$Y \sim N(1,2)$，且 X 与 Y 相互独立，试求 $Var(3X-Y)$.

6. 设随机变量 X_1,X_2,X_3 相互独立，其中 $X_1 \sim U[0,6]$，$X_2 \sim N(0,2^2)$，$X_3 \sim P(3)$，试求 $Var(X_1-2X_2+3X_3)$.

7. 对于任意两个随机变量 X 和 Y，若 $E(XY)=E(X)E(Y)$，则（　　　）.

（A）$Var(XY)=Var(X)Var(Y)$　　　　（B）$Var(X+Y)=Var(X)+Var(Y)$

（C）X 和 Y 独立　　　　　　　　（D）X 和 Y 不独立

8. 若随机变量 $X \sim P(\lambda)$ 且 $E[(X-1)(X-2)]=1$，则 $\lambda=$（　　　）.

（A）1　　　　　（B）2　　　　　（C）3　　　　　（D）0

9. 设随机变量 X 和 Y 相互独立，且都服从 $N(0,0.5)$，试求 $Var(|X-Y|)$.

10. 设随机变量 X 和 Y 相互独立，$E(X)=E(Y)=0$，$Var(X)=Var(Y)=1$，试求 $E(X+Y)^2$.

11. 要加工一个直角边为 20 厘米的等腰直角三角形部件，已知两直角边的加工误差（单位：厘米）X 和 Y 相互独立，均服从 $U(-0.1,0.1)$，试求该部件面积的数学期望.

12. 设二维随机变量 (X,Y) 服从在 A 上的均匀分布，其中 A 为 x 轴，y 轴及直线 $x+y+1=0$ 所围成的区域. 试求：（1）$E(X)$；（2）$E(-3X+2Y)$；（3）$E(XY)$.

13. 一商店经销某种商品，每周进货量 X 与顾客对该种商品的需求量 Y 是独立的，且都服从 $U(10,20)$. 商店每出售一单位商品可得利润 1000 元；若需求量超过进货量，则可从其他商店调剂供应，这时每单位商品获利润为 500 元. 试求此商店经销该种商品每周的平均利润.

14. 设随机变量 X 和 Y 的分布列分别为

X	0	1
p_x	0.3	0.7

Y	0	1
p_y	0.3	0.7

其中 $P\{X=0,Y=0\}=0.1$ ，试求 X 和 Y 的协方差和相关系数.

15. 设随机变量 (X,Y) 的联合密度函数为 $f(x,y)=\begin{cases}3x, & 0<y<x<1, \\ 0, & 其他,\end{cases}$ 试求 X 和 Y 的相关系数.

16. 设随机变量 (X,Y) 的联合密度函数为 $f(x,y)=\begin{cases}1, & |y|<x, 0<x<1, \\ 0, & 其他,\end{cases}$ 试求 $E(X)$ ， $E(Y)$ 和 $Cov(X,Y)$.

17. 若随机变量 X 和 Y 独立同分布于 $N(0,\sigma^2)$ ，试求 $aX+bY$ 与 $aX-bY$ 的相关系数.

18. 设随机变量 X 和 Y 独立同分布于 $P(\lambda)$ ，试求 $2X+Y$ 与 $2X-Y$ 的相关系数.

19. 设随机变量 $X\sim U(-1,1)$ ，试问 X 与 $Y=X^2$ 是否相关？是否独立？

20. 设随机变量 X 和 Y 的相关系数 $\rho=0$ ，则 X 和 Y （　　　）.

（A）相互独立　　　　　　　　　　（B）不一定相关

（C）必不相关　　　　　　　　　　（D）必相关

21. 设随机变量 X 和 Y 的期望和方差存在，且 $Var(X-Y)=Var(X)+Var(Y)$ ，则下列说法不正确的是（　　　）.

（A） $Var(X+Y)=Var(X)+Var(Y)$ 　　　（B） $E(XY)=E(X)E(Y)$

（C） X 和 Y 不相关　　　　　　　　（D） X 和 Y 独立

22. 已知随机变量 X 和 Y 都服从 $B(20,0.1)$ ，且 X 和 Y 的相关系数 $\rho_{XY}=0.5$ ，试求 $X+Y$ 的方差及 X 与 $2Y-X$ 的协方差.

23. 已知随机变量 $X\sim N(1,9)$ ， $Y\sim N(0,16)$ ，且 X 和 Y 的相关系数为 $\rho_{XY}=0.5$ ， $Z=\dfrac{X}{3}+\dfrac{Y}{2}$.试求：（1） $E(Z)$ 和 $Var(Z)$ ；（2） X 和 Z 的相关系数 ρ_{XZ} .

24. 设 $\{X_i\}$ （ $i=1,2,\cdots,500$ ）为独立同分布的随机变量序列，且 $X_i\sim P(5)$ ，若 $\bar{X}=\dfrac{1}{500}\sum_{i=1}^{500}X_i$ ，试求概率 $P\{\bar{X}<5\}$.

25. 设随机变量 $X_1,X_2,\cdots,X_n$ 独立同分布，且都服从 $N(\mu,\sigma^2)$ 分布，试求 $\bar{X}=\dfrac{1}{n}\sum_{i=1}^{n}X_i$ 的分布.

26. 设两只股票的收益率 $r=(r_1,r_2)^{\mathrm{T}}$ 为二维随机变量，其标准差分别为 $\sigma(r_1)=0.02$ ， $\sigma(r_2)=0.03$ ，试在以下四种情况下求 w 使 $\sigma^2(wr_1+(1-w)r_2)$ 最小.

（1） r_1 和 r_2 完全正相关；

（2） r_1 和 r_2 完全负相关；

（3） r_1 和 r_2 的相关系数为 0.5；

（4） r_1 和 r_2 的相关系数为-0.5.

3.4　大数定律与中心极限定理*

3.4.1 大数定律

掷一枚硬币，哪一面朝上本来是偶然的，但当掷硬币的次数足够多，如达到上万次甚至几百万次以后，我们就会发现，硬币每一面向上的次数约占总次数的二分之一. 这说明偶然中包含着必然，必然规律在大量的试验中得以体现.

大数定律（law of large numbers）是一种描述当试验次数很大时所呈现的概率性质的定律. 大数定律的名称是法国数学家泊松于 1837 年给出的，虽然通常称大数定律为"定律"，但大数定律并不是经验规律，而是严格证明了的定理. 1713 年，伯努利（Jacob Bernoulli, 1654—1705）的名著《猜度术》发表. 在这部著作中，伯努利提出了"伯努利大数定律"，并给予了证明，这使以往建立在经验之上的频率稳定性推测理论化了，从此概率论从对特殊问题的求解，发展到了一般的理论概括. 从 1845 年开始，切比雪夫利用微积分方法，先后对伯努利大数定律和泊松大数定律进行了精细的分析和严格的证明. 之后，法国数学家波莱尔于 1909 年给出了波莱尔强大数定律及柯尔莫哥洛夫强大数定律，原苏联数学家辛钦（ХИНЧИН, 1894—1959）于 1929 年提出了辛钦大数定律.

ХИНЧИН
(1894—1959)

设 p 是 n 重伯努利试验中事件 A 每次出现的概率，f_n 为 n 次试验中 A 出现的频数. 用极限的概念来描述"当 n 充分大时，概率是频率 $\dfrac{f_n}{n}$ 的稳定值"，即对于任意给定的小 $\varepsilon > 0$，当 n 充分大时，总有 $\left|\dfrac{f_n}{n} - p\right| < \varepsilon$ 成立.

然而上述结论并不是总成立，比如无论 n 多么大，$f_n = 0$ 或 $f_n = n$ 都有可能发生，此时 $\left|\dfrac{f_n}{n} - p\right| < \varepsilon$ 都不成立. 不过当 n 充分大时，$f_n = 0$ 或 $f_n = n$ 发生的概率会越来越小，因而 $P\left\{\left|\dfrac{f_n}{n} - p\right| < \varepsilon\right\}$ 越来越接近于 1，即

$$\lim_{n \to +\infty} P\left\{\left|\frac{f_n}{n} - p\right| < \varepsilon\right\} = 1.$$

定理 3.4.1（**伯努利大数定律**）　设 f_n 为 n 重伯努利试验中事件 A 出现的次数，p 为每次试验中事件 A 发生的概率，则对于任意小的 $\varepsilon > 0$，有

$$\lim_{n \to +\infty} P\left\{\left|\frac{f_n}{n} - p\right| < \varepsilon\right\} = 1. \tag{3.4.1}$$

伯努利大数定律提供了用频率来确定概率的理论依据.

定理 3.4.2（**切比雪夫大数定律**）　设 $\{X_i\}$（$i = 1, 2, \cdots$）是两两不相关的随机变量序列，它们的方差都存在且有共同的上界，即 $Var(X_i) \leqslant K$，$i = 1, 2, \cdots$，则对任意小的 $\varepsilon > 0$，有

$$\lim_{n\to\infty} P\left\{\left|\frac{1}{n}\sum_{i=1}^{n}X_i - \frac{1}{n}\sum_{i=1}^{n}E(X_i)\right| < \varepsilon\right\} = 1. \qquad (3.4.2)$$

切比雪夫大数定律给出了两两不相关随机变量的平均值趋于稳定性的理论依据.

例 3.4.1 设 $\{X_i\}$ ($i=1,2,\cdots$) 是独立同分布的随机变量序列，且 $E(X_i^4)$ 存在，$E(X_i)=\mu$, $Var(X_i)=\sigma^2$，则随机变量序列 $\{(X_i-\mu)^2\}$ ($i=1,2,\cdots$) 对任意小的 $\varepsilon>0$，有

$$\lim_{n\to\infty} P\left\{\left|\frac{1}{n}\sum_{i=1}^{n}(X_i-\mu)^2 - \sigma^2\right| < \varepsilon\right\} = 1.$$

证明 $\{(X_i-\mu)^2\}$ ($i=1,2,\cdots$) 是两两不相关的随机变量序列，其方差为

$$Var[(X_i-\mu)^2] = E[(X_i-\mu)^4] - \sigma^4.$$

由于高阶矩存在低阶矩就存在，所以 $Var[(X_i-\mu)^2]$ 存在且有共同的上界. 由切比雪夫大数定律，对任意小的 $\varepsilon>0$，都有

$$\lim_{n\to\infty} P\left\{\left|\frac{1}{n}\sum_{i=1}^{n}(X_i-\mu)^2 - \frac{1}{n}\sum_{i=1}^{n}E[(X_i-\mu)^2]\right| < \varepsilon\right\} = 1,$$

$$\lim_{n\to\infty} P\left\{\left|\frac{1}{n}\sum_{i=1}^{n}(X_i-\mu)^2 - \sigma^2\right| < \varepsilon\right\} = 1.$$

定理 3.4.3（辛钦大数定律） 设 $\{X_i\}$ ($i=1,2,\cdots$) 是独立同分布的随机变量序列，且 $E(X_i)=\mu$ ($i=1,2,\cdots$)，则对任意小的 $\varepsilon>0$，有

$$\lim_{n\to\infty} P\left\{\left|\frac{1}{n}\sum_{i=1}^{n}X_i - \mu\right| < \varepsilon\right\} = 1. \qquad (3.4.3)$$

辛钦大数定律表明，当 n 充分大时，独立同分布的随机变量的算术平均值接近于它的期望值. 特别是对随机变量 X 的 n 次观察值的算术平均值接近于它的期望值，这为寻找随机变量的期望提供了一条线索. 例如对某随机变量独立地观测了 1000 次，获得的观测值的平均数为 4.5，则该随机变量的期望近似地等于 4.5.

3.4.2 中心极限定理

车床加工的机器零件尺寸与设计要求的误差受机器的稳定性、刀具的质量、车间的温度、车间的照明、操作工人的熟练程度、电压的稳定性、测量的工具等多种因素的影响，这些因素都可看作随机变量，零件的测量误差是这些因素综合影响的结果. 高斯发现测量误差渐近服从正态分布.

零件的测量

中心极限定理（central limit theorem）要说明的是大量随机变量的和在什么条件下可以用正态分布来描述. 1920 年，美国数学家波利亚称这类定理为中心极限定理. 历史上最初的中心极限定理是讨论 n 重伯努利试验中，事件 A 出现的次数渐近于正态分布的问题. 1716 年前

后，法国数学家棣莫佛（Abraham de Moivre，1667—1754）和拉普拉斯分别就特殊和一般情形得到棣莫佛-拉普拉斯定理. 棣谟佛于 1718 年发表了《机会的学说》，书中提出了概率乘法法则，以及"正态分布律"的概念，为概率论的"中心极限定理"的建立奠定了基础. 李雅普诺夫（А. М. Лпунов，1857—1918）于 1900 年给出了独立随机变量序列服从中心极限定理的李雅普诺夫条件，建立了李雅普诺夫定理. 20 世纪 20 年代，林德伯格和莱维证明了林德伯格-莱维定理. 1935 年，林德伯格和费勒又进一步解决了独立随机变量序列的中心极限定理的一般情形，即林德伯格—费勒定理，其结果使长期以来作为概率论中心议题之一的关于独立随机变量序列的中心极限定理得到根本解决.

Abraham de Moivre
（1667—1754）

定理 3.4.4（**林德伯格–莱维中心极限定理**） 设 $\{X_i\}$（$i=1,2,\cdots$）是独立同分布的随机变量序列，且 $E(X_i)=\mu$，$Var(X_i)=\sigma^2 \neq 0$，则

$$\lim_{n\to\infty} P\left\{\frac{1}{\sigma\sqrt{n}}\left(\sum_{i=1}^n X_i - n\mu\right) \leqslant x\right\} = \int_{-\infty}^x \frac{1}{\sqrt{2\pi}}\exp\left\{-\frac{t^2}{2}\right\}\mathrm{d}t. \tag{3.4.4}$$

林德伯格-莱维中心极限定理表明，当 n 充分大时，n 个独立同分布的随机变量之和近似服从正态分布，即

$$\frac{1}{\sigma\sqrt{n}}\left(\sum_{i=1}^n X_i - n\mu\right) \approx N(0,1), \tag{3.4.5}$$

故

$$\sum_{i=1}^n X_i \approx N(n\mu, n\sigma^2). \tag{3.4.6}$$

由此得，当 n 充分大时，n 个独立同分布的随机变量之平均值近似服从正态分布，即

$$\frac{1}{n}\sum_{i=1}^n X_i \approx N\left(\mu, \frac{\sigma^2}{n}\right). \tag{3.4.7}$$

利用林德伯格-莱维中心极限定理可以对 n 个独立同分布的随机变量之和或平均值的分布进行近似计算.

例 3.4.2 多次测量一个物理量，每次测量都产生一个误差 $\varepsilon_i(i=1,2,\cdots,n)$，假设 $\varepsilon_i \sim U(-1,1)$. 试问：

（1）n 次测量值的均值与真实值的差的绝对值小于小正数 δ 的概率是多少？

（2）若 $n=100$，$\delta=0.1$，上述概率的近似值是多少？

（3）对 $\delta=0.1$，欲使上述概率值不小于 0.95，试问至少要进行多少次测量？

解 设 μ 表示物理量的真实值，$X_i(i=1,2,\cdots,n)$ 表示测量值，据题意有

$$X_i = \mu + \varepsilon_i, \quad \varepsilon_i \sim U(-1,1),$$

所以 $E(X_i)=\mu$，$Var(X_i)=\sigma^2=Var(\varepsilon_i)=\frac{1}{3}$，由林德伯格-莱维中心极限定理知，

$$\frac{1}{\sigma\sqrt{n}}\left(\sum_{i=1}^n X_i - n\mu\right) \approx N(0,1).$$

（1）n 次测量值的均值与真实值的差的绝对值小于小正数 δ 的概率为

$$P\left\{\left|\frac{1}{n}\sum_{i=1}^{n}X_i-\mu\right|\leqslant\delta\right\}=P\left\{\left|\sum_{i=1}^{n}X_i-n\mu\right|\leqslant n\delta\right\}=P\left\{\left|\frac{1}{\sigma\sqrt{n}}\left(\sum_{i=1}^{n}X_i-n\mu\right)\right|\leqslant\frac{n\delta}{\sigma\sqrt{n}}\right\}$$

$$\approx 2\varPhi_0\left(\frac{n\delta}{\sigma\sqrt{n}}\right)-1=2\varPhi_0(\sqrt{3n}\delta)-1.$$

（2）若 $n=100$ ，$\delta=0.1$ ，则

$$P\left\{\left|\frac{1}{n}\sum_{i=1}^{n}X_i-\mu\right|\leqslant\delta\right\}\approx 2\varPhi_0(\sqrt{300}\times 0.1)-1\approx 0.9168.$$

（3）对 $\delta=0.1$ ，欲使

$$P\left\{\left|\frac{1}{n}\sum_{i=1}^{n}X_i-\mu\right|\leqslant\delta\right\}\approx 2\varPhi_0(\sqrt{3n}\times 0.1)-1\geqslant 0.95,$$

查表得，$n\geqslant 129$.

定理 3.4.5（棣莫佛-拉普拉斯中心极限定理）　设随机变量 $X_n\sim B(n,p)$ ，则对任意 x ，有

$$\lim_{n\to\infty}P\left\{\frac{X_n-np}{\sqrt{np(1-p)}}\leqslant x\right\}=\int_{-\infty}^{x}\frac{1}{\sqrt{2\pi}}\exp\left\{-\frac{t^2}{2}\right\}\mathrm{d}t.\qquad（3.4.8）$$

棣莫佛-拉普拉斯中心极限定理表明，当 n 充分大，而 $0<p<1$ 是一个定值时，二项分布标准化后近似服从标准正态分布，即

$$\frac{X_n-np}{\sqrt{np(1-p)}}\dot\sim N(0,1).\qquad（3.4.9）$$

可以利用棣莫佛-拉普拉斯中心极限定理对二项分布进行近似计算. 令 $X\sim B(n,p)$ ，$P\{X\leqslant x\}=\beta$ ，利用棣莫佛-拉普拉斯中心极限定理可以对以下三种情况进行近似计算：（1）已知 n ，p 和 x ，求 β ；（2）已知 n ，p 和 β ，求 x ；（3）已知 p ，x 和 β ，求 n .

例 3.4.3　设一批种子良种率 $p=0.2$ ，试求从中任选 500 粒种子，其中良种所占的比例与 0.2 之差的绝对值不超过 0.02 的概率.

解　设 X 表示任选的 500 粒种子中良种子的粒数，则 $X\sim B(n,p)$ ，其中 $n=500$ ，$p=0.2$. 故

$$np=500\times 0.2=100,\quad np(1-p)=500\times 0.2\times 0.8=80.$$

由棣莫佛-拉普拉斯中心极限定理，有

$$\frac{X-100}{\sqrt{80}}\dot\sim N(0,1),$$

则

$$P\left\{\left|\frac{X}{500}-0.2\right|\leqslant 0.02\right\}=P\{|X-100|\leqslant 10\}=P\left\{\left|\frac{X-100}{\sqrt{80}}\right|\leqslant\frac{10}{\sqrt{80}}\right\}\approx 2\Phi_0\left(\frac{10}{\sqrt{80}}\right)-1\approx 0.55.$$

例 3.4.4　一批某种衡器共计 1000 件，出厂前对每件衡器都要进行校准．设校不准的概率为 0.05，试求至少有 40 件校不准的概率.

解　设 X 为校不准的衡器的数量，则 $X\sim B(n,p)$，其中 $n=1000$，$p=0.05$．故

$$np=50，\quad np(1-p)=47.5.$$

由棣莫佛-拉普拉斯定理知，

$$\frac{X-50}{\sqrt{47.5}}\dot{\sim} N(0,1)，$$

衡器

则

$$P\{X\geqslant 40\}=P\left\{\frac{X-50}{\sqrt{47.5}}\geqslant\frac{40-50}{\sqrt{47.5}}\right\}\approx 1-\Phi_0\left(\frac{40-50}{\sqrt{47.5}}\right)\approx 0.9266.$$

例 3.4.5　若一年中某种类寿险的保险者中每人意外死亡的概率为 0.003，现有 10000 个这类人参加了保险，试问至多多少人发生意外死亡的概率不超过 0.05.

解　设 X 为发生意外死亡的人数，则 $X\sim B(n,p)$，其中 $n=10000$，$p=0.003$，则

$$np=30，\quad np(1-p)=29.91.$$

由棣莫佛-拉普拉斯定理知，

$$\frac{X-30}{\sqrt{29.91}}\dot{\sim} N(0,1)，$$

故

$$P\{X\leqslant x\}=P\left\{\frac{X-50}{\sqrt{47.5}}\leqslant\frac{x-30}{\sqrt{29.91}}\right\}\approx\Phi_0\left(\frac{x-30}{\sqrt{29.91}}\right)=0.05.$$

查表得，$\dfrac{x-30}{\sqrt{29.91}}\approx -1.6449$，$x=21$.

例 3.4.6　一批产品的合格率为 0.8，现从这批产品中随机抽取了 n 件，为了使发现合格品的频率在 0.76 与 0.84 之间的概率不小于 0.9，试问 n 应为多大？

解　设 X 为 n 件产品中的合格品数，则 $X\sim B(n,p)$，其中 $p=0.8$，n 未知．故

$$np=0.8n，\quad np(1-p)=0.16n.$$

由棣莫佛-拉普拉斯定理知，

$$\frac{X-0.8n}{\sqrt{0.16n}}\dot{\sim} N(0,1)，$$

故

$$P\left\{0.76<\frac{X_n}{n}\leqslant 0.84\right\}=P\{0.76n<X_n\leqslant 0.84n\}$$

$$=P\left\{\frac{0.76n-0.8n}{\sqrt{0.16n}}<\frac{X_n-0.8n}{\sqrt{0.16n}}<\frac{0.84n-0.8n}{\sqrt{0.16n}}\right\}$$

$$\approx 2\Phi_0(0.1\sqrt{n})-1\geqslant 0.9.$$

故 $\Phi_0(0.1\sqrt{n})\geqslant 0.95$. 查表得 $0.1\sqrt{n}\geqslant 1.6446$，$n\geqslant 270.5543$，故取 $n\geqslant 271$.

习题 3.4

1. 设供电网有 1000 盏电灯，夜晚每盏电灯开灯的概率均为 0.7，并且彼此开闭与否相互独立，试用中心极限定理估算夜晚同时开灯数在 680 与 720 之间的概率.

2. 由 100 个相互独立起作用的部件组成的一个系统在运行过程中，每个部件能正常工作的概率都为 90%. 为了使整个系统能正常运行，至少必须有 85% 的部件在正常工作，试利用中心极限定理求整个系统能正常运行的概率.

3. 一生产线生产的产品成箱包装，每箱的重量是随机的，假设每箱平均重 50 kg，标准差为 5 kg. 若用最大载重量为 5 t 的汽车承运，试利用中心极限定理求每辆车最多可以装多少箱，才能保障不超载的概率大于 0.977.

4. 已知生男孩的概率近似地等于 0.515，试利用中心极限定理求在 10000 个婴孩中，男孩不多于女孩的概率.

5. 一家有 800 间客房的大宾馆的每间客房内都装有一台 2 kW 的空调机，若该宾馆的开房率为 70%，试利用中心极限定理求应供应多少千瓦的电力才能以 99% 的概率保证有充足的电力开动空调机？

6. 某药厂断言，该工厂生产的某种药品对于医治一种疑难的疾病的治愈率为 0.8，某医院用这种药品进行临床治疗，随机抽查了 100 个服用此药品的病人，如果其中多于 75 人治愈，医院就接受药厂的这一断言，否则就拒绝这一断言. 试问：

（1）若实际上此药品对这种疾病的治愈率为 0.8，那么，医院接受这一断言的概率是多少？

（2）若实际上此药品对这种疾病的治愈率为 0.7，那么，医院接受这一断言的概率是多少？

7. 设试验成功的概率为 0.2，现在将试验独立地重复进行 1000 次，试利用中心极限定理求试验成功的次数介于 160 和 320 次之间的概率.

8. 现有一大批种子，其中良种占 $\frac{1}{6}$，现从中随机取 6000 粒种子，试用中心极限定理计算这 6000 粒种子中良种所占的比例与 $\frac{1}{6}$ 之差的绝对值不超过 0.01 的概率.

9. 假设伯努利试验成功的概率为 5%. 试利用中心极限定理估计，进行多少次试验才能以概率 80%使成功的次数不少于 5 次.

10. 抽样检查产品质量时,如果发现次品多于 10 个,则拒绝接受这批产品,设某批产品的次品率为 10%,试问至少应抽多少个产品检查才能保证拒绝接受该产品的概率达到 0.9?

11. 设某种器件使用寿命(单位:h)服从指数分布,平均使用寿命为 20 h,具体使用时是当一器件损坏后立即更另一新器件,如此继续,已知每一器件进价为 a 元,试求在年计中应为此器件作多少元预算,才可以有 95%的把握一年够用(定一年有 2000 个工作小时).

12. 试利用中心极限定理确定当投掷一枚均匀硬币时,需投掷多少次才能保证使得正面出现的频率在 0.4 与 0.6 之间的概率不小于 90%.

13. 某保险公司接受了 10000 份电动自行车的保险,每辆每年的保费为 12 元.若车丢失,则车主得赔偿 1000 元.假设车的丢失率为 0.006,对于此项业务,试利用中心极限定理求保险公司:

(1)亏损的概率;

(2)一年获利润不少于 40000 元的概率;

(3)一年获利润不少于 60000 元的概率.

14. 生产线组装每件产品的时间服从指数分布.统计资料表明,每件产品的平均组装时间为 10 分钟.假设各件产品的组装时间互不影响.试利用中心极限定理求:

(1)组装 100 件产品需要 15 到 20 小时的概率;

(2)以概率 0.95 在 16 个小时内最多可以组装产品的件数.

15. 假设某单位交换台有 n 部分机,k 条外线,每部分机呼叫外线的概率为 p. 利用中心极限定理,解下列问题:

(1)设 $n = 200, k = 30, p = 0.12$,试求每部分机呼叫外线时能及时得到满足的概率的近似值;

(2)设 $n = 200, p = 0.12$,试问为使每部分机呼叫外线时能及时得到满足的概率大于 0.95,至少需要设置多少条外线?

16. 将 n 个观测数据相加时,首先对小数部分按"四舍五入"舍去小数位后化为整数.试利用中心极限定理估计:

(1)当 $n = 1500$ 时舍位误差之和的绝对值大于 15 的概率;

(2)以不小于 90%的概率,使舍位误差之和的绝对值小于 10 的数据个数 n.

17. 计算器在进行加法时,将每一加数舍入最靠近它的整数.设所有舍入误差是独立的,且在 $(-0.5, 0.5)$ 上服从均匀分布.

(1)若将 1500 个数相加,试问误差总和的绝对值超过 15 的概率是多少?

(2)最多可有几个数相加使得误差总和的绝对值小于 10 的概率不小于 0.90?

4　数理统计的基本概念

在概率论中，随机变量的分布通常是已知的或假设是已知的，但实际中随机变量的分布或分布中的参数往往是未知的．数理统计的任务之一是寻找随机变量的分布或分布中的参数．**数理统计**（mathematical statistics）是以概率论为基础，研究如何采用有效的数学方法对数据进行加工与分析，从而对随机变量的分布、数字特征等做出统计推断（statistical inference）的一门数学学科．

统计推断的过程

统计推断的一般过程是，首先从总体中抽取样本，构造样本统计量，用统计量来描述样本的分布特征，并对总体的分布或数字特征做出统计推断．重要的两类统计推断是参数估计和假设检验．

本章主要内容有：总体、样本、统计量、描述性统计、正态总体下的常用统计量等．

第 4 章知识结构图

☆ 把实际问题中具有不确定性的研究对象的全体称为总体，从总体中抽取的部分对象就是样本，总体的特征用样本提供的信息来推断．

☆ 常用的样本是简单随机样本，它满足代表性和独立性. 样本的代表性和独立性是构造统计量的基础，也是统计推断的基础.

☆ 统计量的分布称为抽样分布，其中卡方分布、t 分布和 F 分布是区间估计、假设检验、方差分析的基础.

☆ 在样本代表性和独立性的基础上，利用三大抽样分布可以构造正态总体下的常用统计量，这些统计量在区间估计或假设检验中有重要应用.

☆ 可以利用 Excel 进行样本描述性统计和计算三大抽样分布的概率以及分位数.

4.1　样本与统计量

4.1.1　总体与样本

在实际问题中，我们常要研究某种对象的某些特征，而这些特征可用一些数量指标来表示. 比如，在研究重庆地区中学生的健康状况时，要测量中学生的年龄、身高、体重、视力、听力、肺活量、心率等特征，这些特征都是数量指标. 在数理统计中，把研究对象的全体称为**总体**（population），总体中的每个元素称为**个体**（individual）. 在研究重庆地区中学生的健康状况时，所有重庆地区的中学生是总体，其中的每个中学生是个体. 再如，在考察某批灯泡的质量时，该批灯泡构成一个总体，其中的每个灯泡是个体.

对于一个总体，在试验前，总体的数量特征是未知的，总体中的每个个体的数量特征都可能不一样. 所以在数理统计中，任何一个总体都可以理解为一个随机变量，对总体的研究也就转化为对某个随机变量的研究，研究总体的数量特征也就转化为研究随机变量的分布特征.

总体中包含的个体往往很多，这时要对所有个体进行试验就需要大量的人力物力和时间，有时甚至是不可能做到的. 如在自由市场购买瓜子时，所有的瓜子是总体，

每颗瓜子是个体. 为了知道瓜子是否好吃，不可能将所有的瓜子都尝一遍，只能选几颗尝一尝，用所选的瓜子去推断所有的瓜子. 再如，挑选散装大米时，可随机地抓一把，看一下大米的颗粒是否均匀、色泽是否晶莹剔透、是否有沙粒或稻壳，等等，用所选取的大米的质量去推断这批大

挑选大米

挑选瓜子

米的质量. 所以在对总体进行研究时，一种可能或经济的做法是只抽取部分个体进行研究，用这部分个体呈现出的特征去推断总体的特征. 数理统计中，从总体中抽取部分个体进行试验，称作**抽取样本**，简称**抽样**（sampling），抽到的这部分个体称作**样本**（sample）.

4.1.2　抽样方法

抽样方法可分为概率抽样和非概率抽样. 概率抽样是按随机原则进行的抽样. 随机原则是指在抽样时排除主观上有意识地抽取个体，使每个个体都有一定的机会被抽到，每个个体被抽到的概率是已知的，或是可以计算出来的. 概率抽样又可分为放回抽样和无放回抽样. 放

回抽样是指从总体 N 个个体中随机抽取一个容量为 n 的样本，每次抽中的个体经登录其有关标志表现后又放回总体中重新参加下一次的抽取. 放回抽样相当于在相同条件下进行 n 次独立的随机试验. 无放回抽样是指从总体 N 个个体中随机抽取一个容量为 n 的样本，每次抽中的个体登录其有关标志表现后不再放回总体中参加下一次的抽取. 无放回抽样相当于一次性同时从总体中抽中 n 个个体构成样本.

概率抽样需要抽样框，抽样框是包含总体中每个个体特征的个体名册，如学生花名册. 抽样框用以确定总体的抽样范围和结构. 常用的抽样组织方式有简单随机抽样、分层抽样、整群抽样、系统抽样、多阶段抽样等.

简单随机抽样是从抽样框中随机地、一个一个地抽取 n 的个体，每个个体入样的概率是相等的.

分层抽样是先将总体按某种规则划分为若干不同的"层"，然后在每一层内进行简单随机抽样. 如某大学将学生按年级分为四层，在每个年级随机抽取 50 名学生即为分层抽样.

整群抽样是先将总体按某种规则分为若干不同的"群"，以群为抽样单位进行简单随机抽样，被抽中的群作为样本. 如某大学在四个年级中随机抽取一个年级，然后对抽中的年级进行全面调查就属于整群抽样.

系统抽样是将总体按某一标志排序，然后每隔一定距离抽取一个个体构成样本. 典型的做法是先从数字 $1 \sim k$ 中随机抽取一个数字 r 作为初始个体，然后依次抽取第 $r+k$ 个个体、第 $r+2k$ 个个体、第 $r+3k$ 个个体、……组成样本.

多阶段抽样是先抽取一个样本，再在抽取的样本中抽取样本.

非概率抽样是指不按随机原则，而是根据方便原则或研究人员的主观判断选择样本的抽样方法. 非概率抽样有方便抽样、判断抽样、配额抽样、志愿者入样、滚雪球抽样等形式，这里不再赘述.

4.1.3 简单随机样本

由于样本在未试验之前，其数量特征也是未知的，所以**通常将样本也看作随机变量**，而试验之后的样本取值称为**样本值**（sample value）或**样本数据**（sample data）.

定义 4.1.1 设 $x_1, x_2, \cdots, x_n$ 为来自总体 X 的容量为 n 的样本. 若样本 $x_1, x_2, \cdots, x_n$ 满足：

（1）代表性：$x_1, x_2, \cdots, x_n$ 都与总体 X 服从相同的分布；

（2）独立性：$x_1, x_2, \cdots, x_n$ 相互独立，

则称其为**简单随机样本**（simple random sample）.

以后我们讨论的样本都是简单随机样本.

一般地，将样本容量 $n < 50$ 的样本称作小样本，而将 $n > 50$，甚至 $n > 100$ 的样本称作大样本（很多时候 $n > 30$ 就算大样本）.

例 4.1.1 设 $x_1, x_2, \cdots, x_n$ 是来自总体——某小商店一小时内到达的顾客数 $X \sim P(5)$ 的简单随机样本. 试求 $E(x_i)$，$Var(x_i)$，$E(2x_1 + 3x_2)$，$Var(2x_2 - 3x_n)$.

解 由 $X \sim P(5)$ 知，$E(X) = 5$，$Var(X) = 5$. 因为 $x_i, i = 1, 2, \cdots, n$，与总体服从相同的分布，所以

$$E(x_i) = E(X) = 5 , \quad Var(x_i) = Var(X) = 5 .$$

又由于 $x_1, x_2, \cdots, x_n$ 相互独立，所以

$$E(2x_1 + 3x_2) = 2E(x_1) + 3E(x_2) = 2 \times 5 + 3 \times 5 = 25 .$$

$$Var(2x_2 - 3x_n) = 2^2 Var(x_1) + 3^2 Var(x_n) = 4 \times 5 + 9 \times 5 = 65 .$$

设总体 X 的分布函数为 $F(x)$ ，$x_1, x_2, \cdots, x_n$ 是来自总体容量为 n 的样本，则**样本的联合分布函数**为

$$F(x_1, x_2, \cdots, x_n) = \prod_{i=1}^{n} F(x_i) . \tag{4.1.1}$$

若总体为离散型随机变量 X ，其分布列为

$$P\{X = x_i\} = p(x_i) = p_i, \, i = 1, 2, \cdots ,$$

则**样本的联合分布列**为

$$p(x_1, x_2, \cdots, x_n) = \prod_{i=1}^{n} p(x_i) . \tag{4.1.2}$$

若总体为连续型随机变量 X ，其密度函数为 $f(x)$ ，则**样本的联合密度函数**为

$$f(x_1, x_2, \cdots, x_n) = \prod_{i=1}^{n} f(x_i) . \tag{4.1.3}$$

例 4.1.2 设有一大批产品，其废品率 p 未知，现从中随机抽取出 n 件产品进行检验，其结果为 $x_1, x_2, \cdots, x_n$ ，试求样本的联合分布.

解 将这批产品视作一个总体 X ，总体 X 服从参数为 p 的 0-1 分布，

$$P\{X = x\} = p^x (1-p)^{1-x}, \, x = 0, 1 ,$$

所以样本的联合分布列为

$$p(x_1, x_2, \cdots, x_n) = \prod_{i=1}^{n} P(X_i = x_i) = p^{\Sigma x_i} (1-p)^{n - \Sigma x_i} .$$

例 4.1.3 某一总体 $X \sim Exp(\lambda)$ ，$x_1, x_2, \cdots, x_n$ 是来自总体容量为 n 的样本，试求样本的联合分布.

解 总体 $X \sim Exp(\lambda)$ ，则 X 的密度函数为

$$f(x) = \begin{cases} 0 & , x < 0, \\ \lambda e^{-\lambda x} & , x \geqslant 0, \end{cases}$$

所以样本的联合概率密度为

$$f(x_1, x_2, \cdots, x_n) = \begin{cases} 0 & , \text{至少有一个} x_i < 0, \\ \lambda^n e^{-\lambda \Sigma x_i} & , x_i \geqslant 0. \end{cases}$$

4.1.4 统计量

样本是总体的代表和反映，是统计推断的基本依据. 样本提供的信息不能直接用于统计推断，需要对样本进行数学上的加工. 这在数理统计中往往通过构造一个合适的依赖于样本的函数——**统计量**来达到.

定义 4.1.2 设 $x_1, x_2, \cdots, x_n$ 是来自总体 X 的一个样本，$f(x_1, x_2, \cdots, x_n)$ 是样本的函数. 若 $f(x_1, x_2, \cdots, x_n)$ 不含任何未知参数，则称 $f(x_1, x_2, \cdots, x_n)$ 为一个**统计量**（statistic）.

例 4.1.4 设 x_1, x_2 是来自总体 $X \sim N(\mu, \sigma^2)$ 的一个样本，其中 μ 和 σ^2 是未知参数. $x_1 + x_2$, $x_1^3 + 4x_2 + x_2^4$ 都是统计量，而 $x_1 + \mu$, $x_1^2 + x_2^2 + \sigma^2$, $\dfrac{x_1 - \mu}{\sigma}$ 都不是统计量.

若样本函数中含有未知参数，则样本函数值就无法计算，用样本函数去推断总体就成了用未知去推断未知，所以统计量中不能含有未知参数. 统计量中虽不能含有未知参数，但因样本是随机变量，因而统计量也是随机变量，统计量的分布却依赖于未知参数. 例如，在例 4.1.4 中，$x_1 + x_2$ 是统计量，由于样本中的个体和总体服从相同的分布且相互独立，因而 $x_1 + x_2 \sim N(2\mu, 2\sigma^2)$，$x_1 + x_2$ 的分布依赖于未知参数 μ 和 σ^2.

用样本去推断总体的特征，需要构造合适的统计量，自然希望在构造统计量的过程中尽可能地保留样本中有关总体的全部信息. 统计量加工过程中一点信息都不损失的统计量称为**充分统计量**. 为了说明什么是充分统计量，我们举一个特殊的例子.

假如某质检员从一大批某种产品中依次随机地抽取了 10 个产品 $x_1, x_2, \cdots, x_{10}$，结果发现抽出的前 3 个产品都是合格品，后 7 个产品都是不合格品. 设 x_i 表示抽到的合格品数，则 $x_1 = x_2 = x_3 = 1$，$x_4 = x_5 = \cdots = x_{10} = 0$. 记统计量 $T_1 = \sum\limits_{i=1}^{10} x_i$，$T_2 = \sum\limits_{i=1}^{3} x_i$. 虽然 $T_1 = T_2 = 3$，但 T_1 充分统计量，而 T_2 则不是充分统计量，原因是 T_2 没有包含样本的全部信息.

最常用的统计量是样本均值 $\bar{x}$，样本方差 s^2，样本标准差 s，样本成数 P.

（1）$\bar{x} \equiv \dfrac{1}{n} \sum\limits_{i=1}^{n} x_i$.

（2）$s^2 \equiv \dfrac{1}{n-1} \sum\limits_{i=1}^{n} (x_i - \bar{x})^2$.

（3）$s \equiv \sqrt{\dfrac{1}{n-1} \sum\limits_{i=1}^{n} (x_i - \bar{x})^2}$.

（4）$P \equiv \dfrac{n_1}{n}$（n_1 是具有某种特征的样本单位的个数）.

样本均值 $\bar{x}$ 和样本方差 s^2 具有如下性质：

（1）$E(\bar{x}) = E(X)$. （4.1.4）

（2）$Var(\bar{x}) = \dfrac{Var(X)}{n}$. （4.1.5）

（3）$E(s^2) = Var(X)$. （4.1.6）

证明 我们只证明前两个性质，第 3 个性质留给读者自己去证明.

$$E(\overline{x}) = E\left(\frac{1}{n}\sum_{i=1}^{n}x_i\right) = \frac{1}{n}\sum_{i=1}^{n}E(x_i) = \frac{1}{n}\sum_{i=1}^{n}E(X) = E(X).$$

$$Var(\overline{x}) = Var\left(\frac{1}{n}\sum_{i=1}^{n}x_i\right) = \frac{1}{n^2}\sum_{i=1}^{n}Var(x_i) = \frac{1}{n^2}\sum_{i=1}^{n}Var(X) = \frac{1}{n}Var(X).$$

例 4.1.5 设 $x_1, x_2, \cdots, x_{20}$ 是来自总体 $X \sim Exp(0.001)$ 的样本，试求 $E(\overline{x})$，$Var(\overline{x})$ 和 $E(s^2)$．

解 由于 $X \sim Exp(0.001)$，所以

$$E(X) = \frac{1}{0.001} = 1000, \qquad Var(X) = \frac{1}{0.001^2} = 1000000.$$

由样本均值 $\overline{x}$ 和样本方差 s^2 的性质可知，

$$E(\overline{x}) = E(X) = 1000,$$

$$Var(\overline{x}) = \frac{Var(X)}{20} = \frac{1000000}{20} = 50000,$$

$$E(s^2) = Var(X) = 1000000.$$

习题 4.1

1. 某市想了解老年人口（65 岁以上）所占总人口的比例，进行了专项调查．该调查的总体是什么？样本如何选取？

2. 某高校想要了解大学生的月均消费支出情况，随机抽取了 120 名学生调查其月均消费支出数据．调查的总体是什么？样本是什么？样本容量是什么？

3. 设 $x_1, x_2, \cdots, x_5$ 是来自总体 $X \sim Exp(0.01)$ 的样本，试求 $E(x_i)$，$Var(x_i)$，$E(3x_1 - 2x_3)$，$Var(4x_4 - 3x_2)$．

4. 设 $x_1, x_2, \cdots, x_6$ 是来自总体 $X \sim N(3, 2^2)$ 的样本，试求 $E(\overline{x})$，$Var(\overline{x})$，$E(s^2)$．

5. 设 $x_1, x_2, \cdots, x_{20}$ 是来自总体 $X \sim U(-1,1)$ 的样本，试求 $E(\overline{x})$，$Var(\overline{x})$，$E(s^2)$．

6. 设 $x_1, x_2, \cdots, x_n$ 是来自总体 $X \sim B(n, p)$ 的样本，试求 $E(\overline{x} - s^2)$．

7. 设 x_1, x_2 是来自总体 $X \sim N(\mu, \sigma^2)$ 的样本，其中 μ 已知而 σ^2 未知．试问 $x_1 + \mu$，$(x_1 - \mu)^2 + (x_2 - \mu)^2$，$x_1 + \mu$，$\dfrac{\overline{x} - \mu}{\sigma}$，$\dfrac{s^2}{\sigma^2}$ 中那些是统计量那些不是？

8. 设 $x_1, x_2, \cdots, x_n$ 是来自总体 $X \sim N(\mu, \sigma^2)$ 的样本，记统计量 $T = \dfrac{1}{n}\sum_{i=1}^{n}x_i^2$，试求 $E(T)$．

9. 设 $x_1, x_2, \cdots, x_n (n \geq 2)$ 是来自总体 $X \sim \lambda(\lambda > 0)$ 的样本，统计量 $T_1 = \dfrac{1}{n}\sum_{i=1}^{n}x_i$，$T_2 = \dfrac{1}{n-1}\sum_{i=1}^{n-1}x_i + \dfrac{1}{n}x_n$，则有（　　　　）．

（A）$E(T_1) > E(T_2),\ Var(T_1) > Var(T_2)$　　　　（B）$E(T_1) > E(T_2),\ Var(T_1) < Var(T_2)$

（C） $E(T_1) < E(T_2), Var(T_1) > Var(T_2)$　　（D） $E(T_1) < E(T_2), Var(T_1) < Var(T_2)$

10. 证明式（4.1.6）.

4.2 样本的描述性统计

样本的描述性统计（descriptive statistics）是用数字特征、表格或图形来描述样本分布的统计方法. 描述性统计是统计研究的基础，是统计推断、统计咨询、统计决策的事实依据.

4.2.1 样本数字特征

设 $x_1, x_2, \cdots, x_n$ 是来自总体 X 的一个样本的样本值，以下是描述样本的一些数字特征.

（1）**极差**（range）：样本值中的最大值与最小值之差，也称**全距**.

（2）**众数**（mode）：样本值中出现次数最多的样本值. 众数可能不唯一.

（3）**中位数**（median）：样本值排序后处于中间位置上的数.

中位数将全部样本值分为两部分，每部分包含 50%的样本值. 若样本容量 n 为奇数，则中位数为排序后，中间的那个样本值；若样本容量 n 为偶数，则中位数为排序后处于中间位置上的两个样本值的平均数. 如某班级的数学成绩的中位数为 80，则说明该班有一半的同学成绩在 80 分以上.

（4）**均值**：$\bar{x} \equiv \dfrac{1}{n} \sum_{i=1}^{n} x_i$，$\bar{x}$ 用来描述样本值的集中程度.

（5）**方差**：$s^2 \equiv \dfrac{1}{n-1} \sum_{i=1}^{n} (x_i - \bar{x})^2$.

（6）**标准差**：$s \equiv \sqrt{\dfrac{1}{n-1} \sum_{i=1}^{n} (x_i - \bar{x})^2}$.

s^2 或 s 用来描述样本值的离散程度或波动程度.

（7）**k 阶原点矩**：$a_k \equiv \dfrac{1}{n} \sum_{i=1}^{n} x_i^k$，$k=1$ 时为样本均值.

（8）**k 阶中心矩**：$b_k \equiv \dfrac{1}{n} \sum_{i=1}^{n} (x_i - \bar{x})^k$.

（9）**偏度系数**：$\gamma_1 \equiv \dfrac{b_3}{(b_2)^{3/2}}$.

（10）**峰度系数**：$\gamma_2 \equiv \dfrac{b_4}{(b_2)^2} - 3$.

γ_1 用来描述了样本值分布的对称性. 如图 4.2.1 所示，当 $\gamma_1 = 0$ 时样本分布关于样本均值对称；当 $\gamma_1 < 0$ 时，样本分布是**左偏态分布**，此时分布的"左尾厚右尾薄"；当 $\gamma_1 > 0$ 时，样本分布是**右偏态分布**，此时分布的"左尾薄右尾厚".

γ_2 用来描述样本值分布的和尖峭程度. 如图 4.2.2 所示，当 $\gamma_2 > 0$ 时，样本的标准化变量的分布比标准正态分布更尖峭，尾部更薄；当 $\gamma_2 = 0$ 时，样本的标准化变量的分布与标准正态分布在尖峭程度和尾部薄厚程度上相当；当 $\gamma_2 < 0$ 时，样本的标准化变量的分布比标准正态分布更平坦，尾部更厚.

图 4.2.1　不同偏态的分布曲线　　　　图 4.2.2　不同峰度的分布曲线

（11）**样本相关系数**. 设 $x = (x_1, x_2, \cdots, x_n)$ 和 $y = (y_1, y_2, \cdots, y_n)$ 是分别来自总体 X 和 Y 的样本. 两样本的**协方差**定义为

$$Cov(x, y) \equiv \frac{1}{n-1} \sum_{i=1}^{n} (x_i - \bar{x})(y_i - \bar{y}). \qquad (4.2.1)$$

样本相关系数定义为

$$\rho_{xy} \equiv \frac{Cov(x, y)}{s_x s_y}. \qquad (4.2.2)$$

其中 s_x 和 s_y 分别是 x 和 y 的二阶中心矩的平方根. 样本协方差与相关系数用来描述两个样本的线性相关程度.

例 4.2.1　下列数据是来自某总体的一个样本值：

| 1.5 | 3.1 | 2.6 | 3.4 | 3.1 | 3.0 | 2.8 | 3.6 | 3.5 | 3.3 |

试求其样本众数、样本中位数、样本均值、样本方差、样本标准差、样本偏态系数、样本峰态系数.

解　利用 Excel 计算得：

平均	中位数	众数	标准差	方差	峰度	偏度
2.990 0	3.100 0	3.100 0	0.608 2	0.369 9	3.951 3	1.798 5

注：Excel 中偏度系数和峰度系数与 4.1 节中介绍的偏度系数和峰度系数计算公式有所区别，具体见本章第 4 节.

例 4.2.2　下列数据分别为来自两个总体的两个样本值：

样本 1	5	1	6	4	2	3
样本 2	2	3	3	3	5	7

试求两样本的协方差与相关系数.

解 将样本值代入式（4.2.2）和式（4.2.3）计算得 $Cov(x, y) = -1.0833$， $\rho_{xy} \approx -0.3787$.

4.2.2 频率分布与直方图

样本值分组是将全部样本值依次划分为若干个区间，并将这一区间的样本值作为一组. 一个组的最小值称为**下限**（lower limit），最大值称为**上限**（upper limit）. 样本值组距式分组方法的一般步骤：

步骤 1 确定是等距分组，还是异距分组.

步骤 2 确定组数、组距、组上限和下限. 表 4.2.1 是斯特杰斯经验分组组数参考表.

表 4.2.1 斯特杰斯经验分组组数参考表

N	15~24	25~44	45~89	90~179	180~359
n	5	6	7	8	9

等距分组的组距计算公式为

$$组距 = \frac{最大值 - 最小值}{组数}. \tag{4.2.3}$$

若用公式（4.2.3）得出的组距不是有理数，或小数位数太多，则可四舍五入，或将最大值适当放大，或将最小值适当缩小，或调整组数，得到理想的组距.

步骤 3 将数据由小到大排序，进行分组和组频数统计. 各组内的样本值的个数称为**组频数**. 组频数占样本容量 n 的比例称为**组频率**. 将组频数或组频率累加可以计算出累积频数或累积频率.

步骤 4 绘制直方图. 在平面直角坐标中，横轴表示数据分组区间，纵轴表示组频数或组频率÷组距，这样，各组的分组区间与相应的组频数或频率÷组距就形成了一个矩形，即**直方图**（histogram）.

例 4.2.3 下列数据是来自某总体的一个容量为 120 的样本的样本值，试将数据等距分为10 组，计算累积频率并画出直方图.

141	159	166	172	177	182	188	196	203	214
193	160	167	173	194	183	189	196	203	215
168	163	217	184	219	231	205	218	144	160
178	225	189	196	206	193	149	161	168	174
150	161	168	164	188	186	190	196	207	225
162	170	174	179	146	190	197	208	226	152
194	187	191	197	209	228	153	221	171	175
171	175	179	187	192	188	210	203	163	163
152	175	180	187	194	181	210	205	154	164
175	180	187	194	200	187	167	155	216	172
156	165	152	176	181	188	195	201	211	234
165	172	176	182	188	195	202	213	237	158

解　样本数据的最小值为 141，最大值为 237. 为了计算方便，将数据范围扩至 140～240，分成 10 个组，分组上限分别为：

$$150 \quad 160 \quad 170 \quad 180 \quad 190 \quad 200 \quad 210 \quad 220 \quad 230 \quad 240$$

按"下限不在组内"，计算得组频数、组频率、累积频率见表 4.2.2.

表 4.2.2　频率表

分组	组频数	组频率	累积频率
(140,150]	5	0.041 7	4.17%
(150,160]	11	0.083 3	13.33%
(160,170]	17	0.125 0	27.50%
(170,180]	20	0.233 3	44.17%
(180,190]	21	0.166 7	61.67%
(190,200]	17	0.133 3	75.83%
(200,210]	13	0.091 7	86.67%
(210,220]	8	0.050 0	93.33%
(220,230]	5	0.033 3	97.50%
(230,240]	3	0.041 7	100.00%

用 Excel 制作的直方图如图 4.2.3 所示.

图 4.2.3　直方图

习题 4.2

1. 下列数据是来自某总体的一个样本的样本值：

4	6	8	1	2	3	4	5

试求样本最大值、样本最小值、样本众数、样本中位数、样本均值、样本方差、样本标准差、样本偏态系数、样本峰态系数.

2. 下列数据是来自两个总体的两个样本的样本值：

样本 1	4	5	8	4	3	9
样本 2	2	3	3	3	5	7

试求两样本的协方差与相关系数.

3. 某单位中层管理人员的月工资（单位：元）数据如下：

2 550	2 060	1 940	2 490	2 550	3 200	2 810	1 940	3 450	1 400
2 485	2 060	2 485	1 850	1 940	2 250	2 110	2 210	1 940	1 550

试将数据分成 5 组，列出累计频率表并画出直方图.

4. 某车间在 40 个工作日中的产量（单位：件）数据如下：

95	98	102	100	102	94	95	101	96	97
102	103	104	104	103	105	105	100	106	100
99	99	100	98	100	96	101	102	103	102
100	97	102	100	98	101	100	104	101	99

试将数据分成 6 组，列出累计频率表并画出直方图.

4.3 抽样分布与正态总体下的常用统计量

4.3.1 三大抽样分布

统计量的分布称为**抽样分布**（sampling distribution）. 数理统计中常用的抽样分布有 χ^2 分布、t 分布和 F 分布.

1）χ^2 分布

χ^2 分布是由海尔墨特（Hermert）和皮尔逊（Karl Pearson，1857—1936）分别于 1875 年和 1900 年推导出来的.

定义 4.3.1 设 $x_1, x_2, \cdots, x_n$ 为来自总体 $X \sim N(0,1)$ 的一个样本，则统计量

$$\chi^2 = \sum_{i=1}^{n} x_i^2 \tag{4.3.1}$$

服从自由度为 n 的**卡方分布**（Chi-square distribution），记作 $\chi^2 \sim \chi^2(n)$.

χ^2 分布的偏度系数大于 0，是右偏态分布，自由度越小分布形态越往右偏. 图 4.3.1 是 $\chi^2(4)$，$\chi^2(6)$ 和 $\chi^2(10)$ 的密度函数图像.

图 4.3.1　$\chi^2(4)$, $\chi^2(6)$, $\chi^2(10)$ 的密度函数图像

例 4.3.1　设 $x_1, x_2, \cdots, x_{20}$ 是来自正态总体 $N(\mu, \sigma^2)$ 样本，试求

$$P\left\{10\sigma^2 \leqslant \sum_{i=1}^{20}(x_i - \mu)^2 \leqslant 30\sigma^2\right\}.$$

解　由于 $x_i \sim N(\mu, \sigma^2)$，所以 $\dfrac{x_i - \mu}{\sigma} \sim N(0,1)$. 由于 $x_1, x_2, \cdots, x_{20}$ 相互独立，所以

$$\sum_{i=1}^{20}\left(\frac{x_i - \mu}{\sigma}\right)^2 \sim \chi^2(20),$$

$$P\left\{10\sigma^2 \leqslant \sum_{i=1}^{20}(x_i - \mu)^2 \leqslant 30\sigma^2\right\} = P\left\{10 \leqslant \sum_{i=1}^{20}\left(\frac{x_i - \mu}{\sigma}\right)^2 \leqslant 30\right\} = P\{10 \leqslant \chi^2(20) \leqslant 30\} \approx 0.8983.$$

定理 4.3.1　设 X 与 Y 相互独立，且 $X \sim \chi^2(m)$，$Y \sim \chi^2(n)$，则 $Z = X + Y \sim \chi^2(m+n)$.

定义 4.3.2　称满足条件

$$P\{\chi^2(n) > \chi_\alpha^2(n)\} = \alpha \ (0 < \alpha < 1)$$

的数 $\chi_\alpha^2(n)$ 为 $\chi^2(n)$ 的**右尾 α 分位数**或**左尾 $1-\alpha$ 分位数**.

例 4.3.2　查 $\chi^2(n)$ 分布表求分位数 $\chi_{0.025}^2(15)$.

解　查表得 $\chi_{0.025}^2(15) \approx 27.4884$.

2）t 分布

t 分布是皮尔逊（Karl Pearson，1857—1936）的学生英国统计学家戈赛特（W. S. Gosset）发现的. 戈赛特年轻时在牛津大学学习数学和化学，1899 年开始在一家酿酒厂担任化学技师，从事试验和数据分析工作. 戈赛特接触的都是小样本，通过大量试验数据，他发现 $T = \sqrt{n}(\bar{x} - \mu)/s$ 的分布与 $N(0,1)$ 并不相同，于是戈赛特怀疑是否存在另一个分布族. 1906 年至 1907 年间，戈赛特跟皮尔逊学习统计学，并重点研究小样本的统计分析问题. 1908 年戈赛特在《Biometrics》杂志上以笔名"Student"发表了使他名垂史册的论文：均值的或然误差. 在这篇论文中，戈赛特得出了如下结论：设 $x_1, x_2, \cdots, x_n$ 是来自总体

W.S. Gosset
(1876—1937)

$X \sim N(\mu, \sigma^2)$ 的独立同分布样本，μ 和 σ^2 未知，则 $T = \sqrt{n}(\bar{x} - \mu)/s$ 服从自由度为 $n-1$ 的 t 分布. t 分布的发现打破了正态分布一统天下的局面，开创了小样本统计推断的新纪元. 1922 年费歇尔（R.A.Fisher, 1890—1962）注意到了戈赛特论文中的证明漏洞，给出了完整的证明，并编制了 t 分布的分位数表.

定义 4.3.3 设 $X \sim N(0,1)$，$Y \sim \chi^2(n)$，且 X 与 Y 相互独立，则随机变量

$$t = \frac{X}{\sqrt{Y/n}} \tag{4.3.2}$$

服从自由度为 n 的 t **分布**（Student distribution），记作 $t \sim t(n)$.

t 分布的密度函数关于原点对称，峰度小于 0，当自由度 n 充分大（一般大于 30）时，t 分布接近于标准正态分布. 图 4.3.2 是 $t(2)$，$t(15)$ 和 $N(0,1)$ 的密度函数图像.

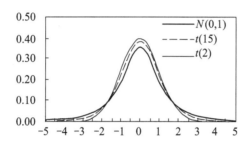

图 4.3.2 $t(2)$, $t(15)$, $N(0,1)$ 的密度函数图像

例 4.3.3 查 t 分布表求概率 $P\{t(10) > 2\}$ 和 $P\{|t(10)| > 2\}$.

解 查表得 $P\{t(10) > 2\} \approx 0.0367$.

由 t 分布的对称性，$P\{|t(10)| > 2\} = 2P\{t(10) > 2\} \approx 0.0734$.

定义 4.3.4 称满足条件

$$P\{t(n) > t_\alpha(n)\} = \alpha \; (0 < \alpha < 1)$$

的数 $t_\alpha(n)$ 为 $t(n)$ 的**右尾 α 分位数**或**左尾 $1-\alpha$ 分位数**.

例 4.3.4 查 t 分布表求分位数 $t_{0.05}(10)$.

解 查表得 $t_{0.05}(10) \approx 1.8125$.

3）F 分布

F 分布是英国统计与遗传学家，现代统计科学的奠基人之一费歇尔（R. A. Fisher, 1890—1962）首先提出的，是以费歇尔的姓氏的第一个字母命名的.

定义 4.3.5 设 $X \sim \chi^2(m)$，$Y \sim \chi^2(n)$，且 X 与 Y 相互独立，则随机变量

$$F = \frac{X/m}{Y/n} \tag{4.3.3}$$

服从第一自由度为 m ，第二自由度为 n 的 F **分布**（F distribution），记作 $F \sim F(m,n)$ ．

$F(m,n)$ 分布的偏度系数大于 0，也是右偏态分布，图 4.3.3 分别是 $F(5,15)$ ，$F(15,5)$ 和 $F(4,1)$ 的密度函数图像．

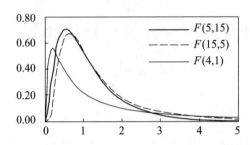

图 4.3.3 $F(5,15)$ ，$F(15,5)$ ，$F(4,1)$ 的密度函数图像

定义 4.3.6 称满足条件

$$P\{F(m,n) > F_\alpha(m,n)\} = \alpha(0 < \alpha < 1)$$

的数 $F_\alpha(m,n)$ 为 $F(m,n)$ 的**右尾** α **分位数**或**左尾** $1-\alpha$ **分位数**．

由 F 分布的构造，若 $F \sim F(m,n)$ ，则 $1/F \sim F(n,m)$ ，故对于给定的 $\alpha(0 < \alpha < 1)$ ，

$$\alpha = P\{1/F > F_\alpha(n,m)\} = P\{F < 1/F_\alpha(n,m)\} ,$$

从而 $P\{F \geq 1/F_\alpha(n,m)\} = 1-\alpha$ ，这说明 $F_{1-\alpha}(m,n) = \dfrac{1}{F_\alpha(n,m)}$ ，即

$$F_\alpha(n,m) = \frac{1}{F_{1-\alpha}(m,n)} . \qquad (4.3.4)$$

例 4.3.5 查 F 分布表求概率 $P\{F(10,15) > 3\}$ 和分位数 $F_{0.05}(10,15)$ ．

解 查表得 $P\{F(10,15) > 3\} \approx 0.0270$ ，$F_{0.05}(10,15) \approx 2.5437$ ．

例 4.3.6 设 $x_1,x_2,\cdots,x_{15}$ 是来自正态总体 $X \sim (0,3^2)$ 的简单随机样本，试求

$$Y = \frac{x_1^2 + x_2^2 + \cdots + x_{10}^2}{2(x_{11}^2 + x_{12}^2 + \cdots + x_{15}^2)}$$

的分布．

解 $x_i \sim N(0,3^2)$ ，$x_i/3 \sim N(0,1)$ ，$i = 1,2,\cdots,15$ ．由于样本中个体相互独立，所以

$$\frac{1}{9}(x_1^2 + x_2^2 + \cdots + x_{10}^2) = \left(\frac{x_1}{3}\right)^2 + \left(\frac{x_2}{3}\right)^2 + \cdots + \left(\frac{x_{10}}{3}\right)^2 \sim \chi^2(10) ,$$

$$\frac{1}{9}(x_{11}^2 + x_{12}^2 + \cdots + x_{15}^2) = \left(\frac{x_{11}}{3}\right)^2 + \left(\frac{x_{12}}{3}\right)^2 + \cdots + \left(\frac{x_{15}}{3}\right)^2 \sim \chi^2(5) ,$$

由于样本中个体相互独立，所以 $x_1^2 + x_2^2 + \cdots + x_{10}^2$ 与 $x_{11}^2 + x_{12}^2 + \cdots + x_{15}^2$ 也相互独立，由 F 分布的定义，得

$$Y = \frac{x_1^2 + x_2^2 + \cdots + x_{10}^2}{2(x_{11}^2 + x_{12}^2 + \cdots + x_{15}^2)} = \frac{\dfrac{(x_1^2 + x_2^2 + \cdots + x_{10}^2)/9}{10}}{\dfrac{(x_{11}^2 + x_{12}^2 + \cdots + x_{15}^2)/9}{5}}$$

$$= \frac{\chi^2(10)/10}{\chi^2(5)/5} \sim F(10,5).$$

4.3.2 正态总体下的常用统计量

正态分布是常见和常用的分布，下面介绍正态总体下的一些常用统计量，这些统计量在区间估计、假设检验、方差分析等方面有着重要应用.

定理 4.3.2 设 $x_1, x_2, \cdots, x_n$ 是来自总体 X 的样本，$\bar{x}$ 是样本均值.

（1）若总体 $X \sim N(\mu, \sigma^2)$ ，则 $\bar{x} \sim N(\mu, \sigma^2/n)$,

$$Z = \frac{\bar{x} - \mu}{\sigma/\sqrt{n}} \sim N(0,1) ; \tag{4.3.5}$$

（2）若总体分布未知或不是正态分布，但 $E(X) = \mu$ ，$Var(X) = \sigma^2$ ，则 n 充分大时 $\bar{x}$ 的渐近分布（asymptotic distribution）为正态分布，记作

$$\bar{x} \overset{.}{\sim} N(\mu, \sigma^2/n) . \tag{4.3.6}$$

例 4.3.7 设 $x_1, x_2, \cdots, x_9$ 是来自总体 $X \sim N(8, 2^2)$ 的样本，试求 $P\{\bar{x} > 9\}$.

解 由定理 4.3.2 知，$\bar{x} \sim N(8, 4/9)$ ，故

$$P\{\bar{x} > 9\} = 1 - P\{\bar{x} \leqslant 9\} = 1 - \Phi_0\left(\frac{9-8}{\sqrt{4/9}}\right) = 1 - \Phi_0\left(\frac{3}{2}\right) \approx 0.0668 .$$

例 4.3.8 在天平上重复称量一质量为 a 的物品，假设各次称得结果相互独立，且都服从正态分布 $N(a, 0.2^2)$ ，若以 $\bar{x}$ 表示 n 次称重结果的算术平均值，为使 $P\{|\bar{x} - a| < 0.1\} \geqslant 0.95$ ，n 的最小值应取多少？

解 设第 i 次称得质量为 x_i ，则 $x_i \sim N(a, 0.04)$ ，由定理 4.3.2 知，

$$\bar{x} \sim N(a, 0.04/n) , \quad (\bar{x} - a)/\sqrt{0.04/n} \sim N(0,1) ,$$

$$P\{|\bar{x} - a| < 0.1\} = P\left\{\left|\frac{\bar{x} - a}{\sqrt{0.04/n}}\right| < \frac{0.1}{\sqrt{0.04/n}}\right\} = \Phi_0\left(\frac{0.1}{\sqrt{0.04/n}}\right) \geqslant 0.95 ,$$

查表得 $\dfrac{0.1}{\sqrt{0.04/n}} \geqslant 1.645$ ，$n \geqslant 11$.

例 4.3.9 从正态总体 $N(3.4, 6^2)$ 中抽取一个容量为 n 的样本，如果要求其样本均值位于区间 $(1.4, 5.4)$ 内的概率为 0.95 ，样本的容量 n 至少应取多少？

解 $\bar{x} \sim N(3.4, 36/n)$ ，

$$P\{1.4 \le \overline{x} \le 5.4\} = \Phi_0\left(\frac{5.4-3.4}{\sqrt{36/n}}\right) - \Phi_0\left(\frac{1.4-3.4}{\sqrt{36/n}}\right) = 2\Phi_0\left(\frac{2\sqrt{n}}{6}\right) - 1 \le 0.95 ,$$

$$\Phi_0\left(\frac{2\sqrt{n}}{6}\right) = \frac{1+0.95}{2} = 0.975 ,$$

查表得 $\sqrt{n}/3 = 1.96$ ，　$n \ge 35$.

定理 4.3.3　设 $x_1, x_2, \cdots, x_n$ 是来自总体 $X \sim N(\mu, \sigma^2)$ 的一个样本，$\overline{x}$ 和 s^2 分别是样本均值和方差，则

（1）$\overline{x}$ 和 s^2 相互独立；

（2）$\dfrac{(n-1)s^2}{\sigma^2} \sim \chi^2(n-1)$.　　　　　　　　　　　　　　　　（4.3.7）

定理 4.3.4　设 $x_1, x_2, \cdots, x_n$ 是来自总体 $X \sim N(\mu, \sigma^2)$ 的样本，则

$$T = \frac{\overline{x}-\mu}{s/\sqrt{n}} \sim t(n-1) .　　　　　　　　　　　　　　（4.3.8）$$

证明　由于 $Z = \dfrac{\overline{x}-\mu}{\sigma/\sqrt{n}} \sim N(0,1)$ ，　$\dfrac{(n-1)s^2}{\sigma^2} \sim \chi^2(n-1)$ ，$\overline{x}$ 和 s^2 相互独立，所以

$$T = \frac{\overline{x}-\mu}{s/\sqrt{n}} = \frac{\overline{x}-\mu}{\sigma/\sqrt{n}} \bigg/ \sqrt{\frac{(n-1)s^2}{\sigma^2}\bigg/(n-1)} \sim t(n-1) .$$

定理 4.3.5　设总体 $X \sim N(\mu_1, \sigma_1^2)$ ，$Y \sim N(\mu_2, \sigma_2^2)$ ，$x_1, x_2, \cdots, x_m$ 和 $y_1, y_2, \cdots, y_n$ 是分别来自总体 X 和 Y 的样本，且两样本相互独立，两个样本的均值与方差分别为 $\overline{x}, \overline{y}, s_x^2$ 和 s_y^2 ，则

$$F = \frac{s_x^2/\sigma_1^2}{s_y^2/\sigma_2^2} \sim F(m-1, n-1) .　　　　　　　　　　（4.3.9）$$

证明　由于两样本相互独立，由定理 4.3.3 知，

$$\frac{(m-1)s_x^2}{\sigma_1^2} \sim \chi^2(m-1) , \quad \frac{(n-1)s_x^2}{\sigma_2^2} \sim \chi^2(n-1) .$$

由 F 分布的定义可知，　$F = \dfrac{s_x^2/\sigma_1^2}{s_y^2/\sigma_2^2} \sim F(m-1, n-1)$.

定理 4.3.6　在定理 4.3.5 的记号下，

$$Z = \frac{(\overline{x}-\overline{y})-(\mu_1-\mu_2)}{\sqrt{\sigma_1^2/m + \sigma_2^2/n}} \sim N(0,1) .　　　　　　（4.3.10）$$

证明　由于 $\overline{x} \sim N(\mu_1, \sigma_1^2/m)$ ，$\overline{y} \sim N(\mu_2, \sigma_2^2/n)$ ，且两个样本相互独立，所以

$$\overline{x}-\overline{y} \sim N(\mu_1-\mu_2, \sigma_1^2/m + \sigma_2^2/n) ,$$

$$Z = \frac{(\overline{x} - \overline{y}) - (\mu_1 - \mu_2)}{\sqrt{\sigma_1^2/m + \sigma_2^2/n}} \sim N(0,1) .$$

定理 4.3.7　在定理 4.3.5 的记号下，若 $\sigma_1^2 = \sigma_2^2 = \sigma^2$，记 $s_w^2 = \dfrac{(m-1)s_x^2 + (n-1)s_y^2}{m+n-2}$，则

$$T = \frac{(\overline{x} - \overline{y}) - (\mu_1 - \mu_2)}{s_w\sqrt{1/m + 1/n}} \sim t(m+n-2) . \tag{4.3.11}$$

习题 4.3

1. 设随机变量 X 和 Y 都服从标准正态分布，则（　　　）.
   （A）$X+Y$ 服从正态分布　　　　（B）$X^2 + Y^2$ 服从 χ^2 分布
   （C）X^2/Y^2 服从 F 分布　　　　（D）X^2 和 Y^2 都服从 χ^2 分布

2. 查表计算下列概率：
   （1）$P\{\chi^2(10) > 2\}$；　　　　　　　（2）$P\{\chi^2(10) < 5\}$；
   （3）$P\{2 < \chi^2(10) < 5\}$；　　　　　（4）$P\{t(15) > -2\}$；
   （5）$P\{t(15) < 3\}$；　　　　　　　　（6）$P\{-2 < t(15) < 3\}$；
   （7）$P\{|t(15)| < 2\}$；　　　　　　　（8）$P\{F(10,15) > 2\}$；
   （9）$P\{F(10,15) < 6\}$；　　　　　　（10）$P\{2 < F(10,15) < 6\}$.

3. 查表计算满足下面各式的分位数 λ：
   （1）$P\{\chi^2(10) > \lambda\} = 0.975$；　　　（2）$P\{\chi^2(10) < \lambda\} = 0.05$；
   （3）$P\{t(8) > \lambda\} = 0.975$；　　　　（4）$P\{t(8) < \lambda\} = 0.05$；
   （5）$P\{|t(8)| > \lambda\} = 0.05$；　　　　（6）$P\{|t(8)| < \lambda\} = 0.95$；
   （7）$P\{F(6,7) > \lambda\} = 0.05$；　　　（8）$P\{F(7,6) < \lambda\} = 0.95$；
   （9）$P\{F(6,7) < \lambda\} = 0.025$；　　　（10）$P\{F(7,6) > \lambda\} = 0.975$.

4. 设 x_1, x_2, x_3, x_4 是来自总体 $X \sim N(0,2^2)$ 的样本，试确定 a, b 的值使得 $X = a(x_1 - 2x_2)^2 + b(3x_3 - 4x_4)^2$ 服从 χ^2 分布.

5. 设 $x_1, x_2, \cdots, x_6$ 是来自总体 $X \sim N(0,2^2)$ 的样本，试求 $P\left\{\sum\limits_{i=1}^{6} x_i^2 < 6.54\right\}$.

6. 设 $x_1, x_2, \cdots, x_{16}$ 是来自总体 $X \sim N(5,7^2)$ 的样本，试求 $P\left\{\sum\limits_{i=1}^{16}(x_i - 5)^2 > 390.138\right\}$ 和 $P\{(\overline{x} - 5)^2 > 11.76\}$.

7. 设 $x_1, x_2, \cdots, x_8$ 是来自总体 $X \sim N(0,3^2)$ 的样本，试求 $Y = \dfrac{x_1 + x_2 + x_3 + x_4}{\sqrt{x_5^2 + x_6^2 + x_7^2 + x_8^2}}$ 的分布.

8. 设 $x_1, x_2, \cdots, x_n, x_{n+1}$ 是来自总体 $X \sim N(\mu, \sigma^2)$ 的样本；$\bar{x}$ 和 s^2 是 $x_1, x_2, \cdots, x_n$ 的均值和方差，证明统计量 $T = \dfrac{x_{n+1} - \bar{x}}{s} \sqrt{\dfrac{n}{n+1}}$ 服从自由度为 $n-1$ 的 t 分布.

9. 设 x_1, x_2 是来自总体 $X \sim N(0, \sigma^2)$ 样本，试求 $Y = \left(\dfrac{x_1 + x_2}{x_1 - x_2}\right)^2$ 的分布.

10. 设 $x_1, x_2, \cdots, x_{60}$ 是来自总体 $X \sim Exp(1/\theta)$ 的样本，试求样本均值 $\bar{x}$ 的渐近分布.

11. 设 $x_1, x_2, \cdots, x_{50}$ 是来自总体 $X \sim B(1, p)$ 的样本，试求样本均值 $\bar{x}$ 的渐近分布.

12. 设 $x_1, x_2, \cdots, x_6$ 是来自总体 $X \sim N(1, \sigma^2)$ 的样本，且 $E(X^2) = 4$，试求 $P\{|\bar{x}| < 1.2\}$.

13. 设 $x_1, x_2, \cdots, x_n$ 是来自总体 $X \sim N(\mu, 5^2)$ 的样本，试问 n 多大时才能使得 $P(|\bar{x} - \mu| < 1) \geq 0.95$ 成立.

14. 设 $x_1, x_2, \cdots, x_{16}$ 是来自总体 $X \sim N(\mu, 9)$，μ 未知，试求 $P\{-3/4 < \bar{x} - \mu < 3/4\}$ 和 $P\{s^2 \leq 15\}$.

15. $x_1, x_2, \cdots, x_n$ 是来自 $X \sim N(\mu, 2^2)$ 的样本，$\bar{x}$ 为样本均值. 试分别求满足下列各关系式的最小样本容量 n：（1）$P\{|\bar{x} - \mu| \leq 0.1\} \geq 0.95$；（2）$Var(\bar{x}) \leq 0.1$；（3）$E(|\bar{x} - \mu|) \leq 0.1$.

16. 设 $x_1, x_2, \cdots, x_6$ 是来自总体 $X \sim N(2, 3)$ 的样本，s^2 是样本方差，试求 $P\{5s^2/3 < 11.071\}$.

17. 设 $x_1, x_2, \cdots, x_9$ 和 $y_1, y_2, \cdots, y_9$ 是分别来自总体 $X \sim N(\mu_1, \sigma^2)$ 和 $Y \sim N(\mu_2, \sigma^2)$ 的两个相互独立的样本，s_1^2 和 s_2^2 分别是两样本的方差，试求满足 $P\{s_1^2/s_2^2 > \lambda\} = 0.9$ 的 λ.

18. 设 $x_1, x_2, \cdots, x_{16}$ 是来自总体 $X \sim N(\mu, \sigma^2)$ 的样本，μ, σ^2 未知，s^2 是样本方差，试求 $P\{s^2/\sigma^2 > 1.83\}$.

19. 设 $\bar{x}, \bar{y}$ 是来自同一总体 $X \sim N(\mu, \sigma^2)$ 的两个相互独立且容量相同的样本的样本均值，则满足 $P\{|\bar{x} - \bar{y}| \geq \sigma\} \leq 0.05$ 的最小样本容量 n 为多少？

20. 设 $x_1, x_2, \cdots, x_{10}$ 和 $y_1, y_2, \cdots, y_8$ 是分别来自总体 $X \sim N(50, 6^2)$ 和 $Y \sim N(46, 4^2)$ 的两个相互独立的样本，s_1^2 和 s_2^2 分别是两样本的方差，试求 $P\{0 < \bar{x} - \bar{y} < 8\}$ 和 $P\{s_1^2/s_2^2 < 8.28\}$.

21. 证明定理 4.3.7.

4.4　Excel 在描述统计和计算三大抽样分布中的应用

4.4.1　随机抽样

1）简单随机抽样

例 4.4.1　某班级的学生成绩见表 4.4.1.

表 4.4.1　某班级的学生成绩表

学号	性别	学号	性别	学号	性别
201002044001	女	201002044011	男	201002044021	女
201002044002	男	201002044012	男	201002044022	男
201002044003	男	201002044013	男	201002044023	男
201002044004	男	201002044014	男	201002044024	女

续表

学号	性别	学号	性别	学号	性别
201002044005	女	201002044015	男	201002044025	男
201002044006	女	201002044016	女	201002044026	男
201002044007	男	201002044017	女	201002044027	男
201002044008	男	201002044018	男	201002044028	女
201002044009	女	201002044019	女	201002044029	男
201002044010	男	201002044020	男	201002044030	男

试从上列学生中随机抽出 5 名学生.

解　步骤 1　输入数据. 将数据连同标志按列输入区域 A1:B31.

步骤 2：将标志复制到区域 A33:B33.

步骤 3：抽样. 点击'工具(T) > 数据分析(D) > 分析工具(A):抽样', 在'抽样'对话框中进行如图 4.4.1 所示的设置, 然后点击'确定'.

图 4.4.1　抽样对话框

步骤 4：筛选. 点击'数据(D) > 筛选(F) > 高级筛选(A)', 在出现'高级筛选'的对话框中进行如图 4.4.2 所示的设置, 点击'确定'.

图 4.4.2　高级筛选对话框

步骤 5：将筛选出的样本复制粘贴到另一空白单元格区域处.

2）系统抽样

例 4.4..2　在例 4.4.1 的数据中进行系统抽样，间隔为 5.

解　步骤 1 输入数据. 将数据连同标志按列输入区域 A1:B31.

步骤 2：将标志复制粘贴到区域 A33:B33.

步骤 3：利用例 3-6-1 步骤 3 的方法，从 1, 2, 3, 4, 5 中随机抽出一个数；（假设第三步抽到的数字是 3），将区域 A4:B4 复制粘贴到区域 A34:B34.

步骤 4：点击'工具(T) > 数据分析(D) > 分析工具(A):抽样'，在'抽样'对话框中进行如图 4.4.3 所示的设置，然后点击'确定'.

图 4.4.3　抽样对话框

步骤 5：筛选. 点击'数据(D) > 筛选(F) > 高级筛选(A)'，在出现的'高级筛选'对话框中进行如图 4.4.4 所示的设置，点击'确定'.

图 4.4.4　高级筛选对话框

步骤 6：将筛选出的样本复制粘贴到另一空白单元格区域处.

3）分层抽样

例 4.4.3　从例 4.4.1 的数据中男女生各随机抽出 20%的人，即从男中随机抽取 4 个，女中随机抽取 2 个.

解　步骤 1：输入数据. 将数据连同标志按列输入区域 A1:B31.

步骤 2：将标志复制到单元格区域 A33:B33.

步骤 3：对数据进行排序. 鼠标放在数据区域，点击'数据(D) > 排序(S)'，在出现的'排序'对话框中进行如图 4.4.5 所示的设置，然后点击'确定'.

图 4.4.5　排序对话框

步骤 4：从男生中抽样. 点击'工具(T) > 数据分析(D) > 分析工具(A):抽样'，在'抽样'对话框中进行如图 4.4.6 所示的设置，点击'确定'.

图 4.4.6　抽样对话框 1

步骤 5：从女生中抽样. 点击'工具(T) > 数据分析(D) > 分析工具(A):抽样'，在'抽样'对话框中进行如图 4.4.7 所示的设置，点击'确定'.

图 4.4.7　抽样对话框 2

步骤 6：筛选. 点击'数据(<u>D</u>) > 筛选(<u>F</u>) > 高级筛选(<u>A</u>)'，在出现的'高级筛选'对话框中进行如图 4.4.8 所示的设置，点击'确定'.

图 4.4.8　高级筛选对话框

步骤 7：将筛选出的样本复制粘贴到另一空白单元格区域处.

4.4.2　样本统计量函数

Excel 中样本的最大值、最小值、众数、平均值、中位数、方差、标准差、峰度系数、偏度峰度系数、二阶中心矩分别用函数.

MAX, MIN, MODE, AVERAGE, MEDIAN, VAR, STDEV, KURT, SKEW, VARP
进行计算. 方法是点击'插入(<u>I</u>)/fx 函数(<u>F</u>)/或选择类别(<u>C</u>):统计'找到相应函数. 其中偏度系数和峰度系数分别用以下公式计算：

$$SK = \frac{n\sum_{i=1}^{n}(x_i - \overline{x})^3}{(n-1)(n-2)s^3}, \tag{4.4.1}$$

$$K = \frac{n(n+1)\sum_{i=1}^{n}(x_i - \overline{x})^4 - 2(n-1)[\sum_{i=1}^{n}(x_i - \overline{x})]^2}{(n-1)(n-2)(n-3)s^4}. \tag{4.4.2}$$

注：这里的偏度系数和峰度系数计算公式是 Excel 给出的. 与第 2 节中的对应样本统计量中有所区别.

Excel 中两样本的协方差与相关系数分别用函数 COVAR 和 CORREL 进行计算.

例 4.4.4　用 Excel 对例 4.2.2 进行求解.

解　步骤 1：将样本数据输入单元格区域\$A\$1:\$F2.

步骤 2：在 A3 输入函数=COVAR(A1:F1,A2:F2)，回车，得 $Cov(x, y) = -1.0833$.

步骤 3：在 A4 输入函数=CORREL(A1:F1,A2:F2)，回车，得 $\rho_{xy} \approx -0.3787$.

4.4.3　用宏程序进行描述性统计

例 4.4.5　用 Excel 对例 4.2.1 进行求解.

解　步骤 1：将数据输入单元格区域$A$1:$A$10.

步骤 2：点击'工具(T)/数据分析(D)/分析工具(A):描述统计'. 在'描述统计'对话框中进行如图 4.4.9 的设置，点击'确定'.

图 4.4.9　描述统计对话框

描述统计结果如图 4.4.10 所示.

	A	B	C
1	1.5	列1	
2	3.1		
3	2.6	平均	2.99
4	3.4	标准误差	0.1923
5	3.1	中位数	3.1
6	3	众数	3.1
7	2.8	标准差	0.6082
8	3.6	方差	0.3699
9	3.5	峰度	3.9513
10	3.3	偏度	-1.7985
11		区域	2.1
12		最小值	1.5
13		最大值	3.6
14		求和	29.9
15		观测数	10
16		置信度(95.0%)	0.4351

图 4.4.10　描述统计结果

其中，标准误差是样本标准差除以样本容量的平方根，即 $s/\sqrt{n}$. 区域为极差或全矩. 置信度 (95.0%)为总体方差未知时的总体均值的置信区间的半径，即 $t_{\alpha/2}(n-1)s/\sqrt{n}$（参见第 5 章第 4 节单总体参数的区间估计（5.4.3）). 由此可计算出总体均值的置信区间为

$$[2.99-0.4351, 2.99+0.4351]=[2.5549, 3.4251].$$

4.4.4　频率分布表与直方图

例 4.4.6　用 Excel 对例 4.2.3 进行求解.

解　步骤 1：将样本数据输入单元格区域 $A$1:$J$12，将分组上下限

| 140 | 150 | 160 | 170 | 180 | 190 | 200 | 210 | 220 | 230 | 240 |

输入单元格区域 '$A$15:$A$25'.

注意：Excel 在制作频数分布表时，上限包含在组内.

步骤 2：点击 '工具(T)/数据分析(D)/分析工具(A):直方图'. 在 '直方图' 对话框中进行如图 4.4.11 的设置，点击 '确定'.

图 4.4.11　直方图对话框

输出结果如图 4.4.12 所示.

接收	频率	累积 %
150	5	4.17%
160	11	13.33%
170	17	27.50%
180	20	44.17%
190	21	61.67%
200	17	75.83%
210	13	86.67%
220	8	93.33%
230	5	97.50%
其他	3	100.00%

图 4.4.12　直方图输出结果

步骤 3：右键点击任意一个小矩形，在下拉菜单中选择 '数据系列格式(O)'，点击 '数据系列格式' 对话框中的 '选项' 选项卡，将 '分类间距(W):' 中的 '150' 改 '0'，则直方图中的小矩形就会紧密相挨着.

步骤 4：将生成的频率表中的 '接收' 二字改为 '分组上限'，'其他' 二字改为 '240'.

步骤 5：右键依次点击图中的文本框'直方图'、'接受'和和图例将其清除. 累积分布线亦可以清除.

步骤 6：右键点击绘图区，在出现的下拉菜单中选择'绘图区格式(O)'. 在'绘图区格式'对话框中，'区域'选择'无(N)'，然后点击'确定'.

步骤 7：左键点击视图的空白处，在 Excel 表上面的工具栏中设置字体和字号.

步骤 8：默认情况下，直方图中的小矩形为蓝灰色，要想改变颜色，方法是：先选中某个小矩形，右键点击改选中的小矩形，在下拉菜单中选择'数据点格式(O)'，在'数据格式式'对话框中选择喜欢的颜色或点击'填充效果(I)'进行颜色的填充.

其他设置读者可以自行摸索，这里不再赘述. 最终结果如图 4.4.13 所示.

分组上限	频率	累积 %
150	5	4.17%
160	11	13.33%
170	17	27.50%
180	20	44.17%
190	21	61.67%
200	17	75.83%
210	13	86.67%
220	8	93.33%
230	5	97.50%
240	3	100.00%

图 4.4.13　频数统计与直方图

4.4.5　三大抽样分布

1）卡方分布

CHIDIST 返回卡方分布右尾部概率值.

语法：CHIDIST(x,degrees_freedom)

其中，Degrees_freedom 为自由度.

CHIINV 返回卡方分布的右尾分位数.

语法：CHIINV(probability,degrees_freedom)

其中，Probability 为右尾部概率 α，Degrees_freedom 为自由度.

当然亦可点击'插入(I)/fx 函数(F)/或选择类别(C):统计'找到相应函数进行应用.

例 4.4.7　用 Excel 对例 4.3.1 进行求解.

解　在 A1 输入函数=CHIDIST(10,20,1)-CHIDIST(30,20,1)，得

$$P\{10 \leqslant \chi^2(20) \leqslant 30\} \approx 0.8983.$$

例 4.4.8　用 Excel 对例 4.3.2 进行求解.

解　在 A2 输入函数=CHIINV(0.025,15)，得 $\chi_{0.025}^2(15) \approx 27.484$.

2）学生 t 分布

TDIST 返回学生 t 分布的尾部概率.

语法：TDIST(x,degrees_freedom,tails)

其中，x 为需要计算分布的数字，Degrees_freedom 为表示自由度的整数，Tails 指明返回的分布函数是单尾分布还是双尾分布. 如果 tails=1，函数 TDIST 返回单尾分布. 如果 tails=2，函数 TDIST 返回双尾分布.

TINV 返回作为概率和自由度函数的学生 t 分布的 t 值.

语法：TINV(probability,degrees_freedom)

其中，Probability 为对应于双尾学生 t 分布的概率，Degrees_freedom 为分布的自由度.

例 4.4.9　用 Excel 求概率 $P\{t(10) > 2\}$ 和 $P\{|t(10)| > 2\}$.

解　步骤 1：在 A1 输入函数=TDIST(2,10,1)，得 $P\{t(10) > 2\} \approx 0.0367$.

步骤 2：在 A2 输入函数=TDIST(2,10,2)，得 $P\{|t(10)| > 2\} \approx 0.0734$.

例 4.4.10　用 Excel 求分位数 $t_{0.05}(10)$.

解　在 A3 输入函数=TINV(0.1,10)，得 $t_{0.05}(10) \approx 1.8125$.

3）F 分布

FDIST 返回 F 分布的右尾部概率.

语法：FDIST(x,degrees_freedom1,degrees_freedom2)

其中，Degrees_freedom1 为第一自由度，Degrees_freedom2 为第二自由度.

FINV 返回 F 分布的右尾部分位数.

语法：FINV(probability,degrees_freedom1,degrees_freedom2)

其中，Probability 为右尾部概率 α ，Degrees_freedom1 为第一自由度，Degrees_freedom2 为第二自由度.

例 4.4.11　用 Excel 求概率 $P\{F(10,15) > 3\}$ 和分位数 $F_{0.05}(10,15)$.

解　步骤 1：在 A1 输入函数= FDIST(3,10,15)，得 $P\{F(10,15) > 3\} \approx 0.0270$.

步骤 2：在 A2 输入函数=FINV(0.05,10,15)，得 $F_{0.05}(10,15) \approx 2.5437$.

习题 4.4

1. 用 Excel 内置的常用中的卡方分布、学生 t 分布、F 分布的分布函数做 $t(10)$ ，$\chi^2(10)$ ，$F(10,5)$ 的密度函数图像.

5 参数估计

例如，常用指数分布 $Exp(\lambda)$ 描述产品的寿命，但参数 λ 往往未知，这样我们就无法计算该产品的平均寿命和寿命超过 1000 h 的概率. 要解决这些问题，就必须对参数 λ 做出估计. 数理统计中的参数估计（parameter estimation）涉及四种类型：

（1）估计分布中所含的未知参数；

（2）估计含有未知参数的函数，如总体 $X \sim N(\mu,1)$，参数 μ 未知，要求估计概率 $P\{X < a\}$；

（3）估计与参数有关的数字特征，如总体服从指数分布 $Exp(\lambda)$，其中参数 λ 未知，要求估计 $E(X) = 1/\lambda$；

（4）在一定的可信度下估计参数的范围.

本章主要内容有：点估计及其评价标准、矩估计法和最大似然估计法、区间估计等内容.

第 5 章知识结构图

☆ 实际问题中，总体的参数往往未知，因此首先需要对参数进行估计.

☆ 数理统计中参数估计的方法有点估计和区间估计两种类型.

☆ 点估计的方法很多，矩估计法是建立在相合估计基础上的，最大似然估计是根据最大似然原理，在分布形式已知情况下的一种参数估计.

☆ 区间估计则是在点估计的基础上，估计给定可信度的参数取值区间.

☆ 常用的矩估量、最大似然估计量，区间估计量可以利用 Excel 进行计算.

5.1 点估计及其评价标准

5.1.1 点估计的概念

实践中我们经常用统计量来估算未知总体的某些特征，如用样本均值 $\bar{x}$ 来估算未知总体的均值，这就是点估计.

定义 5.1.1 设 θ 是总体 X 的未知参数，用统计量 $\hat{\theta} = \hat{\theta}(x_1, x_2, \cdots, x_n)$ 来估计 θ，称 $\hat{\theta}$ 为 θ 的 **点估计量**（point estimator）. 对应于样本值，点估计量 $\hat{\theta}$ 的值称为 θ 的 **点估计值**（estimated value）. 求参数 θ 的点估计量或点估计值称作 **点估计**（point estimate）.

例如，设 $x_1, x_2, \cdots, x_n$ 是来自总体 $X \sim N(\mu, \sigma^2)$ 的样本，μ 未知，用样本均值 $\hat{\mu} = \bar{x}$ 来估计 μ，则 $\bar{x}$ 为 μ 的点估计量. 对应于样本值，$\bar{x}$ 的值为 μ 的点估计值.

5.1.2 点估计的评价标准

对于同一个未知参数，用不同的方法或不同的统计量得到的估计可能不同. 例如，对于某个总体 X 的未知均值 μ，我们既可以用样本 $x_1, x_2, \cdots, x_n$ 的均值 $\bar{x}$ 来估计 μ，即 $\hat{\mu} = \bar{x}$，也可用 x_1 来估计 μ，即 $\hat{\mu} = x_1$. 显然，两种估计的效果是不一样的. 为了对同一参数的不同点估计进行比较，就必须对点估计的好坏给出评价标准. 数理统计中常用无偏性、有效性或相合性来评价一个估计量的好坏.

由于样本的随机性，点估计值 $\hat{\theta}$ 与参数的真实值 θ 一般不相等，$\hat{\theta} - \theta$ 是由抽样的随机性引起的估计误差，称为 **抽样误差**（sampling error）. 如果抽样误差 $\hat{\theta} - \theta$ 的均值为 0，就有可能用多次重复抽样得到的点估计值的均值精确地估计参数.

定义 5.1.2 设 $\hat{\theta} = \hat{\theta}(x_1, x_2, \cdots, x_n)$ 是总体参数 θ 的点估计量. 若

$$E(\hat{\theta}) = \theta , \tag{5.1.1}$$

则称 $\hat{\theta}$ 是参数 θ 的 **无偏估计**，也称 $\hat{\theta}$ 具有 **无偏性**（unbiasedness），否则称为 **有偏估计**. 若参数不存在无偏估计量，则称该参数是 **不可估的**.

如 $\hat{\mu}_1 = \bar{x}$ 和 $\hat{\mu}_2 = x_1$ 都是总体均值的无偏估计量. 由式（4.1.4）和式（4.1.6）知，**样本均值是总体均值的无偏估计，样本方差是总体方差的无偏估计**.

无偏性在实践中有着重要的应用. 例如，为了估计乌鸡的平均体重，可以随机选取 100 个养鸡场，从每个养鸡场随机抽取 10 只乌鸡计算其平均体重，再将 100 个鸡场得到平均体重再平均，用以估算乌鸡的平均体重.

无偏估量的函数不一定是无偏估计量. 例如，设 $\hat{\theta}$ 是参数 θ 的无偏估量，且 $Var(\hat{\theta}) > 0$，则 $(\hat{\theta})^2$ 不是 θ^2 的无偏估计量. 事实上，

$$E(\hat{\theta}^2) = Var(\hat{\theta}) + [E(\hat{\theta})]^2 = Var(\hat{\theta}) + \theta^2 > \theta^2 .$$

即便是无偏估计，点估计值与真实参数值的偏差，即抽样误差也是不可避免的. 自然抽样误差越小估计越精确，所以点估计量的波动越小估计效果越好，而方差是刻画随机变量波动大小的数字特征. 这就是说点估计量的方差越小点估计量越好.

定义 5.1.3 设 $\hat{\theta}_1$ 和 $\hat{\theta}_2$ 都是总体参数 θ 的无偏估计量. 若

$$Var(\hat{\theta}_1) < Var(\hat{\theta}_2) , \tag{5.1.2}$$

则称 $\hat{\theta}_1$ 比 $\hat{\theta}_2$ 更有效，也称 $\hat{\theta}_1$ 具有 **有效性**（efficiency）.

如 $\hat{\mu}_1 = \bar{x}$ 和 $\hat{\mu}_2 = x_1$ 都是总体均值 μ 的无偏估计量. 而 $Var(\hat{\mu}_1) = \mu/n$，$Var(\hat{\mu}_2) = \mu$，所以 $\hat{\mu}_1$ 比 $\hat{\mu}_2$ 更有效. **一般地，用整个样本的均值比用样本的部分个体的均值估计总体的均值更有效**.

例 5.1.1 设 x_1, x_2 是取自总体 $X \sim N(\mu, \sigma^2)$ 的样本, μ 和 σ^2 都未知, 试比较 μ 的点估计 $\hat{\mu}_1 = 0.3x_1 + 0.7x_2$ 和 $\hat{\mu}_2 = 0.5x_1 + 0.5x_2$ 的有效性.

证明
$$E(\hat{\mu}_1) = E(0.3x_1 + 0.7x_2) = 0.3E(x_1) + 0.7E(x_2) = 0.3\mu + 0.7\mu = \mu ;$$
$$E(\hat{\mu}_2) = E(0.5x_1 + 0.5x_2) = 0.5E(x_1) + 0.5E(x_2) = 0.5\mu + 0.5\mu = \mu ,$$

所以 $\hat{\mu}_1$ 和 $\hat{\mu}_2$ 都是 μ 的无偏估计.

$$Var(\hat{\mu}_1) = Var(0.3x_1 + 0.7x_2) = 0.09Var(x_1) + 0.49Var(x_2) = 0.09\sigma^2 + 0.49\sigma^2 = 0.58\sigma^2 ;$$
$$Var(\hat{\mu}_2) = Var(0.5x_1 + 0.5x_2) = 0.25Var(x_1) + 0.25Var(x_2) = 0.25\sigma^2 + 0.25\sigma^2 = 0.5\sigma^2 ,$$

所以 $\hat{\mu}_2$ 比 $\hat{\mu}_1$ 更有效.

正如一般用整个样本的均值比用样本的部分个体的均值估计总体的均值更有效, 我们完全可以要求点估计量随着样本容量的不断增大而逼近参数的真实值, 这就是相合估计的含义.

定义 5.1.4 设 $\hat{\theta}_n = \hat{\theta}_n(x_1, x_2, \cdots, x_n)$ 是总体参数 θ 的点估计量, 若 $n \to \infty$ 时, $\hat{\theta}_n$ 依概率收敛于 θ, 即对任意小的 $\varepsilon > 0$, 有

$$\lim_{n \to \infty} P\left\{ \left| \hat{\theta}_n - \theta \right| < \varepsilon \right\} = 1 , \tag{5.1.3}$$

则称 $\hat{\theta}_n$ 是总体参数 θ 的**相合估计**或**一致估计**, 也称 $\hat{\theta}_n$ 具有**相合性**或**一致性**（consistency）.

相合性要求可以适当选取样本容量使得估计达到指定的精度. 例如, 要求估计的**抽样误差** $\hat{\theta}_n - \theta$ 落在 $(-0.001, 0.001)$ 内, 只要 $\hat{\theta}_n$ 满足相合性, 由极限的含义, 就可以适当选取足够大的样本容量 n 使得 $\hat{\theta}_n - \theta$ 几乎处处落于 $(-0.001, 0.001)$ 内. 所以相合性被认为是对估计的一个基本要求, 不满足相合性要求的估计通常不予考虑.

例 5.1.2 设 $x_1, x_2, \cdots$ 是来自总体 X 的样本, 其 k 阶原点矩 $E(X^k)$ 存在且未知, 则样本的 k 阶原点矩 a_k 是总体的 k 阶原点矩 $E(X^k)$ 的相合估计.

证明 因为 $x_1, x_2, \cdots$ 是来自总体 X 的样本, 所以 $\{x_i\}, i = 1, 2, \cdots$ 是独立同分布随机序列. 由于个体与总体服从相同的分布且 $E(X^k)$ 存在, 所以 $E(x_i^k) = E(X^k)$. 由辛钦大数定律知, 对任意小的 $\varepsilon > 0$,

$$P\left\{ \left| \frac{1}{n}\sum_{i=1}^{n} x_i^k - \frac{1}{n}\sum_{i=1}^{n} E(x_i^k) \right| < \varepsilon \right\} = 1 ,$$

$$P\left\{ \left| a_k - E(X^k) \right| < \varepsilon \right\} = 1 .$$

所以样本的 k 阶原点矩 a_k 是总体的 k 原点矩 $E(X^k)$ 的相合估计.

定理 5.1.1 若 $\hat{\theta}_{n1}, \hat{\theta}_{n2}, \cdots, \hat{\theta}_{nk}$ 分别是 $\theta_1, \theta_2, \cdots, \theta_k$ 的相合估计, $\eta = g(\theta_1, \theta_2, \cdots, \theta_k)$ 是 $\theta_1, \theta_2, \cdots, \theta_k$ 的连续函数, 则 $\hat{\eta}_n = g(\hat{\theta}_{n1}, \hat{\theta}_{n2}, \cdots, \hat{\theta}_{nk})$ 是 $\eta = g(\theta_1, \theta_2, \cdots, \theta_k)$ 的相合估计.

证明（略）.

例如, 样本均值 $\bar{x}$ 是总体均值 $E(X)$ 的相合估计, 样本方差 s^2 是总体方差 $Var(X)$ 的相合估计. 总体变异系数 $\sqrt{Var(X)}/E(X)$ 是 $E(X)$ 和 $Var(X)$ 的连续函数, 所以样本变异系数 $s/\bar{x}$ 是

总体变异系数 $\sqrt{Var(X)}\big/E(X)$ 的相合估计.

若总体的各阶矩存在，因高阶矩都可以用低阶矩的函数表示，由大数定律及定理 5.1.1 可知，**样本矩都是总体矩的相合估计**.

习题 5.1

1. 设 $x_1, x_2, \cdots, x_n$ 是来自总体 $X \sim U(0, \theta)$ 的样本，参数 θ 未知，证明估计量 $\hat{\theta} = 2\bar{x}$ 是 θ 的无偏估计量.

2. 设 $x_1, x_2, \cdots, x_n$ 是来自总体 $X \sim P(\lambda)$ 的样本，参数 λ 未知，证明 $\dfrac{1}{n} \sum_{i=1}^{n} (x_i^2 - x_i)$ 是 λ^2 的无偏估计量.

3. 设 x_1, x_2, x_3 是取自总体 X 的样本，试证如下两个统计量都是总体未知均值 μ 的无偏估计，并比较有效性.

（1）$\hat{\mu}_1 = \dfrac{1}{3} X_1 + \dfrac{1}{3} X_2 + \dfrac{1}{3} X_3$；

（2）$\hat{\mu}_2 = \dfrac{1}{3} X_1 + \dfrac{1}{4} X_2 + \dfrac{5}{12} X_3$.

4. 设 $x_1, x_2, \cdots, x_n$ 是来自总体 X 的样本，均值 $E(X) = \mu$ 存在但未知，试利用辛钦大数定律证明样本均值 $\bar{x}$ 是 μ 的相合估计.

5.2　矩估计法

常用的点估计是矩估计和最大似然估计. 矩估计（moment estimation，简称 ME）法是英国统计学家皮尔逊（Karl Pearson，1857—1936）1900 年提出的参数估计方法，其理论依据是样本矩是总体矩的相合估计. 皮尔逊致力于大样本理论的研究，他发现不少生物方面的数据有显著性的偏态，不适合用正态分布去刻画，为此他提出了后来以他的名字命名的分布族，为估计这个分布族中的参数，他提出了"矩估计法".

Karl Prarson
(1857—1936)

由定理 5.1.1 及样本矩都是总体矩的相合估计知，当总体矩存在且样本容量 n 充分大时，样本的 k 阶原点矩几乎等于总体的 k 阶原点矩，样本的 k 阶中心矩几乎等于总体的 k 阶中心矩矩；样本变异系数（其中样本标准差用样本二阶中心矩算术平方根）几乎等于总体变异系数，样本分位数几乎等于总体分位数，样本中事件 A 出现的频率几乎等于总体中事件 A 出现的概率等.

矩估计法是当总体矩存在且样本容量 n 充分大时，用样本矩作为总体的同阶同类型矩的估计而列出关于未知参数的方程（组），然后通过解方程（组）来估计参数，得到的估计量称为**矩估计量**（moment estimator）.

例 5.2.1　设 $x_1, x_2, \cdots, x_n$ 是来自总体 $X \sim Exp(\lambda)$ 的样本且参数 λ 未知，试求 λ 的矩估计量.

解 由于只有一个未知参数，所以采用样本的一阶原点矩替换总体的一阶原点矩. 总体一阶原点矩为 $E(X) = \dfrac{1}{\lambda}$，样本的一阶原点矩为 $a_1 = \bar{x}$. 令 $E(X) = a_1$，即 $\dfrac{1}{\lambda} = \bar{x}$，解得 $\hat{\lambda} = \dfrac{1}{\bar{x}}$.

另外，由于总体的二阶中心矩为 $Var(X) = \dfrac{1}{\lambda^2}$，样本的二阶中心矩为 b_2，用样本矩替换总体矩，即令 $\dfrac{1}{\lambda^2} = b_2$，解得 $\hat{\lambda} = \dfrac{1}{\sqrt{b_2}}$.

从例 5.2.1 知，参数的矩估计量可能不唯一. 实践中通常应尽量使用低阶矩来估计参数.

例 5.2.2 设总体 X 的期望 μ 与方差 σ^2 存在但未知，$x_1, x_2, \cdots, x_n$ 是来自总体 X 的样本，试求 μ 和 σ^2 的矩估计.

解 要估计两个参数，通常需要构造两个方程，从中解出参数的估计. 总体均值和方差分别为 μ 与 σ^2. 样本均值与二阶中心矩分别为 $a_1 \equiv \bar{x} = \dfrac{1}{n}\sum_{i=1}^{n} x_i$，$b_2 \equiv \dfrac{1}{n}\sum_{i=1}^{n}(x_i - \bar{x})^2$. 令样本矩等于总体矩，即可得

$$\begin{cases} \hat{\mu} = \bar{x}, \\ \hat{\sigma}^2 = \dfrac{1}{n}\sum_{i=1}^{n}(x_i - \bar{x})^2. \end{cases} \tag{5.2.1}$$

例 5.2.3 设总体 $X \sim N(\mu, \sigma^2)$，μ 和 σ^2 均未知，$x_1, x_2, \cdots, x_n$ 是来自总体容量为 10 的样本，测得样本值如下：

109	100	105	108	110	104	120	120	102	122

试求：（1）μ 和 σ^2 的矩估计值；

（2）利用（1）中估计到参数，估算概率 $P\{100 < X < 130\}$.

解 （1）由例 5.2.2 知，

$$\begin{cases} \hat{\mu} = \bar{x}, \\ \hat{\sigma}^2 = \dfrac{1}{n}\sum_{i=1}^{n}(x_i - \bar{x})^2. \end{cases}$$

将样本值代入计算得 $\hat{\mu} = 110$，$\hat{\sigma}^2 = 57.4$.

（2）$P\{100 < X < 130\} = \Phi_0\left(\dfrac{130 - \hat{\mu}}{\hat{\sigma}}\right) - \Phi_0\left(\dfrac{100 - \hat{\mu}}{\hat{\sigma}}\right)$

$$= \Phi_0\left(\dfrac{130 - 110}{\sqrt{57.4}}\right) - \Phi_0\left(\dfrac{100 - 110}{\sqrt{57.4}}\right) \approx 0.9024.$$

例 5.2.4 设总体 $X \sim N(\mu, 1)$ 且 μ 未知，对总体观测 100 次，发现有 61 次观测值大于 0，试求 μ 的矩估计值.

解 $$P\{X > 0\} = 1 - P\{X < 0\} = 1 - \Phi_0(-\mu).$$

100 次观测中 X 大于 0 的频率为 $\frac{61}{100} = 0.61$. 用频率替换概率，即令 $1 - \Phi_0(-\mu) = 0.61$，由于标准正态分布关于原点对称，所以 $\Phi_0(\mu) = 0.61$，查表得 $\hat{\mu} = 0.2793$.

值得强调的是，矩估计利用的是样本矩对总体矩的相合性，因此采用矩估计时通常要求样本容量充分大，否则矩估计可能不合理. 例如，设 x_1, x_2, x_3, x_4 是来自总体 $X \sim U(0, \theta)$ 的样，其样本值为

1	2	3	7

则样本均值为 $\dfrac{\sum\limits_{i=1}^{4} x_i}{4}$，总体均值为 $\dfrac{\theta}{2}$. 令总体均值等于样本均值，则 θ 矩估计为

$$\hat{\theta} = \frac{x_1 + x_2 + x_3 + x_4}{2} = \frac{1+2+3+7}{2} = 6.5.$$

显然，此时矩估计就不合理，因为区间 $(0, 6.5)$ 不包含样本值 7.

例 5.2.5* 某送餐公司为某学校送午餐，学校希望在中午 12：00 送到，但实际总有误差，因而提出送餐的时间限定在 11:55 分与 12:05 分之间，即时间下限 LSL 为 11:55 分，时间上限 USL 为 12:05 分. 过去一月来，该送餐公司将午餐送达的时间偏差（单位：分钟）为

0	−1	0	0	1	4	−2	0	1	−1
−1	0	1	1	−1	0	−1	0	0	0
0	−1	1	0	0	−1	1	1	0	−1

设送餐的时间服从正态分布，试求该公司准时送餐的西格玛水平 z.

解 对应于过程输出无偏移的情况，西格玛水平 z 是指规格范围 $USL - LSL$ 与 2σ 的比值，可由下式求得（参阅*例 2.4.10）：

$$z = \frac{USL - LSL}{2\sigma}.$$

经计算，样本均值为 $\bar{x} \approx 0.0333$，样本的二阶中心矩为 $b_2 \approx 1.1656$. 因为样本的二阶中心矩是总体方差的矩估计，所以样本的二阶中心矩的平方根是总体标准差的矩估计，所以 $\hat{\sigma} = \sqrt{1.1656} \approx 1.0796$，$LSL = 11:55$，$USL = 12:05$. 将此参数值代入上式得

$$z = \frac{USL - LSL}{2\sigma} = \frac{10}{2 \times 1.0796} \approx 4.6,$$

即该公司准时送餐的西格玛水平为 4.6.

习题 5.2

1. 设 $x_1, x_2, \cdots, x_n$ 是来自参数为 p 的 0-1 分布总体 X 的样本，试求未知参数 p 的矩估计量.

2. 设 $x_1, x_2, \cdots, x_m$ 是来自总体 $X \sim B(n, p)$ 的样本，试求未知参数 p 的矩估计量.

3. 设 $x_1, x_2, \cdots, x_n$ 是来自总体 $X \sim P(\lambda)$ 的样本，试求未知参数 λ 的矩估计量和 $P\{X \geqslant 1\}$ 的矩估计量.

4. 设总体 $X \sim U(0, \theta)$，现从该总体中抽取容量为 10 的样本，其样本值为：

0.5	1.3	0.6	1.7	2.2	1.2	0.8	1.5	2.0	1.6

试求未知参数 θ 的矩估计值.

5. 设总体 X 的密度函数为 $f(x; a) = \begin{cases} (a+1)x^a, & 0 < x < 1, \\ 0, & \text{其他,} \end{cases}$ 其中 $a > -1$ 是未知参数，$x_1, x_2, \cdots, x_n$ 是来自总体的样本. 试求 a 的矩估计量.

6. 设总体 X 的密度函数为 $f(x; \theta) = \begin{cases} 0, & x < \theta, \\ \mathrm{e}^{-(x-\theta)}, & x \geqslant \theta, \end{cases}$ $x_1, x_2, \cdots, x_n$ 是来自总体的样本，试求 θ 的矩估计量.

7. 设 $x_1, x_2, \cdots, x_n$ 是来自总体 $X \sim U(a, b)$ 的样本，a 与 b 均是未知参数，试求 a 与 b 的矩估计量.

5.3　最大似然估计法

最大似然估计（maximum likelihood estimate，简称 MLE）是在总体分布类型已知条件下使用的一种参数估计方法，由德国数学家高斯在 1821 年提出. 费歇尔（R. A. Fisher，1890—1962）在 1912 年重新发现了这一方法，并研究了这种方法的一些性质. 为了理解最大似然估计原理，先看一个例子.

例 5.3.1　设有一大批产品，其废品率 π 未知，现从中随机抽取出 100 件进行检验，发现其中有 5 件废品，问题是废品率 π 估计有多大呢？

解　将这批产品视作一个总体 X，抽出的 100 件视作样本，记作 $x_1, x_2, \cdots, x_{100}$. 由于总体 X 服从参数为 π 的 0-1 分布，即

$$P\{X = x\} = \pi^x (1-\pi)^{1-x}, \ x = 0, 1,$$

所以样本的联合分布为

$$L(\pi) = \prod_{i=1}^{100} P\{X_i = x_i\} = \pi^{\Sigma x_i} (1-\pi)^{100-\Sigma x_i} = \pi^5 (1-\pi)^{95}.$$

经验告诉我们，"抽到的这个样本的概率似乎是最大的，否则为什么一抽就抽到它呢？"为此求 $L(\pi)$ 的最大值点. 令

$$\frac{\mathrm{d}L(\pi)}{\mathrm{d}\pi} = 5\pi^4(1-\pi)^{95} - 95\pi^5(1-\pi)^{94} = 0 \,,$$

解得 $\pi = 0.05$.

由于只有一个极值点，所以 $\pi = 0.05$ 就是最大值点. 我们用 $\hat{\pi} = 0.05$ 作为 π 的估计值，这一结果与利用伯努利大数定律，即用频率估算概率获得的结果是一致的.

"抽到的样本的概率似乎是最大的"这种想法常称作"**最大似然原理**（maximum likelihood principle）"，用最大似然原理得到的参数估计量就是最大似然估计量，得到的参数估计值就是最大似然估计值，例 5.3.1 的 $\hat{\pi} = 0.05$ 即为参数 π 的最大似然估计值.

最大似然估计法的步骤是：

步骤 1   根据总体的分布求样本的联合概率函数，称为**似然函数**（likelihood function）. 这里的似然函数可以是联合密度函数，也可以是联合概率.

步骤 2   求似然函数的最大值，为了简化计算，常常先求似然函数的对数，称为**对数似然函数**（the logarithmic likelihood function），然后利用导数求（对数）似然函数的最大值.

步骤 3   得到参数的最大似然估计.

例 5.3.2   设 $x_1, x_2, \cdots, x_n$ 是来自正态总体 $X \sim N(\mu, \sigma^2)$ 的样本，μ 和 σ^2 都未知，试求 μ 和 σ^2 的最大似然估计.

解   由于 $X \sim N(\mu, \sigma^2)$，所以似然函数为

$$L(\mu, \sigma^2) = \prod_{i=1}^{n} \frac{1}{\sqrt{2\pi}\sigma} \exp\left\{-\frac{(x_i-\mu)^2}{2\sigma^2}\right\} = (2\pi\sigma^2)^{-\frac{n}{2}} \exp\left\{-\frac{1}{2\sigma^2}\sum_{i=1}^{n}(x_i-\mu)^2\right\},$$

这里似然函数取的是联合密度函数. 对似然函数取对数得对数似然函数

$$\ln L(\mu, \sigma^2) = -\frac{1}{2\sigma^2}\sum_{i=1}^{n}(x_i-\mu)^2 - \frac{n}{2}\ln\sigma^2 - \frac{n}{2}\ln 2\pi \,.$$

将 $\ln L(\mu, \sigma^2)$ 分别对 μ 和 σ^2 求偏导数并令其为 0，得方程组：

$$\begin{cases} \dfrac{\partial \ln L(\mu, \sigma^2)}{\partial \mu} = \dfrac{1}{\sigma^2}\sum_{i=1}^{n}(x_i-\mu) = 0, \\ \dfrac{\partial \ln L(\mu, \sigma^2)}{\partial \sigma^2} = \dfrac{1}{2\sigma^4}\sum_{i=1}^{n}(x_i-\mu)^2 - \dfrac{n}{2\sigma^2} = 0. \end{cases}$$

解方程组得 μ 和 σ^2 的最大似然估计分别为

$$\begin{cases} \hat{\mu} = \dfrac{1}{n}\sum_{i=1}^{n}x_i = \overline{x}, \\ \hat{\sigma}^2 = \dfrac{1}{n}\sum_{i=1}^{n}(x_i-\overline{x})^2. \end{cases}$$

需要指出的是，利用求导数的方法求最大似然估计并不是总有效，看下面的例子.

例 5.3.3   设 $x_1, x_2, \cdots, x_n$ 是来自总体 $X \sim U(0, \theta)$ 的样本，其中 $\theta > 0$ 未知，试求 θ 的最大似

然估计.

解　由于 $X \sim U(0,\theta)$ 的密度函数为 $f(x)=\dfrac{1}{\theta},0 \leqslant x \leqslant \theta$ ，所以似然函数为

$$L(\theta)=\prod_{i=1}^{n}\frac{1}{\theta}=\frac{1}{\theta^{n}}, \quad 0 \leqslant x_{1},x_{2},\cdots,x_{n} \leqslant \theta .$$

此时，似然函数与样本无关，显然，$L(\theta)$ 关于 θ 单调递减，即 θ 越小，$L(\theta)$ 越大．但是，$0 \leqslant x_{1},x_{2},\cdots,x_{n} \leqslant \theta$，要使样本中的每一个个体 x_{i} 都落在区间 $(0,\hat{\theta})$ 内，合理的最大似然估计是 $\hat{\theta}=x_{(n)}=\max\{x_{1},x_{2},\cdots,x_{n}\}$．

最大似然估计有一个简单而有用的性质：如果 $\hat{\theta}$ 是 θ 的最大似然估计，则对任一函数连续 $g(\theta)$，其最大似然估计为 $g(\hat{\theta})$．该性质称为**最大似然估计的不变性**，从而使一些复杂结构的参数的最大似然估计的获得变得容易了．

例 5.3.4　设总体 $X \sim N(\mu,\sigma^{2})$，μ 和 σ^{2} 都未知．来自总体的一个容量为 10 的样本的样本值为

| 0.5 | 1.3 | 0.6 | 1.7 | 2.2 | 1.2 | 0.8 | 1.5 | 2.0 | 1.6 |

试求：（1）标准差 σ 的最大似然估计；

（2）概率 $P\{X<2\}$ 的最大似然估计；

（3）总体左尾 0.90 分位数 $x_{0.90}$ 的最大似然估计．

解　（1）由例 5.3.2 知，μ 和 σ^{2} 的最大似然估计分别为

$$\begin{cases} \hat{\mu}=\dfrac{1}{n}\sum_{i=1}^{n}x_{i}=\overline{x}, \\ \hat{\sigma}^{2}=\dfrac{1}{n}\sum_{i=1}^{n}(x_{i}-\overline{x})^{2}. \end{cases}$$

将样本值代入计算得 $\hat{\mu}=1.3$，$\hat{\sigma}^{2}=0.328$．

由最大似然估计的不变性，标准差 σ 的最大似然估计是

$$\hat{\sigma}=\sqrt{\hat{\sigma}^{2}}=\sqrt{0.328} \approx 0.5727 .$$

（2）由最大似然估计的不变性，$P\{X<2\}$ 的最大似然估计是

$$\hat{P}\{X<2\}=\Phi_{0}\left(\frac{2-\hat{\mu}}{\hat{\sigma}}\right)=\Phi_{0}\left(\frac{2-1.3}{0.5727}\right) \approx 0.8892 .$$

（3）总体 0.90 分位数 $x_{0.90}$ 的最大似然估计为

$$\hat{x}_{0.90}=\hat{\mu}+\hat{\sigma}z_{0.90}=1.3+0.5727 \times 1.2816 \approx 2.0340 ,$$

其中 $z_{0.90}$ 为标准正态分布的左尾 0.90 分位数．

常用概率分布参数的矩估计量和最大似然估计量见表 5.3.1.

表 5.3.1　常用概率分布参数的矩估计量和最大似然估计量

分布	矩估计	最大似然估计
0–1 分布	$\hat{p}=\bar{x}$	$\hat{p}=\bar{x}$
二项分布 $B(n,p)$	$\hat{p}=x/n$	$\hat{p}=x/n$
泊松分布 $P(\lambda)$	$\hat{\lambda}=\bar{x}$	$\hat{\lambda}=\bar{x}$
均匀分布 $U(0,b)$	$\hat{b}=2\bar{x}$	$\hat{b}=\max\limits_{i}x_i$
均匀分布 $U(a,b)$	$\hat{a}=\bar{x}-\sqrt{3}s,\hat{b}=\bar{x}+\sqrt{3}s$	$\hat{a}=\min\limits_{i}x_i,\hat{b}=\max\limits_{i}x_i$
指数分布 $Exp(\lambda)$	$\hat{\lambda}=1/\bar{x}$	$\hat{\lambda}=1/\bar{x}$
一般正态分布 $N(\mu,\sigma^2)$	$\begin{cases}\hat{\mu}=\bar{x},\\ \hat{\sigma}^2=\dfrac{1}{n}\sum\limits_{i=1}^{n}(x_i-\bar{x})^2.\end{cases}$	$\begin{cases}\hat{\mu}=\bar{x},\\ \hat{\sigma}^2=\dfrac{1}{n}\sum\limits_{i=1}^{n}(x_i-\bar{x})^2.\end{cases}$

习题 5.3

1. 设总体 $X \sim Exp(\lambda)$，其中参数 λ 未知，现从该总体中抽取容量为 10 的样本，样本值为

0.8	1.3	0.6	1.1	1.3	1.2	0.9	1.4	1.4	1

试求概率 $P\{X<1\}$ 的最大似然估计值.

2. 设总体 $X\sim N(\mu,\sigma^2)$，μ 和 σ^2 都未知，现从该总体中抽取容量为 10 的样本，样本值为

1.1	4.3	5.8	7.1	2.5	3.4	4.1	5.1	6.6	4.5	3.9	1.6

试求：（1）标准差 σ 的最大似然估计；

（2）概率 $P\{X<3\}$ 的最大似然估计；

（3）总体的左侧 0.90 分位数 $x_{0.90}$ 的最大似然估计.

3. 设总体 X 的密度函数为 $f(x;a)=\begin{cases}(a+1)x^a,0<x<1,\\ 0,其他,\end{cases}$ 其中 $a>-1$ 是未知参数，$x_1,x_2,\cdots,x_n$ 是来自总体的样本，试求 a 的最大似然估计量.

4. 设总体 X 的密度函数为 $f(x;a)=\begin{cases}0,x<\theta,\\ \mathrm{e}^{-x+\theta},x\geqslant\theta,\end{cases}$ 其中 $\theta>-1$ 是未知参数，$x_1,x_2,\cdots,x_n$ 是取自总体 X 的样本，试求未知参数 θ 的最大似然估计量.

5.4 单总体参数的区间估计

5.4.1 区间估计的概念

用统计量对总体参数进行点估计，要达到 100% 的准确而没有任何误差，几乎是不可能的，所以在估计总体参数时就必须同时考虑估计误差的大小．对于未知参数 θ，除了求得其点估计外，我们还希望估计出 θ 的范围，并使这个范围达到一定的可信度，这个范围称之为**置信区间**（confidence interval）．求参数的置信区间就是**区间估计**．

区间估计理论的完善经历了一个相当长的过程．早在奈曼（J. Neyman，1894—1984）的工作之前，区间估计就已是一种常用的参数估计形式．奈曼和皮尔逊（E.Pearson）创立了系统的置信区间估计理论．奈曼从 1934 年开始的一系列工作，把区间估计理论置于柯尔莫哥洛夫概率论公理体系的基础之上，因而奠定了严格的理论基础．奈曼还把求区间估计的问题表达为一种数学上的最优解问题，这个理论与奈曼 – 皮尔逊假设检验理论，对数理

Jerzy Neyman   Egon Pearson
（1894—1981）   （1895—1980)

统计成为一门严格的数学分支学科起了重大作用.本节首先介绍单总体参数的区间估计方法.

例如，某种电压计测量电压的误差（单位：V）服从 $N(\mu,1)$，现对该电压计观测了 5 次，发现误差分别为 0.1, 0.3, 0.4, 0.2 和 0.1，问题是在 95% 的把握下 μ 会在什么范围内呢？

问题可以描述为，寻找两个数 $\hat{\mu}_L, \hat{\mu}_U$ 使 $P\{\hat{\mu}_L \leqslant \mu \leqslant \hat{\mu}_U\} = 0.95$．

我们借助于随机变量的分布来寻找数 $\hat{\mu}_L, \hat{\mu}_U$．由于 $\hat{\mu} = \bar{x}$ 是 μ 的无偏估计和相合估计，且 $\bar{x} \sim N(\mu, 0.2)$，从而

$$Z = \frac{\bar{x} - \mu}{\sqrt{0.2}} \sim N(0,1) .$$

注意到 Z 是样本与参数 μ 的函数，但其分布为标准正态分布，不依赖于参数 μ．如图 5.4.1 所示，由标准正态分布的性质可知，

$$P\left\{\left|\frac{\bar{x} - \mu}{\sqrt{0.2}}\right| \leqslant z_{0.025}\right\} = 0.95 ,$$

其中 $z_{0.025} = 1.96$ 是 $N(0,1)$ 的右尾 0.025 分位数．进一步有

$$P\{\bar{x} - 1.96\sqrt{0.2} \leqslant \mu \leqslant \bar{x} + 1.96\sqrt{0.2}\} = 0.95 .$$

所以 $[\bar{x} - 1.96\sqrt{0.2}, \bar{x} + 1.96\sqrt{0.2}]$ 就是一个在 95% 的可信度下 μ 的置信区间．将 $\bar{x} = 0.22$ 代入得到具体的区间为

$$[-0.6565, 1.0965].$$

图 5.4.1　标准正态分布

定义 5.4.1　设 θ 是总体 X 的一个待估参数，$x_1, x_2, \cdots, x_n$ 是来自总体的一个样本. 若对给定的 $\alpha(0 < \alpha < 1)$，由样本 $x_1, x_2, \cdots, x_n$ 确定的两个统计量 $\hat{\theta}_L = \hat{\theta}_L(x_1, x_2, \cdots, x_n)$，$\hat{\theta}_U = \hat{\theta}_U(x_1, x_2, \cdots, x_n)$ 满足

$$P\{\hat{\theta}_L \leqslant \theta \leqslant \hat{\theta}_U\} = 1 - \alpha ,　　　　　　　　　　　（5.4.1）$$

如图 5.4.2 所示，则称区间 $[\hat{\theta}_L, \hat{\theta}_U]$ 是 θ 的置信水平（confidence level）（也称置信度）为 $1 - \alpha$ 的**置信区间**，简称 $1 - \alpha$ **置信区间**，求参数的置信区间就是**区间估计**（interval estimate）.

图 5.4.2　置信区间

这里置信水平 $1 - \alpha$ 的含义是指在大量使用置信区间时，真实参数 θ 落在置信区间的可信度至少有 $100(1-\alpha)\%$.

上面例子中寻找置信区间的方法称为**枢轴量法**，其步骤如下：

步骤 1　设法构造一个样本和未知参数 θ 的函数 $G(x_1, x_2, \cdots, x_n, \theta)$，使得 G 的分布已知且不依赖于未知参数 θ，称 G 为**枢轴量**.

步骤 2　适当地选择两个常数 c 和 d 使对给定的 $\alpha(0 < \alpha < 1)$，有 $P\{c \leqslant G \leqslant d\} = 1 - \alpha$.

步骤 3　将 $c \leqslant G \leqslant d$ 进行不等式变形化为 $\hat{\theta}_L \leqslant \theta \leqslant \hat{\theta}_U$，则 $[\hat{\theta}_L, \hat{\theta}_U]$ 就是 θ 的一个 $1 - \alpha$ 置信区间.

显然，置信区间的长度越小估计越精确，但实际中选取区间长度最短的 c, d 很难实现. 因此常选择等尾概率的置信区间，即选取 c 和 d 使

$$P\{G < c\} = P\{G > d\} = \frac{\alpha}{2}.$$

除特殊说明外，本章求置信区间时所用的分位数都指的是随机变量的右尾分位数.

5.4.2　正态总体均值的区间估计

设 $x_1, x_2, \cdots, x_n$ 是来自总体 $X \sim N(\mu, \sigma^2)$ 的样本，$\bar{x}$ 与 s^2 分别为样本均值与方差. μ 未知，现对 μ 进行区间估计.

1）总体方差已知时总体均值的区间估计

用 $\bar{x}$ 作为 μ 的点估计，选取枢轴量

$$Z = \frac{\bar{x} - \mu}{\sigma/\sqrt{n}} \sim N(0,1) \text{（定理 4.3.2 的结论）.}$$

如图 5.4.3 所示，由于

$$P\left\{-z_{\alpha/2} \leqslant \frac{\bar{x} - \mu}{\sigma/\sqrt{n}} \leqslant z_{\alpha/2}\right\} = 1 - \alpha \ ,$$

$$P\left\{\bar{x} - z_{\alpha/2}\frac{\sigma}{\sqrt{n}} \leqslant \mu \leqslant \bar{x} + z_{\alpha/2}\frac{\sigma}{\sqrt{n}}\right\} = 1 - \alpha \ ,$$

故 μ 的 $1-\alpha$ 置信区间为

$$\left[\bar{x} - z_{\alpha/2}\frac{\sigma}{\sqrt{n}}, \bar{x} + z_{\alpha/2}\frac{\sigma}{\sqrt{n}}\right], \tag{5.4.2}$$

其中，$z_{\alpha/2}\sigma/\sqrt{n}$ 称为估计误差（estimate error），$\sigma/\sqrt{n}$ 称为标准误差.

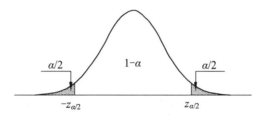

图 5.4.3　标准正态分布

例 5.4.1　一种袋装食品的重量（单位：kg）服从 $N(\mu, 25)$，现随机抽取 8 袋，测得其重量分别为

247	253	246	247	248	246	248	248

试求该种袋装食品平均重量的 95% 置信区间.

解　$\bar{x} = 247.875$，$z_{\alpha/2} \approx 1.9600$，$n = 8$，代入式（5.4.2）得

$$\left[247.875 - 1.96 \times \frac{5}{\sqrt{8}}, 247.875 + 1.96 \times \frac{5}{\sqrt{8}}\right],$$

从而该种袋装食品平均重量的 95% 置信区间为 $[244.4102, 251.3398]$.

例 5.4.2　某总体 $X \sim N(\mu, 200^2)$，μ 未知，现欲随机抽取一个样本估计 μ 的 95% 置信区间，希望估计误差不超过 40，应抽取容量多大的样本？

解 由题意知， $\sigma = 200$ ， $z_{0.025} = 1.9600$ ， $z_{\alpha/2}\dfrac{\sigma}{\sqrt{n}} \leqslant 40$ ，所以

$$n \geqslant \frac{(z_{0.025}\sigma)^2}{40^2} = \frac{(1.96 \times 200)^2}{40^2} = 96.04 ，$$

故应至少抽取容量为 97 的样本.

2）总体方差未知时总体均值的区间估计

用 $\bar{x}$ 作为 μ 的点估计，选取枢轴量

$$T = \frac{\bar{x} - \mu}{s/\sqrt{n}} \sim t(n-1) \text{（定理 4.3.4 的结论）.}$$

如图 5.4.4 所示，由于

$$P\left\{ -t_{\alpha/2}(n-1) \leqslant \frac{\bar{x} - \mu}{s/\sqrt{n}} \leqslant t_{\alpha/2}(n-1) \right\} = 1 - \alpha ，$$

$$P\left\{ \bar{x} - t_{\alpha/2}(n-1)\frac{s}{\sqrt{n}} \leqslant \mu \leqslant \bar{x} + t_{\alpha/2}(n-1)\frac{s}{\sqrt{n}} \right\} = 1 - \alpha ，$$

所以 μ 的 $1-\alpha$ 置信区间为

$$\left[\bar{x} - t_{\alpha/2}(n-1)\frac{s}{\sqrt{n}}, \bar{x} + t_{\alpha/2}(n-1)\frac{s}{\sqrt{n}} \right]. \tag{5.4.3}$$

图 5.4.4 $t(n-1)$ 分布

例 5.4.3 已知某种灯泡的寿命服从正态分布，其均值 μ 和方差 σ^2 都未知，现从一批灯泡中随机抽取 8 个，测得其寿命分别为

1309	1287	1317	1288	1289	1299	1305	1302

试求该批灯泡平均使用寿命的 95% 置信区间.

解 $\bar{x} = 1299.5$ ， $t_{\alpha/2} \approx 2.3646$ ， $n = 8$ ， $s^2 = 118.8571$ ， $s \approx 10.9022$ ，代入式（5.4.3）得

$$\left[1299.5 - 2.3646 \times \frac{10.9022}{\sqrt{8}}, 1299.5 + 2.3646 \times \frac{10.9022}{\sqrt{8}} \right]，$$

从而该批灯泡平均使用寿命的 95% 置信区间为 [1290.3856, 1308.6144].

5.4.3 分布未知总体或非正态总体的均值区间估计

设总体 X 的分布未知或服从非正态分布，且均值 $\mu = E(X)$ 未知，$x_1, x_2, \cdots, x_n$ 是来自 X 的样本，$\bar{x}$ 与 s^2 分别为样本均值和样本方差。现对 μ 进行区间估计。

用 $\bar{x}$ 作为 μ 的点估计，当样本容量 n 很大时，$\bar{x}$ 渐近服从正态分布（定理 4.3.2 的结论），即 $\bar{x} \dot{\sim} N(\mu, \sigma^2/n)$。若总体方差 σ^2 已知，选取枢轴量

$$Z = \frac{\bar{x} - \mu}{\sigma / \sqrt{n}} \dot{\sim} N(0,1) ,$$

此时 μ 的 $1-\alpha$ 置信区间为

$$\left[\bar{x} - z_{\alpha/2} \frac{\sigma}{\sqrt{n}}, \bar{x} + z_{\alpha/2} \frac{\sigma}{\sqrt{n}} \right] . \qquad (5.4.4)$$

若总体方差 σ^2 未知，选取枢轴量

$$T = \frac{\bar{x} - \mu}{s / \sqrt{n}} \dot{\sim} N(0,1) ,$$

此时 μ 的 $1-\alpha$ 置信区间为

$$\left[\bar{x} - z_{\alpha/2} \frac{s}{\sqrt{n}}, \bar{x} + z_{\alpha/2} \frac{s}{\sqrt{n}} \right] . \qquad (5.4.5)$$

例 5.4.4 某人寿保险公司承保了 45 位投保人，这 45 位投保人的平均年龄为 55 岁，年龄的方差为 81。试求该类投保人平均年龄的 95%置信区间。

解 $\bar{x} = 55$，$s^2 = 81$，$z_{0.025} = 1.9600$，$n = 45$，代入式（5.4.5）得

$$\left[55 - 1.96 \times \frac{9}{\sqrt{45}}, 55 + 1.96 \times \frac{9}{\sqrt{45}} \right] ,$$

从而该类投保人平均年龄的 95%置信区间为 [52.37.4, 57.6296]。

5.4.4 正态总体方差的区间估计

设 $x_1, x_2, \cdots, x_n$ 是来自总体 $X \sim N(\mu, \sigma^2)$ 的样本，s^2 是样本方差。σ^2 未知，现对 σ^2 进行区间估计。

用样本方差 s^2 作为总体方差 σ^2 的点估计，选取枢轴量

$$\chi^2 = \frac{(n-1)s^2}{\sigma^2} \sim \chi^2(n-1) \quad （定理 4.3.3 的结论）。$$

如图 5.4.5 所示，由于

$$P\left\{ \chi^2_{1-\alpha/2}(n-1) \leqslant \frac{(n-1)s^2}{\sigma^2} \leqslant \chi^2_{\alpha/2}(n-1) \right\} = 1 - \alpha ,$$

$$P\left\{\frac{(n-1)s^2}{\chi^2_{\alpha/2}(n-1)} \leqslant \sigma^2 \leqslant \frac{(n-1)s^2}{\chi^2_{1-\alpha/2}(n-1)}\right\} = 1-\alpha \ ,$$

所以 σ^2 的 $1-\alpha$ 置信区间为

$$\left[\frac{(n-1)s^2}{\chi^2_{\alpha/2}(n-1)}, \frac{(n-1)s^2}{\chi^2_{1-\alpha/2}(n-1)}\right]. \tag{5.4.6}$$

图 5.4.5 $\chi^2(n-1)$ 分布

例 5.4.5 一种袋装食品的重量（单位：kg）服从 $N(\mu,\sigma^2)$ 且 σ^2 未知. 现随机抽取 100 袋，测得方差为 25. 试求该种袋装食品重量的方差 σ^2 的 95% 置信区间.

解 $n=100$ ， $\chi^2_{0.975}(99) \approx 73.3611$ ， $\chi^2_{0.025}(99) \approx 128.4220$ ， $s^2 = 25$ ，代入式（5.4.6）得

$$\left[\frac{(100-1)\times 25}{128.4200}, \frac{(100-1)\times 25}{73.3611}\right],$$

从而该种袋装食品重量的方差的 95% 置信区间为 $[19.2724, 33.7372]$.

5.4.5 总体成数的区间估计

设 $x_1, x_2, \cdots, x_n$ 是来自总体 $X \sim B(1,\pi)$ 的样本. 显然，样本均值 $\bar{x}$ 就是样本成数 P ，即 $\bar{x} = P$. 总体成数 π 未知，现对 π 进行区间估计.

在大样本下， $P \dot{\sim} N\left(\pi, \frac{\pi(1-\pi)}{n}\right)$ ， $\frac{P-\pi}{\sqrt{\pi(1-\pi)/n}} \dot{\sim} N(0,1)$ ，故选取枢轴量

$$Z = \frac{P-\pi}{\sqrt{\pi(1-\pi)/n}} \dot{\sim} N(0,1) \ ,$$

从而

$$P\left\{-z_{\alpha/2} \leqslant \frac{P-\pi}{\sqrt{\pi(1-\pi)/n}} \leqslant z_{\alpha/2}\right\} = 1-\alpha \ ,$$

$$P\left\{P - z_{\alpha/2}\sqrt{\frac{\pi(1-\pi)}{n}} \leqslant \pi \leqslant P + z_{\alpha/2}\sqrt{\frac{\pi(1-\pi)}{n}}\right\} = 1-\alpha \ ,$$

由于 π 未知，当 n 充分大时， P 是 π 的一致估计，我们用 P 代替 π ，得 π 的 $1-\alpha$ 置信区间为

$$\left[P - z_{\alpha/2}\sqrt{\frac{P(1-P)}{n}}, P + z_{\alpha/2}\sqrt{\frac{P(1-P)}{n}}\right]. \tag{5.4.7}$$

例 5.4.6 某地想估计某种流行性传染病患者所占的比例 π，随机抽取 2500 人，其中 11 人患有该种疾病．试估计该地患某种流行性传染病患者的比例 π 的 95% 置信区间．

解 $P = \dfrac{11}{2500} = 0.0044$，$n = 2500$，$z_{0.025} \approx 1.9600$，代入式（5.4.7）得

$$\left[0.0044 - 1.96\sqrt{\frac{0.0044(1-0.0044)}{2500}}, 0.0044 + 1.96\sqrt{\frac{0.0044(1-0.0044)}{2500}}\right],$$

从而该地患某种流行性传染病患者的比例的 95% 置信区间为 $[0.0019, 0.0069]$．

例 5.4.7 以往资料显示，某种产品的合格率未知，现欲估计该种产品的合格率的 95% 置信区间，希望估计误差不超过 5%，应抽取容量多大的样本？

解 由题意知，该种产品的合格率的 95% 置信区间为

$$\left[P - 1.96\sqrt{\frac{P(1-P)}{n}}, P + 1.96\sqrt{\frac{P(1-P)}{n}}\right],$$

希望估计误差不超过 5%，即

$$1.96\sqrt{\frac{P(1-P)}{n}} \leqslant 5\%.$$

显然，样本成数 $P = 0.5$ 时，抽样误差最大．因此，在无法得到 P 值时，可用 $P = 0.5$ 计算．这样得到的样本量可能比实际需要的样本量大，但可以充分保证有足够高的置信度和尽可能小的置信区间．由此得，

$$n \geqslant \frac{1.96^2 \times 0.5 \times (1-0.5)}{0.05^2} = 384.$$

故抽取的容量至少为 384．

习题 5.4

1. 设总体 $X \sim N(\mu, 1)$，μ 未知，$x_1, x_2, \cdots, x_{100}$ 是来自 X 的样本，$\bar{x} = 5$，试求 μ 的 95% 置信区间．

2. 设某年级学生的语文成绩服从方差为 16 的正态分布，现从该年级中随机抽取 40 名学生，测得 40 名学生期中语文测试平均成绩为 86 分，试求该年级期中语文测试平均成绩的 90% 置信区间．

3. 设 $x_1, x_2, \cdots, x_n$ 来自总体 $X \sim N(\mu, 16)$ 的样本，若要使总体 X 的均值 μ 的 95% 置信区间的长度小于 1.2，试问样本容量 n 至少是多少？

4. 已知一批零件的长度（单位：cm）$X \sim N(\mu, \sigma^2)$，μ, σ^2 均未知．从中随机抽取 16 个零

件，测得其平均长度为 40，方差为 25，试求 μ 的 95% 置信区间.

5. 已知某种电子元件的使用寿命（单位：h）服从正态分布，现从一批电子元件中随机抽取 12 个，测得平均使用寿命为 120 h，方差为 400，试求该种电子元件平均使用寿命的 99% 置信区间.

6. 设总体 X 的分布未知，现从中随机抽取一个容量为 200 的样本，测得样本均值为 60.1，样本方差为 400，试求该总体均值的 95% 置信区间.

7. 某种金属材料的抗弯强度（单位：kg）服从正态分布，现从这批金属材料中随机抽取 11 个测试件，测得它们的平均抗弯强度为 43.45，方差为 0.49，试求该种金属材料的抗弯强度的标准差的 90% 置信区间.

8. 某车间生产的轴承钢珠直径（单位：mm）服从 $N(\mu, \sigma^2)$，现从某批轴承钢珠中随机抽取 6 个，测得它们的直径为

$$14.6 \qquad 15.1 \qquad 14.9 \qquad 14.8 \qquad 15.2 \qquad 15.1$$

试求：（1）μ 的 95% 置信区间；

（2）σ^2 的 95% 置信区间.

9. 某民族新生婴儿中女婴所占的比例为 π，在被调查的 100 个新生婴儿中发现有 46 个女婴，试求该民族新生婴儿中女婴所占比例 π 的 95% 置信区间.

10. 某城市想估计下岗职工中女性所占的比例，随机抽取 100 名下岗职工，其中 65 人为女性，试求该城市下岗职工中女性比例的 95% 置信区间.

11. 某鸡场为研究种蛋的常年孵化率，随机抽取 100 枚种蛋进行孵化，得小鸡 89 只，试求常年孵化率的 95% 置信区间.

5.5　双总体参数的区间估计

5.5.1　双总体均值之差的区间估计

设 $x_1, x_2, \cdots, x_m$ 和 $y_1, y_2, \cdots, y_n$ 是分别来自总体 $X \sim N(\mu_1, \sigma_1^2)$ 和 $Y \sim N(\mu_2, \sigma_2^2)$ 的样本，且相互独立. 样本均值与方差分别是 $\bar{x}, \bar{y}, s_1^2, s_2^2$. μ_1 和 μ_2 皆未知，现对 $\mu_1 - \mu_2$ 进行区间估计.

1）总体方差已知时的 $\mu_1 - \mu_2$ 区间估计

用 $\bar{x}$ 与 $\bar{y}$ 分别作为 μ_1 和 μ_2 的点估计量，选取枢轴量

$$Z = \frac{(\bar{x} - \bar{y}) - (\mu_1 - \mu_2)}{\sqrt{\sigma_1^2/m + \sigma_2^2/n}} \sim N(0,1) \text{（定理 4.3.6 的结论）}.$$

由于 $P\left\{ -z_{\alpha/2} \leqslant \dfrac{(\bar{x} - \bar{y}) - (\mu_1 - \mu_2)}{\sqrt{\sigma_1^2/m + \sigma_2^2/n}} \leqslant z_{\alpha/2} \right\} = 1 - \alpha$，故 $\mu_1 - \mu_2$ 的 $1 - \alpha$ 置信区间端点为

$$(\bar{x} - \bar{y}) \mp z_{\alpha/2} \sqrt{\sigma_1^2/m + \sigma_2^2/n}. \tag{5.5.1}$$

例 5.5.1 某中学想估计实验班与普通班的数学平均成绩之差，为此从实验班的学生中随机抽取了 8 名学生，从普通班的学生中随机抽取了 10 名学生，测得成绩分别为

实验班	87	88	84	89	86	88	86	88		
普通班	84	80	76	83	85	84	82	81	84	81

已知实验班与普通班的数学成绩的方差分别为 3 和 7. 假设两个班的成绩均服从正态分布，试求两个班数学平均成绩之差的 95% 置信区间.

解 设实验班与普通班的数学成绩分别为 $X \sim N(\mu_1, \sigma_1^2)$，$Y \sim N(\mu_2, \sigma_2^2)$，样本的均值与方差分别是 $\bar{x}$，$\bar{y}$，s_1^2，s_2^2，且两个样本相互独立，现对 $\mu_1 - \mu_2$ 进行区间估计.

依题意，$\sigma_1^2 = 3$，$\sigma_2^2 = 7$，$m = 8$，$n = 10$，$z_{0.025} = 1.9600$，经计算得 $\bar{x} = 87$，$\bar{y} = 82$，代入式（5.5.1）得

$$(87 - 82) \mp 1.96 \sqrt{\frac{3}{8} + \frac{7}{10}} \, ,$$

从而两个班数学平均成绩之差的 95% 置信区间为 $[2.9678, 7.0322]$.

2）总体方差未知但相等时的 $\mu_1 - \mu_2$ 区间估计

用 $\bar{x}$ 与 $\bar{y}$ 分别作为 μ_1 和 μ_2 的点估计量，选取枢轴量

$$T = \frac{(\bar{x} - \bar{y}) - (\mu_1 - \mu_2)}{s_w^2 \sqrt{1/m + 1/n}} \sim t(m + n - 2) \text{（定理 4.3.7 的结论），}$$

其中 $s_w^2 = \dfrac{(m-1)s_1^2 + (n-1)s_2^2}{m + n - 2}$.

由于 $P\left\{ -t_{\alpha/2}(m+n-2) \leqslant \dfrac{(\bar{x} - \bar{y}) - (\mu_1 - \mu_2)}{s_w \sqrt{1/m + 1/n}} \leqslant t_{\alpha/2}(m+n-2) \right\} = 1 - \alpha$，故 $\mu_1 - \mu_2$ 的 $1 - \alpha$ 置信区间端点为

$$(\bar{x} - \bar{y}) \mp t_{\alpha/2}(m + n - 2) s_w \sqrt{1/m + 1/n} \, . \tag{5.5.2}$$

例 5.5.2 在对某种化妆品的满意度调查中，随机调查了 8 名男士和 8 名女士，他们（她们）对该种化妆品的评分如下：

男士	80	78	66	46	79	83	88	85
女士	75	60	45	85	82	74	60	61

假设男士和女士对该化妆品的满意度评分都服从正态分布，且方差相等，试求男士和女士的满意度平均评分之差的 95% 置信区间.

解 设男士和女士的满意度评分分别为 $X \sim N(\mu_1, \sigma_1^2)$，$Y \sim N(\mu_2, \sigma_2^2)$，样本的均值与方差分别是 $\bar{x}$，$\bar{y}$，s_1^2，s_2^2，且两个样本相互独立，现对 $\mu_1 - \mu_2$ 进行区间估计.

依题意，$m=8$，$n=8$，$t_{0.025}(14) \approx 2.1448$，经计算得 $\overline{x}=75.625$，$\overline{y}=67.75$，$s_1^2 \approx 185.9821$，$s_2^2 \approx 182.2143$，$s_w \approx 13.5683$，代入式（5.5.2）得

$$(75.625 - 67.75) \mp 2.1448 \times 13.5683 \sqrt{\frac{1}{8}+\frac{1}{8}} \, ,$$

从而男士和女士的满意度平均评分之差的 95% 置信区间为 $[-6.6755, 22.4255]$.

3）总体方差未知且不等时的 $\mu_1 - \mu_2$ 区间估计

在小样本下，两总体均值之差的抽样分布不再服从自由度 $m+n-2$ 的 t 分布，而是近似地服从自由度为 l 的 t 分布，即

$$T = \frac{(\overline{x}-\overline{y})-(\mu_1-\mu_2)}{\sqrt{s_1^2/m + s_2^2/n}} \sim t(l) \, ,$$

其中 $l = \left(\frac{s_1^2}{m}+\frac{s_2^2}{n}\right)^2 \bigg/ \left(\frac{s_1^4}{m^2(m-1)}+\frac{s_2^4}{n^2(n-1)}\right)$. 实际中 l 一般不为整数，可以取 l 最接近的整数.

由此可给出 $\mu_1 - \mu_2$ 的 $1-\alpha$ 近似置信区间，其区间端点为

$$(\overline{x}-\overline{y}) \mp t_{\alpha/2}(l)\sqrt{s_1^2/m + s_2^2/n} \, . \tag{5.5.3}$$

在大样本下，由中心极限定理知，

$$Z = \frac{(\overline{x}-\overline{y})-(\mu_1-\mu_2)}{\sqrt{s_1^2/m + s_2^2/n}} \sim N(0,1) \, ,$$

由此可给出 $\mu_1 - \mu_2$ 的 $1-\alpha$ 近似置信区间，其区间端点为

$$(\overline{x}-\overline{y}) \mp z_{\alpha/2}\sqrt{s_1^2/m + s_2^2/n} \, . \tag{5.5.4}$$

例 5.5.3　若在例 5.5.1 中，假设实验班与普通班的数学成绩的方差不相等且未知，试求两个班数学平均成绩之差的 95% 置信区间.

解　依题意，$m=8$，$n=10$，经计算得 $\overline{x}=87$，$\overline{y}=82$，$s_1^2 \approx 2.5714$，$s_2^2 \approx 7.1111$，$l \approx 15$，$t_{0.025}(15) \approx 2.1314$，代入式（5.5.3）得

$$(87-82) \mp 2.1314\sqrt{\frac{2.5714}{8}+\frac{7.1111}{10}} \, ,$$

从而两个班数学平均成绩之差的 95% 置信区间为 $[2.8342, 7.1658]$.

4）匹配样本的 $\mu_1 - \mu_2$ 区间估计

匹配样本（matched sample）是指一个样本中的数据与另一个样本中的数据对应. 比如先指定 12 个工人用第一种方法组装一批零件，再让这 12 个工人用第二种方法组装同一批零件，这样得到的样本数据即为匹配样本数据.

在正态假定下，$X-Y \sim N(\mu_1-\mu_2, \sigma_d^2)$. 这样两总体区间估计问题就转化成单总体区间估

计问题. 当 σ_d^2 已知时, 选取枢轴量

$$Z = \frac{(\overline{x}-\overline{y})-(\mu_1-\mu_2)}{\sigma_d/\sqrt{n}} \sim N(0,1) ,$$

则 $\mu_1-\mu_2$ 的 $1-\alpha$ 置信区间为

$$\left[(\overline{x}-\overline{y})-z_{\alpha/2}\frac{\sigma_d}{\sqrt{n}},(\overline{x}-\overline{y})+z_{\alpha/2}\frac{\sigma_d}{\sqrt{n}}\right] , \tag{5.5.5}$$

其中 σ_d 表示 $X-Y$ 的标准差.

当 σ_d^2 未知时, 选取枢轴量

$$T = \frac{(\overline{x}-\overline{y})-(\mu_1-\mu_2)}{s_d/\sqrt{n}} \sim t(n-1) ,$$

则 $\mu_1-\mu_2$ 的 $1-\alpha$ 置信区间为

$$\left[(\overline{x}-\overline{y})-t_{\alpha/2}(n-1)\frac{s_d}{\sqrt{n}},(\overline{x}-\overline{y})+t_{\alpha/2}(n-1)\frac{s_d}{\sqrt{n}}\right] , \tag{5.5.6}$$

其中 s_d 表示样本值差的标准差.

例 5.5.4 随机抽取 7 名工人, 让他们分别采用 A 和 B 两种工艺加工某种机器零件, 测得零件的尺寸（单位: mm）如表 5.5.1 所示:

表 5.5.1

工人编号	1	2	3	4	5	6	7
第一种工艺	50.09	50.11	50.13	49.9	50.02	49.88	50.07
第二种工艺	49.78	50.03	50.1	50.08	49.06	49.89	50.05

假定这两种工艺加工出的零件尺寸之差服从正态分布, 试求两种工艺加的零件的平均尺寸之差的 95% 置信区间.

解 设两种工艺加工出的零件尺寸分别为 $X \sim N(\mu_1,\sigma_1^2)$, $Y \sim N(\mu_2,\sigma_2^2)$, 样本的均值与方差分别是 $\overline{x}$, $\overline{y}, s_1^2, s_2^2$, 现对 $\mu_1-\mu_2$ 进行区间估计.

经计算得 $n = 7$, $\overline{x}-\overline{y} = 0.1729$, $s_d^2 = 0.1415$, $t_{0.025}(6) \approx 2.4469$, 代入式（5.5.6）得

$$\left[0.1729-2.4469\times\sqrt{\frac{0.1415}{7}},0.1729+2.4469\times\sqrt{\frac{0.1415}{7}}\right] ,$$

从而两种工艺加的零件的平均尺寸之差的 95% 置信区间为 $[-0.1750 , 0.5208]$.

5.5.2　双总体方差之比的区间估计

设 $x_1,x_2,\cdots,x_m$ 和 $y_1,y_2,\cdots,y_n$ 分别是来自总体 $X \sim N(\mu_1,\sigma_1^2)$ 和 $Y \sim N(\mu_2,\sigma_2^2)$ 的样本, 两个样本相互独立, 样本方差分别是 s_1^2 和 s_2^2 . σ_1^2 和 σ_2^2 皆未知, 现对 σ_1^2/σ_2^2 进行区间估计.

选取枢轴量

$$F = \frac{s_1^2}{s_2^2} \cdot \frac{\sigma_2^2}{\sigma_1^2} \sim F(m-1, n-1) \text{ （定理 4.3.5 的结论）.}$$

如图 5.5.1 所示，由于

$$P\left\{ F_{1-\alpha/2}(m-1,n-1) \leqslant \frac{s_1^2 \sigma_2^2}{s_2^2 \sigma_1^2} \leqslant F_{\alpha/2}(m-1,n-1) \right\} = 1-\alpha ,$$

$$P\left\{ \frac{s_1^2}{s_2^2 F_{\alpha/2}(m-1,n-1)} \leqslant \frac{\sigma_1^2}{\sigma_2^2} \leqslant \frac{s_1^2}{s_2^2 F_{1-\alpha/2}(m-1,n-1)} \right\} = 1-\alpha ,$$

所以 σ_1^2 / σ_2^2 的 $1-\alpha$ 置信区间为

$$\left[\frac{s_1^2}{s_2^2 F_{\alpha/2}(m-1,n-1)}, \frac{s_1^2}{s_2^2 F_{1-\alpha/2}(m-1,n-1)} \right]. \tag{5.5.7}$$

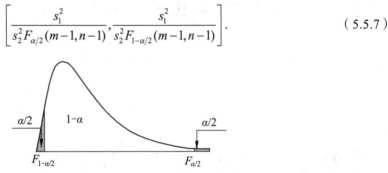

图 5.5.1　$F(m-1, n-1)$分布

例 5.5.5　设甲乙两种电子元件的电阻值都服从正态分布，现从这两种电子元件中独立地随机抽取两个样本，测得电阻值（单位：Ω）为

甲种	14	13	14	12	15	13	16	11
乙种	11	14	10	13	12	14		

试求甲乙两种电子元件的电阻值方差的 95%置信区间.

解　设甲乙两种电子元件的电阻值分别为 $X \sim N(\mu_1, \sigma_1^2)$，$Y \sim N(\mu_2, \sigma_2^2)$，样本方差分别是 s_1^2 和 s_2^2，现对 σ_1^2 / σ_2^2 进行区间估计.

依题意知，$m = 8$，$n = 6$，$\alpha = 0.05$，经测算得 $s_1^2 \approx 2.5714$，$s_2^2 \approx 2.6667$，$F_{0.025}(7,5) \approx 6.8531$，$F_{0.975}(7,5) \approx 0.1892$，代入式（5.5.7）得

$$\left[\frac{2.5714}{2.6667 \times 6.8531}, \frac{2.5714}{2.6777 \times 0.1892} \right],$$

从而甲乙两种电子元件的电阻值方差的 95%置信区间为 $[0.1407, 5.3513]$.

5.5.3　双总体成数之差的区间估计

设 $x_1, x_2, \cdots, x_m$ 和 $y_1, y_2, \cdots, y_n$ 分别是来自总体 $X \sim B(1, \pi_1)$ 和 $Y \sim B(1, \pi_2)$ 的样本，且两个样本相互独立，样本成数分别是 P_1 和 P_2. π_1 和 π_2 皆未知，现对 $\pi_1 - \pi_2$ 进行区间估计.

由定理 4.3.2 知，当 m 和 n 充分大时，

$$P_1 \dot\sim N\left(\pi_1, \frac{\pi_1(1-\pi_1)}{m}\right), \quad P_2 \dot\sim N\left(\pi_2, \frac{\pi_2(1-\pi_2)}{n}\right),$$

$$P_1 - P_2 \dot\sim N\left(\pi_1 - \pi_2, \frac{\pi_1(1-\pi_1)}{m} + \frac{\pi_2(1-\pi_2)}{n}\right),$$

所以

$$Z = \frac{(P_1 - P_2) - (\pi_1 - \pi_2)}{\sqrt{\pi_1(1-\pi_1)/m + \pi_2(1-\pi_2)/n}} \dot\sim N(0,1),$$

以此为枢轴量，则 $\pi_1 - \pi_2$ 的 $1-\alpha$ 置信区间端点为

$$(P_1 - P_2) \mp z_{\alpha/2}\sqrt{\pi_1(1-\pi_1)/m + \pi_2(1-\pi_2)/n}.$$

由于 π_1 和 π_2 均未知，当 m 和 n 充分大时，样本成数 P_1 和 P_2 分别是 π_1 和 π_2 的一致估计，分别用 P_1 和 P_2 来代替 π_1 和 π_2，得 $\pi_1 - \pi_2$ 的 $1-\alpha$ 置信区间端点为

$$(P_1 - P_2) \mp z_{\alpha/2}\sqrt{\frac{P_1(1-P_1)}{m} + \frac{P_2(1-P_2)}{n}}. \tag{5.5.8}$$

例 5.5.6　在某电视节目的收视率调查中，从城市随机调查了 500 人，有 45% 的人收看了节目，从农村随机调查了 400 人，有 32% 的人收看了节目．试估计城市和农村的收视率之差的 95% 置信区间．

解　设城市和农村的收视率分别为 π_1 和 π_2，样本均值分别为 P_1 和 P_2，现对 $\pi_1 - \pi_2$ 进行区间估计．

依题意，$P_1 = 45\%$，$P_2 = 32\%$，$m = 500$，$n = 400$，$z_{0.025} \approx 1.9600$，代入式（5.5.8）得

$$(0.45 - 0.32) \mp 1.96\sqrt{\frac{0.45(1-0.45)}{500} + \frac{0.32(1-0.32)}{400}},$$

从而收视率之差的 95% 置信区间为 $[0.0668, 0.1932]$．

习题 5.5

1. 两种不同品种的饲养期为 3 个月的猪的体重（单位：kg）都服从正态分布，甲种猪体重的方差为 196，乙种猪体重的方差为 121．现随机地抽取两种猪各 20 头，测得它们的平均体重分别为 130 kg 和 110 kg，试求这两种猪平均体重之差的 95% 置信区间．

2. 设 A, B 两种导电材料的电阻（单位：Ω）都服从正态分布，且方差相等但未知．随机从 A 种导电材料中抽取 4 根，测得其平均电阻为 14.12 Ω，方差为 0.082；随机从 B 种导电材

料中抽取 5 根，测得其平均电阻为 13.93 Ω，方差为 0.054，试求两种导电材料平均电阻之差的 95%置信区间.

3. 用两种方法组装同一种产品所用的时间都服从正态分布，现从两种方法组装的产品中各随机抽取 16 个产品，组装时间的均值分别为 30.2 小时和 28.4 小时，方差分别为 3 和 2，试求两种方法组装产品所需平均时间之差的 95%置信区间.

4. 分别测定了 10 只大耳白家兔、11 只青紫蓝家兔在停食 18 h 后正常血糖值（单位：kg），获得数据如下：

大耳白	57	120	101	137	119	117	104	73	53	68	
青紫蓝	89	90	82	85	75	105	57	82	96	120	88

假设家兔正常血糖值服从正态分布，试求两种家兔血糖平均值之差的 95%置信区间.

5. 有人曾对公雏鸡作了性激素效应试验. 将 22 只公雏鸡随机地分为两组，每组 11 只. 一组接受性激素 A（睾丸激素）处理；另一组接受激素 C（雄甾烯醇酮）处理. 在第 15 天取它们的鸡冠分别称重，所得数据如下：

激素 A	57	120	101	137	119	117	104	73	53	68	118
激素 C	89	30	82	50	39	22	57	32	96	31	88

假设鸡冠重量服从正态分布，试求接受激素 A 与激素 C 的公雏鸡鸡冠平均重量之差的 95%置信区间.

6.（匹配样本）由 10 名学生组成一个随机样本，让他们分别采用 A 和 B 两套试卷进行测试，结果如下：

学生编号	1	2	3	4	5	6	7	8	9	10
试卷 A	78	63	72	89	91	49	68	76	85	55
试卷 B	71	44	61	84	74	51	55	60	77	39

假定两套试卷分数之差服从正态分布，试求两套试卷平均分数之差的 95%置信区间.

7.（匹配样本）为观察某药对高胆固醇血症的疗效，随机测定了 9 名患者服药前和服药一个疗程后的血清胆固醇含量，得如下数据：

患者号	1	2	3	4	5	6	7	8	9
服药前	313	255	290	328	302	341	319	295	281
服药后	301	250	271	320	311	324	328	299	271

假设化验结果服从正态分布，试求服药前后血清胆固醇含量的均值之差的 95%置信区间，并对所得结果做出解释.

8.（匹配样本）11 只 60 日龄的雄鼠在 x 射线照射前后之体重数据（单位：g）如下：

编　号	1	2	3	4	5	6	7	8	9	10	11
照射前	25.7	24.4	21.1	25.2	26.4	23.8	21.5	22.9	23.1	25.1	29.5
照射后	22.5	23.2	20.6	23.4	25.4	20.4	20.6	21.9	22.6	23.5	24.3

假设射线照射前后雄鼠的体重均服从正态分布，试求射线照射前后雄鼠的平均体重之差的 95% 置信区间.

9. 某猪场从 10 窝大白猪的仔猪中，每窝随机抽出性别相同、体重接近的仔猪 2 头，将每窝两头仔猪随机地分配到两个饲料组，进行饲料对比试验，试验时间 30 天，增重结果如下：

窝　号	1	2	3	4	5	6	7	8	9	10
饲料 I	10.0	11.2	12.1	10.5	11.1	9.8	10.8	12.5	12.0	9.9
饲料 II	9.5	10.5	11.8	9.5	12.0	8.8	9.7	11.2	11.0	9.0

假设仔猪增加的体重服从正态分布，试求两种饲料喂养的仔猪平均增重之差的 95% 置信区间.

10. 随机抽取的机器 A 生产的 18 只钢管的内径方差为 $s_1^2 = 0.34$ mm^2，随机抽取的机器 B 生产的 13 只钢管的内径方差为 $s_2^2 = 0.29$ mm^2. 两个样本相互独立，且假定两机器生产的钢管内径都服从正态分布，试求两机器产生的钢管内径的方差之比的 90% 置信区间.

11. 为研究某大学男、女学生生活费用支出(单位：元)上的差异，各随机抽取 350 名男生和 300 名女生，测得他（她）们的生活费用支出的方差分别为 $s_x^2 = 2850$ 与 $s_y^2 = 2050$. 假设男、女学生生活费用支出都服从正态分布，试估计男生和女生生活费支出方差之比的 95% 置信区间.

12. 甲乙两班工人用某种类型的机床加工用一种机器零件，假设加工出的机器零件的尺寸都服从正态分布. 现从甲、乙两班的产品中各随机检查了 5 个和 6 个零件，得零件尺寸数据如下（单位：cm）：

甲班	5.06	5.08	5.03	5.00	5.07	
乙班	4.98	5.03	4.97	4.99	5.02	4.95

试求甲、乙两班加工的零件尺寸的方差之比的 95% 置信区间.

13. 研究甲、乙两种药物对某种疾病的治疗效果，甲药物治疗 70 例，治愈 53 例；乙药物治疗 75 例，治愈 62 例，试求两种药物治愈率之差的 95% 置信区间.

14. 甲、乙两厂生产同一种产品，从甲厂生产的产品中随机抽取 5000 件，发现有 2400 件二等品；从乙厂生产的产品中随机抽取 2000 件，发现有 1200 件二等品. 设甲、乙两厂产品的二等品分别为 p_1 和 p_2，试求 $p_1 - p_2$ 的 90% 置信区间.

5.6　Excel 在参数估计中的应用

5.6.1　点估计

Excel 没有参数估计分析工具，对于给定原始统计数据，常用分布的参数矩估计值和最大似然估计值，再利用表 5.3.1 和均值函数 AVERAGE，二阶中心矩函数 VARP 直接求得. 当然也可用样本方差函数 VAR 对正态总体方差参数进行无偏估计.

例 5.6.1　用 Excel 对例 5.2.3 进行求解.

解　步骤 1：将数据输入 A1:J1，如图 5.6.1 所示.

	A	B	C	D	E	F	G	H	I	J
1	109	100	105	108	110	104	120	120	102	122
2	110									
3	57.4									
4	0.9024									

图 5.6.1　点估计的计算

步骤 2：在 A2 输入函数=AVERAGE(A1:J1)，得 $\hat{\mu}=110$.

步骤 3：在 A3 输入函数=VARP(A1:J1)，得 $\hat{\sigma}^2 = 57.4$.

步骤 4：在 A4 输入函数=NORMDIST(130,110,57.4^0.5,1)–NORMDIST (100,110,57.4^0.5,1)，得 $P\{100 < X < 130\} \approx 0.9204$.

5.6.2　单总体参数的区间估计

1）方差已知时总体均值的区间估计

若总体 $X \sim N(\mu,\sigma^2)$ 的方差 σ^2 已知，μ 的 $1 - \text{alpha}$ 置信区间可用函数 CONFIDENCE 计算：

$$\bar{x} \mp \text{CONFIDENCE(alpha,standard\_dev,size)}$$

其中，Alpha 是用于计算置信度的显著性水平参数，Standard_devshshi 是数据区域的总体标准偏差，假设为已知. Size 为样本容量.（可以点击'插入(C)/fx 函数(F)/或选择类别(C):统计/选择函数(N):CONFIDENCE'）.

例 5.6.2　用 Excel 对例 5.4.1 进行求解.

解　步骤 1：将数据输入$A$1:$H$1，如图 5.6.2 所示.

	A	B	C	D	E	F	G	H	I
1	247	253	246	247	248	246	248	248	
2	下限	244.4102							
3	上限	=AVERAGE(A1:H1)+CONFIDENCE(0.05,5,8)							
4									

图 5.6.2　区间估计的计算

步骤 2：在 B2 输入函数=AVERAGE(A1:H1)-CONFIDENCE(0.05,5,8)，得 95%置信区间下限 244.4102.

步骤 3：在 B3 输入函数=AVERAGE(A1:H1)+CONFIDENCE(0.05,5,8)，得 95%置信区间上限 251.3398.

2）方差未知时总体均值的区间估计

例 5.6.3　用 Excel 对例 5.4.3 进行求解.

解　步骤 1：将数据输入 A1:H1，如图 5.6.3 所示.

	A	B	C	D	E	F	G	H	I
1	1309	1287	1317	1288	1289	1299	1305	1302	
2	下限	1290.3856							
3	上限	=AVERAGE(A1:H1)+ TINV(0.05,7)* STDEV(A1:H1)/8^0.5							
4									

图 5.6.3　区间估计的计算

步骤 2：在 B2 输入函数=AVERAGE(A1:H1) - TINV(0.05,7)* STDEV(A1:H1)/8^0.5，得置信区间下限 1290.3856.

步骤 3：在 B3 输入函数=AVERAGE(A1:H1)+ TINV(0.05,7)* STDEV(A1:H1)/8^0.5，得置信区间上限 1308.6144.

本例也可以用'描述性统计'工具计算，请参见 4.4 节例 4.4.5.

3）单总体方差的区间估计

例 5.6.4　用 Excel 对例 5.4.4 进行求解.

解　步骤 1：在 A1 输入函数=(100-1)*25/CHIINV(0.05/2,100-1)，得 95%置信区间下限 19.2724.

步骤 2：在 A2 输入函数=(100-1)*25/CHIINV(1-0.05/2,100-1)，得 95%置信区间上限 33.7372.

4）单总体成数的区间估计

例 5.6.5　用 Excel 对例 5.4.6 进行求解.

解　步骤 1：在 A1 输入函数=0.0044+NORMSINV(0.05/2)*(0.0044*(1-0.0044)/2500)^0.5，得 95%置信区间下限 0.0018.

步骤 2：在 A2 输入函数=0.0044-NORMSINV(0.05/2)*(0.0044*(1-0.0044)/2500)^0.5，得 95%置信区间上限 0.0067.

5.6.3　双总体参数的区间估计

这里只介绍利用 Excel 提供的假设检验分析工具同时计算样本均值、样本方差、分位数以及样本容量的平方根，进而进行一些情况下的区间估计的技巧.

1）方差已知时总体均值之差的区间估计

令

$$z = \frac{\overline{x} - \overline{y}}{\sqrt{\sigma_1^2/m + \sigma_2^2/n}}, \tag{5.6.1}$$

则式 (5.5.1): $(\overline{x} - \overline{y}) \mp z_{\alpha/2}\sqrt{\sigma_1^2/m + \sigma_2^2/n}$ 可写成

$$(\overline{x} - \overline{y})\left(1 \mp \frac{z_{\alpha/2}}{z}\right). \tag{5.6.2}$$

例 5.6.6　用 Excel 对例 5.5.1 进行求解.

解　步骤 1：将实验班样本数据输入 $A\$1:\$I\$1，普通班样本数据输入 $A\$2:\$K\$2.

步骤 2：点击'工具($\underline{T}$)/数据分析($\underline{D}$)/分析工具($\underline{A}$):z-检验:双样本平均差检验'. 在'z-检验:双样本平均差检验'对话框中进行如图 5.6.4 所示的设置，击'确定'.

图 5.6.4　z-检验：双样本平均差检验对话框

结果如图表 5.6.5 所示.

	A	B	C	D	E	F	G	H	I	J	K
1	实验班	87	88	84	89	86	88	86	88		
2	普通班	84	80	76	83	85	84	82	81	84	81
3	z-检验:双样本均值分析										
4											
5		实验班	普通班								
6	平均	87	82								
7	已知协方差	3	7								
8	观测值	8	10								
9	假设平均差	0									
10	z	4.8224									
11	P(Z<=z) 单尾	0.0000			下限	2.9679					
12	z 单尾临界	1.6449			上限	=(B6-C6)*(1+B14/B10)					
13	P(Z<=z) 双尾	0.0000									
14	z 双尾临界	1.9600									

图表 5.6.5　置信区间计算过程

步骤 3：在 F11 输入函数=(B6-C6)*(1-B14/B10)，得置信区间下限 2.9679.

步骤 4：在 F12 输入函数=(B6-C6)*(1+B14/B10)，得置信区间上限 7.0321.

结果：两个班数学平均成绩之差的 95%置信区间为[2.9679,7.0321].

2）方差未知但相等时总体均值之差的区间估计

令

$$t = \frac{\overline{x} - \overline{y}}{s_w^2 \sqrt{1/m + 1/n}}, \quad \left(s_w^2 = \frac{(m-1)s_1^2 + (n-1)s_2^2}{m+n-2} \right), \tag{5.6.3}$$

则式（5.5.2）：$(\overline{x} - \overline{y}) \mp t_{\alpha/2}(m+n-2)s_w\sqrt{1/m+1/n}$ 可写成

$$(\overline{x} - \overline{y})\left(1 \mp \frac{t_{\alpha/2}(m+n-2)}{t} \right). \tag{5.6.4}$$

例 5.6.7 用 Excel 对例 5.5.2 进行求解.

解 步骤 1：将男士样本数据输入单元格区域$A$1:$I$1，女士样本数据输入单元格区域
和$A$2:$I$2.

步骤 2：点击'工具(T)/数据分析(D)/分析工具(A):t-检验:双样本等方差假设'. 在't-检验：双样本等方差假设'对话框中进行如图 5.6.6 所示的设置，击'确定'.

图 5.6.6 t-检验:双样本等方差假设对话框

结果如图表 5.6.7 所示.

	A	B	C	D	E	F	G	H	I
1	男士	80	78	66	46	79	83	88	85
2	女士	75	60	45	85	82	74	60	61
3	t-检验:双样本等方差假设								
4									
5		男士	女士						
6	平均	75.625	67.75						
7	方差	185.9821	182.2143						
8	观测值	8	8						
9	合并方差	184.0982							
10	假设平均差	0							
11	df	14							
12	t Stat	1.1608							
13	P(T<=t) 单尾	0.1326		下限	-6.6755				
14	t 单尾临界	1.7613		上限	=(B6-C6)*(1+B16/B12)				
15	P(T<=t) 双尾	0.2651							
16	t 双尾临界	2.1448							

图表 5.6.7 置信区间计算过程

步骤 3：在 E13 输入函数=(B6-C6)*(1-B16/B12)，得置信区间下限-6.6755.

步骤 4：在 E14 输入函数=(B6-C6)*(1+B16/B12)，得置信区间上限 22.4255.

结果：两个班数学平均成绩之差的 95%置信区间为 $[-6.6755, 22.4255]$.

3）方差未知且不相等时总体均值之差的区间估计

令

$$t = \frac{\bar{x} - \bar{y}}{\sqrt{s_1^2/m + s_2^2/n}}，\tag{5.6.5}$$

则式（5.5.3）：$(\bar{x} - \bar{y}) \mp t_{\alpha/2}(l)\sqrt{s_1^2/m + s_2^2/n}$ 可写成

$$(\bar{x} - \bar{y})\left(1 \mp \frac{t_{\alpha/2}(l)}{t}\right).\tag{5.6.6}$$

例 5.6.8　用 Excel 对例 5.5.3 进行求解.

解　步骤 1：将实验班样本数据输入\$A\$1:\$I\$1，普通班样本数据输入\$A\$2:\$K\$2.

步骤 2：点击'工具(T)/数据分析(D)/分析工具(A):t–检验:双样本异方差检验'. 在't–检验:双样本异方差检验'对话框中进行如图 5.6.8 所示的设置，点击'确定'.

图 5.6.8　t-检验:双样本异方差假设对话框

结果如图表 5.6.9 所示.

	A	B	C	D	E	F	G	H	I	J	K
1	实验班	87	88	84	89	86	88	86	88		
2	普通班	84	80	76	83	85	84	82	81	84	81
3	t-检验:双样本异方差假设										
4											
5		实验班	普通班								
6	平均	87	82								
7	方差	2.5714	7.1111								
8	观测值	8	10								
9	假设平均差	0									
10	df	15									
11	t Stat	4.9206									
12	P(T<=t) 单尾	0.0001			下限	2.8341					
13	t 单尾临界	1.7531			上限	=(B6-C6)*(1+B15/B11)					
14	P(T<=t) 双尾	0.0002									
15	t 双尾临界	2.1314									

图表 5.6.9　置信区间计算过程

步骤 3：在 E12 输入函数=(B6-C6)*(1-B15/B11)，得置信区间下限 2.8341.

步骤 4：在 E14 输入函数=(B6-C6)*(1+B15/B11)，得置信区间上限 7.1659.

结果：两个班数学平均成绩之差的 95% 置信区间为[2.8341,7.1659].

4）方差未知时成对总体均值之差的区间估计

令

$$t = \frac{\overline{x} - \overline{y}}{s_d / \sqrt{n}} , \tag{5.6.7}$$

则式（5.5.6）：$(\overline{x} - \overline{y}) \mp t_{\alpha/2}(n-1)\frac{s_d}{\sqrt{n}}$ 可写成

$$(\overline{x} - \overline{y})\left(1 \mp \frac{t_{\alpha/2}(n-1)}{t}\right). \tag{5.6.8}$$

例 5.6.9   用 Excel 对例 5.5.4 进行求解.

解   步骤 1：将工艺 1 的样本数据输入单元格区域\$A\$1:\$H\$1，工艺 2 的样本数据输入单元格区域和\$A\$2:\$H\$2.

步骤 2：点击'工具(T)/数据分析(D)/分析工具(A):t-检验:平均值的成对二样本分析'. 在't-检验：平均值的成对二样本分析'对话框中进行如图 5.6.10 的设置，点击'确定'.

图 5.6.10   t-检验:平均值的成对二样本分析对话框

结果如图表 5.6.11 所示.

	A	B	C	D	E	F	G	H
1	第一种工艺	50.09	50.11	50.13	49.9	50.02	49.88	50.07
2	第二种工艺	49.78	50.03	50.1	50.08	49.06	49.89	50.05
3	t-检验: 成对双样本均值分析							
4								
5		第一种工艺	第二种工艺					
6	平均	50.0286	49.8557					
7	方差	0.0102	0.1364					
8	观测值	7	7					
9	泊松相关系数	0.0682						
10	假设平均差	0						
11	df	6						
12	t Stat	1.2160						
13	P(T<=t) 单尾	0.1348			下限	-0.1750		
14	t 单尾临界	1.9432			上限	=(B6-C6)*(1+B16/B12)		
15	P(T<=t) 双尾	0.2697						
16	t 双尾临界	2.4469						

图表 5.6.11   置信区间计算过程

步骤 3：在 E13 输入函数=(B6-C6)*(1-B16/B12)，得置信区间下限-0.1750.

步骤 4：在 E14 输入函数=(B6-C6)*(1+B16/B12)，得置信区间上限 0.5207.

结果：两种工艺加工的零件的平均尺寸之差的 95%置信区间为[-0.1750,0.5207].

6 假设检验

假设检验（hypothesis testing）是一类重要的统计推断问题. 例如，某种零件的设计直径为 50 cm，现从某种型号车床加工出的该种零件中随机抽取 100 件，测得平均直径为 59.7 cm，试问该机器生产的零件是否达到设计要求？该问题属于统计推断问题，即根据样本数据提供的信息推断总体的特征——均值是否为 50 cm 的问题.

英国统计学家皮尔逊（Karl Pearson，1857—1936）为考察实际数据与 χ^2 分布的拟合分布优劣问题，引进了著名的" χ^2 检验法"，并在理论上研究了其性质，这个检验法是假设检验最早、最典型的方法. 英国统计与遗传学家费歇尔（R. A. Fisher, 1890—1962）引进了显著性检验的概念，成为假设检验理论的先驱. 费歇尔 1924 年解决了理论分布包含有限个参数的情况，基于此方法的列表检验，在应用上有重要意义. 奈曼（J.Neyman，1894—1984）和皮尔逊（E. Pearson）在从 1928 年开始的一系列重要工作中，提出并精确化了一些重要概念，发展了假设检验理论. 奈曼－皮尔逊的假设检验理论对后世产生了巨大影响，是现今统计教科书中不可缺少的一个组成部分.

Karl Prarson
(1857—1936)

本章主要内容有：假设检验的思想与概念、单总体参数假设检验、双总体参数假设检验、分布拟合检验、列联表独立性检验和利用 Excel 进行假设检验等.

第 6 章知识结构图

☆ 实际问题中，总体分布或参数是未知的，假设检验是先给出先验的总体分布或参数，然后利用统计方法对假设是否为真作出推断，假设检验可分为参数假设检验和非参数假设检验.

☆ 参数假设检验又可分为单总体参数的假设检验和多总体参数的假设检验.

☆ 非参数假设检验方法很多，这里介绍分布拟合假设检验和列联表独立性假设检验. 分布拟合假设检验是检验样本是否来自某种分布总体，列联表独立性检验是利用样本检验两总体是否相互影响.

　　☆ 假设检验可以利用 Excel 提供的分析工具进行计算.

　　本章假设检验时，除特殊说明外，所用的分位数都指的是右尾分位数.

6.1　假设检验的基本问题

6.1.1　检验的思想方法和基本概念

　　我们通过三个例子来介绍假设检验的思想方法和基本概念.

　　例 6.1.1　生猪期货要求交易的标的物——生猪的体重在 100 kg 左右，某养殖户卖出的生猪期货将要到期，该养殖户从存栏的生猪中随机抽取 30 头生猪，称得平均体重为 98 kg. 假设存栏生猪的体重服从均值为 μ 标准差为 5 kg 的正态分布，试问该养殖户存栏的生猪是否达到交易标准？

　　分析　从数据知，存栏生猪的平均体重比交易标准少 2 kg，产生 2 kg 差异的原因可能是：

　　（1）差异是由抽样的随机性造成的，生猪达到了交易标准.

　　（2）体重确实未达到交易标准.

　　问题是 2 kg 的差异能否用抽样的随机性解释呢？也就是存栏生猪的平均体重与交易标准是否有显著性差异呢？为了回答这个问题，我们假设存栏生猪体重的均值为 $\mu = 100$ kg，然后根据样本提供的信息，对假设是否成立做出统计推断，这就是**假设检验**问题. 根据实际问题的要求对未知总体分布的某些特征提出一个论断，称为**原假设**（null hypothesis），记为 H_0；与 H_0 对立的论断称为**备择假设**（alternative hypothesis），记作 H_1. 在例 6.1.1 中，假设检验问题是

$$H_0 : \mu = 100 ; \quad H_1 : \mu \neq 100 .$$

　　因样本均值 $\bar{x}$ 是总体均值 μ 的无偏估计，假设存栏生猪的体重服从正态分布，当 H_0 为真时，即便样本的随机性会使 $\bar{x} \neq 100$，$\bar{x} - 100$ 也不应该很大或很小，如果 $\bar{x} - 100$ 很大或很小，就有理拒绝 H_0. H_0 为真时，统计量

$$Z = \frac{\bar{x} - \mu}{\sigma / \sqrt{n}} = \frac{\bar{x} - 100}{5 / \sqrt{30}} \sim N(0,1) .$$

　　相对地，若 $\bar{x} - 100$ 很大或很小，Z 势必也很大或很小. 我们用小概率事件的实际不可能性原理（小概率事件在一次试验中几乎是不可能发生的）建立一个判断大小的标准. 将抽样看作一次试验，选择一个小概率 $\alpha = 0.05$. 将 $\bar{x} = 98$ 代入统计量 Z，计算得 Z 的值 $z = -2.1909 < -1.96 \approx z_{0.975} = z_{1-\alpha/2}$. 这说明小概率事件 $\{Z < z_{1-\alpha/2}\}$ 发生了，这和小概率事件的实际不可能性原理相"冲突". 因此，认为 Z 足够小的令人有理由怀疑 H_0 为真，因此我们拒绝 H_0，即存栏生猪的平均体重与交易标准存在显著性差异. 在例 6.1.1 中，养殖户应该采取措施，适当增加生猪的体重以便在期货交割时达到交易的标准. 如图 6.1.1 所示，例 6.1.1 小概率发生的区间 $\bar{W} = (-\infty, z_{1-\alpha/2}] \bigcup [z_{\alpha/2}, +\infty)$ 称为**拒绝域**，对应的区间 $W = (z_{1-\alpha/2}, z_{\alpha/2})$ 称为**接收域**.

图 6.1.1 双侧检验的拒绝域

假设检验选取的小概率 α 称为**检验水平**或**显著性水平**（significance level），一般可取 0.1, 0.05, 0.025, 0.01 等．例 6.1.1 中 $H_1 : \mu \neq 100$，拒绝域在两侧，因此称该检验为**双侧检验**．

在例 6.1.1 中，统计推断方法是比较 z 与 $z_{\alpha/2}$ 或 $z_{1-\alpha/2}$（小概率的临界值，$N(0,1)$ 的 $\alpha/2$ 分位数）的大小，此种方法称为**临界值检验法**．双侧检验的临界值检验法是，当 $z \leqslant z_{1-\alpha/2}$ 或 $z > z_{\alpha/2}$，则拒绝 H_0，反之则接受 H_0．

注意到，$z \leqslant z_{1-\alpha/2}$ 或 $z > z_{\alpha/2}$ 等价于概率 $p = P\{Z \leqslant z\} < \alpha/2$ 或 $p = P\{Z > z\} < \alpha/2$．因此，检验可以通过比较 $p = P\{Z > z\}$ 或 $p = P\{Z \leqslant z\}$ 与 $\alpha/2$ 的大小来推断，此法称为 **p 值检验法**，$p = P\{Z > z\}$ 称为显著性．p 值检验法的优点是可以事先不确定显著性水平 α，而视 p 值的大小而确定精确的显著性水平．

在例 6.1.1 中，$p = P\{Z < -2.1909\} \approx 0.0142 < 0.025 = \alpha/2$．因此，有充足理由拒绝 H_0，即存栏生猪的平均体重与交易标准存在显著性差异．

小概率事件的实际不可能性原理只是说小概率事件在一次试验中几乎是不可能发生的，但并不意味着肯定不发生．例 6.1.1 的统计推断可能是错误的，原因是真实情况是 $\mu = 100$，但小概率的发生却让我们做出了拒绝 $\mu = 100$ 的推断．假设检验犯的此类错误是**弃真错误，称为第 I 类错误**或 α **错误**（α error）．

例 6.1.2 某厂生产的一种合金的强度服从 $N(\mu, 16)$，其中 μ 的设计值为不低于 95Pa．为保证质量，该厂每天都要对生产情况做例行检查，以判断生产状态是否正常．某天从产品中随机抽取 25 块合金，测得其平均强度为 $\bar{x} = 94\,\text{Pa}$，试问当日生产是否正常？

分析 依题意，检验问题为

$$H_0 : \mu \geqslant 95 ; \quad H_1 : \mu < 95 .$$

试想若 H_0 为真，即便样本的随机性会使 $\bar{x} < 95$，$\bar{x} - 95$ 也不应该很小，如果 $\bar{x} - 95$ 很小，就有理由拒绝 H_0．由于 $\mu = 95$ 时，统计量

$$Z = \frac{\bar{x} - \mu}{\sigma/\sqrt{n}} = \frac{\bar{x} - 95}{4/\sqrt{25}} \sim N(0,1) .$$

相对地，若 $\bar{x} - 95$ 很小，Z 势必也很小．将抽样看作一次试验，取显著性水平 $\alpha = 0.05$．将样本均值 $\bar{x} = 94$ 代入统计量 Z，计算 Z 的值 $z = -1.25 > -1.6449 \approx z_{0.95} = z_{1-\alpha}$．这说明小概率事件 $\{Z \leqslant z_{1-\alpha}\}$ 没有发生．根据小概率事件的实际不可能性原理，就没有充足理由拒绝 H_0，即认为当日生产是正常的．

如图 6.1.2 所示，例 6.1.2 中 $H_1 : \mu < 95$，拒绝域 $\bar{W} = (-\infty, z_{1-\alpha})$ 在左侧，因此称为**左侧检验**．左侧检验的临界值检验法是，当 $z \leqslant z_{1-\alpha}$，则拒绝 H_0，反之则接受 H_0．

图 6.1.2 左侧检验的拒绝域

注意到，$z \leqslant z_{1-\alpha}$ 等价于概率 $p = P\{Z \leqslant z\} < \alpha$，因此，左侧检验的 p 值检验法是，若 $p = P\{Z \leqslant z\} < \alpha$，则拒绝 H_0，反之则接受 H_0.

例 6.1.2 的推断也可能是错误的，原因是真实情况是 $\mu < 95$，但小概率没发生却让我们做出了接受 $\mu \geqslant 95$ 的推断. 假设检验犯的此类错误是**取伪错误**，称为**第 II 类错误**或 **β 错误**（β error）.

例 6.1.3 某班的上学期数学平均成绩为 85.4 分，标准差为 4.3 分. 本学期教师在加强教学管理的同时进行了教学改革，为了检验教学改革的效果，在本学期的测试成绩中，随机抽取了 10 名学生的成绩：

87	82	89	90	85	84	91	96	83	91

假设本学期的测试与上学期难易程度相当，成绩都服从正态分布且标准差与上学期相同，试问教学改革是否有显著效果？

分析 依题意，检验问题为

$$H_0 : \mu \leqslant 85.4 \; ; \quad H_1 : \mu > 85.4 .$$

试想，若 H_0 为真，即便样本的随机性会使 $\bar{x} > 85.4$，$\bar{x} - 85.4$ 也不应该很大，如果 $\bar{x} - 85.4$ 很大，就有理由拒绝 H_0. 由于 $\mu = 85.4$ 时，统计量

$$Z = \frac{\bar{x} - \mu}{\sigma / \sqrt{n}} = \frac{\bar{x} - 85.4}{4.3 / \sqrt{10}} \sim N(0, 1).$$

相对地，若 $\bar{x} - 85.4$ 很大，Z 势必也很大. 将抽样看作一次试验，取显著性水平 $\alpha = 0.05$. 将样本均值 $\bar{x} = 87.8$ 代入检验统计量 Z，计算得 Z 的值 $z = 1.7650 > 1.6449 \approx z_{0.05} = z_\alpha$. 这说明小概率事件 $\{Z > z_\alpha\}$ 发生了. 根据小概率事件的实际不可能性原理，我们有充足的理由拒绝 H_0，即教学改革是有显著效果的.

如图 6.1.3 所示，例 6.1.3 的拒绝域 $\bar{W} = (z_\alpha, +\infty)$ 在右侧，因此称为**右侧检验**. 右侧检验的临界值检验法是，若 $z > z_\alpha$，则拒绝 H_0，反之则接受 H_0.

图 6.1.3 右侧检验的拒绝域

注意到，$z > z_\alpha$ 等价于概率 $p = P\{Z > z\} < \alpha$，因此，右侧检验的 p 值检验法是，若 $p = P\{Z > z\} < \alpha$，则拒绝 H_0，反之则接受 H_0.

6.1.2　假设检验的步骤

1）临界值检验法

步骤 1　提出原假设和备择假设.

假设检验问题一般有以下三类：

（1）双侧检验：$H_0 : \theta = \theta_0$；$H_1 : \theta \neq \theta_0$.

（2）左侧检验：$H_0 : \theta > \theta_0$；$H_1 : \theta \leqslant \theta_0$.

（3）右侧检验：$H_0 : \theta \leqslant \theta_0$；$H_1 : \theta > \theta_0$.

其中 θ_0 为已知数.

步骤 2　确定检验统计量 X 和拒绝域. 给定显著性水平 α，双侧检验的临界值为右尾分位数 $x_{\alpha/2}$ 或 $x_{1-\alpha/2}$，拒绝域为 $(-\infty, x_{1-\alpha/2}] \bigcup [x_{\alpha/2}, +\infty)$；左侧检验的临界值为右尾分位数 $x_{1-\alpha}$，拒绝域为 $(-\infty, x_{1-\alpha}]$；右侧检验的临界值为右尾分位数 x_α，拒绝域为 $[x_\alpha, +\infty)$.

步骤 3　计算检验统计量的值和统计推断. 设经计算，检验统计量的值为 x. 双侧检验时，若 $x \leqslant x_{1-\alpha/2}$ 或 $x > x_{\alpha/2}$，则拒绝 H_0；左侧检验时，若 $x \leqslant x_{1-\alpha}$，则拒绝 H_0；右侧检验时，若 $x > x_\alpha$，则拒绝 H_0.

2）p 值检验法

步骤 1　提出原假设和备择假设.

步骤 2　确定检验统计量 X，并计算检验统计量的值 x.

步骤 3　计算显著性 p 和统计推断. 给定显著水平 α，双侧检验时，若 $p = P\{X \leqslant x\} < \alpha/2$ 或 $p = P\{X > x\} < \alpha/2$，则拒绝 H_0；左侧检验时，若 $P\{Z \leqslant z\} < \alpha$，则拒绝 H_0；右侧检验时，若 $p = P\{X > x\} < \alpha$，则拒绝 H_0.

6.1.3　检验问题的进一步说明

1）关于检验结果的解释

对于检验结果，若小概率事件没有发生，只说明在显著水平 α 下，我们没有充足的理由拒绝原假设，至于原假设是否为真实际上不得而知. 而若小概率事件发生了，就说明在显著水平 α 下，我们有充足的理由拒绝原假设.

2）两类错误的控制

假设检验时可能会犯两类错误，表 6.1.1 是假设检验时各种可能结果的概率.

表 6.1.1　假设检验中各种可能结果的概率

项　目	没有拒绝 H_0	拒绝 H_0
H_0 为真	$1-\alpha$ （正确决策）	α （弃真错误）
H_0 为伪	β （取伪错误）	$1-\beta$ （正确决策）

　　事实上，两类错误中某一类错误的减小都会导致另一类错误的增大，因此，我们不可能使 α 和 β 同时减小. 按理说哪类错误带来的危害大，就应在检验中控制哪类错误发生的概率，但实践中主要控制 α ，即根据实际需要确定小概率 α ，降低犯弃真错误的风险. 其原因是，原假设一般是原有的结论，都比较明确，而备择假设一般是新得出的结论，充满了不确定性.

3）单侧检验中假设的建立.

　　在例 6.1.2 中，若假设问题为

$$H_0 : \mu \leqslant 95 \; ; \quad H_1 : \mu > 95 ,$$

因检验统计量 Z 的值

$$z = \frac{94-95}{4/\sqrt{25}} = -1.25 < z_{0.05} \approx 1.6449 ,$$

检验统计量 Z 的值就落在了接受域，得出当日生产不正常的结论. 这样同一个样本却得出了相反的结论.

　　那该如何建立假设呢？因为备择假设成立是一个小概率事件，因而原假设就处于被保护的地位，也就是说，在一次试验中，原假设是具有优势的. 实践中，原有的理论、原有的状况、原有的看法或者以前被大多数人认可或接受的东西，在没有充足拒绝证据时，总是被假定是正确的. 而那些新的、可能的、揣测的东西要让人接受往往需要充足的证据. 因此，在假设检验中，常把原有的理论、原有的状况、原有的看法、或者以前被大多数人认可或接受的东西、不应轻易被否定的东西作为原假设，而把那些新的、可能的、揣测的东西作为备择假设.

习题 6.1

　　1. 什么是假设检验问题？什么原假设？什么备择假设？

　　2. 假设检验的基本原理是什么？

　　3. 什么是拒绝域？什么是接受域？

　　4. 什么是左检验？什么右检验？什么双侧检验？

　　5. 某种产品以往的废品率为 5%，采取某种技术革新措施后，对产品的样本进行检验：这种产品的废品率是否有所降低，取显著性水平 $\alpha = 0.05$ ，则此问题的原假设 H_0 :＿＿＿＿＿＿，备择假设 H_1 :＿＿＿＿＿＿.

　　6. 什么是第一类错误或 α 错误？什么是第 II 类错误或 β 错误？

7. 设 $x_1, x_2, \cdots, x_n$ 是来自正态总体 $X \sim N(\mu, \sigma^2)$ 的简单随机样本，其中参数 μ 未知，σ 已知，记 $\bar{x} = \dfrac{1}{n} \sum\limits_{i=1}^{n} x_i$，则假设 $H_0 : \mu = 0$ 的 Z 检验使用统计量_____.

8. 设样本 $x_1, x_2, \cdots, x_n$ 取自总体 $X \sim N(\mu, 3^2)$，其中 μ 为未知参数，$\bar{x}$ 为样本均值，检验假设 $H_0 : \mu_0 = 0$. 取拒绝域为 $\{(x_1, x_2, \cdots, x_n); |\bar{x} - \mu_0| \geqslant c\}$，若检验水平 $\alpha = 0.05$，则常数 c 为_____.

9. 在假设检验问题中，检验水平 α 的意义是（　　　　）.
（A）原假设 H_0 成立，经检验不能被拒绝的概率
（B）原假设 H_0 成立，经检验被拒绝的概率
（C）原假设 H_0 不成立，经检验被拒绝的概率
（D）原假设 H_0 不成立，经检验不能被拒绝的概率

10. 在假设检验中，H_0 为原假设，则称（　　　　）为犯第 Ⅰ 类错误.
（A）H_0 为真，接受 H_0　　　　　　　（B）H_0 不真，拒绝 H_0
（C）H_0 为真，拒绝 H_0　　　　　　　（D）H_0 不真，接受 H_0

6.2　单总体参数的假设检验

6.2.1　正态总体均值的假设检验

设 $x_1, x_2, \cdots, x_n$ 是来自总体 $X \sim N(\mu, \sigma^2)$ 的样本，样本均值和方差分别为 $\bar{x}, s^2$. 总体期望 μ 未知，考虑以下三类关于 μ 的检验问题：

（1）$H_0 : \mu = \mu_0$；$H_1 : \mu \neq \mu_0$.
（2）$H_0 : \mu > \mu_0$；$H_1 : \mu \leqslant \mu_0$.
（3）$H_0 : \mu \leqslant \mu_0$；$H_1 : \mu > \mu_0$.
其中 μ_0 为已知数.

1）总体方差已知时的检验

选择 $\mu = \mu_0$ 时的抽样分布（6.2.1）作为检验统计量：

$$Z = \frac{\bar{x} - \mu_0}{\sigma / \sqrt{n}} \sim N(0, 1).　　　　　　（6.2.1）$$

检验统计量为 $N(0, 1)$ 的假设检验称为 **Z 检验**或 **U 检验**.

例 6.2.1　某种电子元件的寿命服从正态分布，其质量标准为平均寿命为 1200 h，方差为 1500 h. 某厂宣布它采用一种新工艺生产的产品质量大大超过了规定标准. 为了进行检验，随机抽取 6 件，测得 6 件电子元件的寿命为：

1290	1127	1247	1215	1210	1240

试问在 $\alpha = 0.05$ 下能否说该厂产品质量显著高于规定标准？

解　依题意，本例是关于方差已知时总体均值的右侧 Z 检验：

$$H_0 : \mu \leqslant 1200 ; \quad H_1 : \mu > 1200 .$$

$\mu_0 = 1200$ ，$\sigma^2 = 1500$ ，$n = 6$ ，$\alpha = 0.05$ ，经计算得 $\bar{x} = 1121.5$ ，代入检验统计量（6.2.1）得 $z \approx 1.3598$ ，因为

$$p = P\{Z > 1.3598\} \approx 0.0869 > 0.05 = \alpha ,$$

所以在 $\alpha = 0.05$ 下，没有充足理由拒绝 H_0 ，可以认为该厂产品质量没有显著高于规定标准.

2）总体方差未知时的检验

选择 $\mu = \mu_0$ 时的抽样分布（6.2.2）作为检验统计量：

$$T = \frac{\bar{x} - \mu_0}{s / \sqrt{n}} \sim t(n-1) . \tag{6.2.2}$$

检验统计量为 t 分布的假设检验称为 t 检验.

例 6.2.2　某种听装纯牛奶标签上载明蛋白质 $\geqslant 2.9\%$. 质检人员随机抽取了 10 听该种纯牛奶进行检验，发现蛋白质含量（单位：%）分别为：

2.8	2.9	3	3.1	2.8	2.75	2.7	2.8	3.1	2.85

试在 $\alpha = 0.05$ 下检验该种纯牛奶是否合格.

解　将标签上的信息理解为"蛋白质平均含量 $\geqslant 2.9\%$"，则本例是关于方差未知时总体均值的左侧 t 检验：

$$H_0 : \mu \geqslant 2.9 ; \quad H_1 : \mu < 2.9 .$$

$n = 10$ ，$\alpha = 0.05$ ，经计算得 $\bar{x} = 2.88$ ，$s^2 \approx 0.0201$ ，代入检验统计量（6.2.2）得 $t \approx -0.4460$ ，因为

$$p = P\{t(9) \leqslant -0.4460\} \approx 0.3331 > 0.05 = \alpha ,$$

所以在 $\alpha = 0.05$ 下，没有充足理由拒绝 H_0 ，认为该种纯牛奶合格.

6.2.2　正态总体方差的假设检验

设 $x_1, x_2, \cdots, x_n$ 是来自总体 $X \sim N(\mu, \sigma^2)$ 的样本，样本为 s^2 . 总体方差 σ^2 未知，考虑以下三类关于 σ^2 的检验问题：

（1）$H_0 : \sigma^2 = \sigma_0^2$ ；$H_1 : \sigma^2 \neq \sigma_0^2$.

（2）$H_0 : \sigma^2 > \sigma_0^2$ ；$H_1 : \sigma^2 \leqslant \sigma_0^2$.

（3）$H_0 : \sigma^2 \leqslant \sigma_0^2$ ；$H_1 : \sigma^2 > \sigma_0^2$.

其中 σ_0^2 为已知数.

选择 $\sigma^2 = \sigma_0^2$ 时的抽样分布（6.2.3）作为检验统计量：

$$\chi^2 = \frac{(n-1)s^2}{\sigma_0^2} \sim \chi^2(n-1) . \tag{6.2.3}$$

检验统计量为 χ^2 分布的假设检验称为 χ^2 **检验**.

例 6.2.3 某种型号的饮料装瓶机按要求每装一瓶 1000 mL 的饮料的标准差不超过 10 mL. 现从该种型号装瓶机装完的产品中随机抽取 25 瓶, 测得标准差为 10.5 mL. 假设装瓶机装的饮料量服从正态分布, 试在 $\alpha = 0.05$ 下检验该装瓶机是否工作正常.

解 依题意, 本例是关于单总体方差的 χ^2 右检验:

$$H_0 : \sigma^2 \leqslant 100 ; \quad H_1 : \sigma^2 > 100 .$$

$s^2 = 10.5^2$, $n = 25$, $\alpha = 0.05$, 代入检验统计量（6.2.3）得 $c^2 = 26.46$, 因为

$$p = \{\chi^2(24) > 26.46\} \approx 0.3302 > 0.05 = \alpha ,$$

所以在 $\alpha = 0.05$ 下, 没有充足理由拒绝 H_0, 即该装瓶机工作是正常的.

6.2.3 总体成数的假设检验

设 $x_1, x_2, \cdots, x_n$ 是来自总体 $B(1, \pi)$ 的样本, P 为样本成数. 总体成数 π 未知, 考虑以下三类关于 π 的检验问题:

（1）$H_0 : \pi = \pi_0 ; H_1 : \pi \neq \pi_0 .$

（2）$H_0 : \pi > \pi_0 ; H_1 : \pi \leqslant \pi_0 .$

（3）$H_0 : \pi \leqslant \pi_0 ; H_1 : \pi > \pi_0 .$

其中 π_0 为已知数.

将抽样视作 n 次独立试验, 易知样本成数 P 就是样本均值 $\bar{x}$, 在大样本下, 选择 $\pi = \pi_0$ 时的抽样分布（6.2.4）作为检验统计量:

$$Z = \frac{P - \pi_0}{\sqrt{\pi_0(1-\pi_0)/n}} \overset{\cdot}{\sim} N(0,1) , \tag{6.2.4}$$

此时的检验为 Z **检验**.

例 6.2.4 我国人口老龄化现象越来越明显, 2000 年某市老年人口（年龄在 65 岁以上）所占的比例为 11.4%. 2012 年为了研究该市老年人口的变化情况, 随机抽取了 500 名居民, 发现其中有 55 人年龄在 65 岁以上, 所占比例为 11%. 试问在 $\alpha = 0.05$ 下该项调查是否说明该市人口老龄化没有发展呢?

解 依题意, 本例是关于单总体成数的左侧 Z 检验:

$$H_0 : p \geqslant 0.114 ; \quad H_1 : p < 0.114 .$$

$\pi_0 = 0.114$, $n = 500$, $\alpha = 0.05$, 经测算得 $P = \dfrac{55}{500} = 0.11$, 代入检验统计量（6.2.4）得 $z \approx -0.2814$. 因

$$p = P\{Z \leqslant -0.2814\} \approx 0.3892 > 0.05 = \alpha ,$$

故在 $\alpha = 0.05$ 下, 没有充足理由拒绝 H_0, 即可以认为该市人口老龄化还在发展.

习题 6.2

1. 某机器正常状态时，加工的零件尺寸（单位：cm）$X \sim N(5, 2^2)$，为检验该机器工作是否正常，从已生产出的一批零件中随机取 100 件，测得平均直径为 5.02 cm，试问在 $\alpha = 0.05$ 下该机器工作是否正常.

2. 一台包装机包装的洗衣粉额定标准重量为 500 g，根据以往经验，包装机的实际装袋重量服从标准差为 15 的正态分布. 为检验包装机工作是否正常，随机抽取 9 袋，称得洗衣粉净重数据如下（单位：g）：

497	506	518	524	488	517	510	515	516

试问在 $\alpha = 0.01$ 下这台包装机工作是否正常？

3. 某机床工作正常时加工的零件平均尺寸为 0.081 m，已知该机床工作正常时加工的零件尺寸服从正态分布，现随机取 200 个零件进行检验，得平均尺寸为 0.076 m，样本标准差为 0.025 m，试问在 $\alpha = 0.05$ 下该机床工作是否正常.

4. 某饲料配方规定，每 1000 kg 某种饲料中维生素 C 大于 246 g. 现从产品中随机抽测 12 个样品，测得维生素 C 含量（单位：g/1000 kg，）如下：

255	238	236	248	244	245	236	235	246	248	255	245

若样品的维生素 C 含量服从正态分布，试问在 $\alpha = 0.05$ 下此产品是否符合规定要求？

5. 从某食品厂生产的一种罐头中随机抽取 20 只罐头，测量防腐剂含量（单位：mg）为

9.8	10.4	10.6	9.6	9.7	9.9	10.9	11.1	9.6	10.2
10.3	9.6	9.9	11.2	10.6	9.8	10.5	10.1	10.5	9.7

设这种罐头防腐剂含量服从正态分布，试问在 $\alpha = 0.05$ 下是否可以认为该厂生产的罐头防腐剂含量的均值显著大于 10？

6. 某项考试要求成绩的标准差为 16，从考试成绩单中随机取 20 份，计算得样本标准差为 25. 设成绩服从正态分布，试问在 $\alpha = 0.05$ 下此次考试成绩的标准差是否为 16？

7. 用机器包装食盐，规定每袋标准重量为 500 g，标准差不能超过 10 g. 为检验机器工作是否正常，从装好的食盐中随机抽取 9 袋，测得其净重（单位：g）为

497	507	510	475	488	524	491	515	484

假设每袋盐的净重服从正态分布，试问在 $\alpha = 0.05$ 下包装机工作是否正常？

8. 已知某电子元件的寿命（单位：h）$X \sim N(\mu, \sigma^2)$，其中 μ, σ^2 为未知参数. 随机抽取其中 16 个，实测寿命为：

159	240	220	212	224	279	179	264
222	228	168	250	149	230	250	170

试问在 $\alpha=0.05$ 下：（1）这类元件的平均寿命是否大于 225 小时？（2）元件寿命的方差是否等于 1400？

9. 一般人群食管癌的发生率为 $\frac{8}{10000}$. 某研究者在当地随机抽取 5000 人，结果 6 人患食管癌. 试问在 $\alpha=0.05$ 下当地食管癌的发生率是否高于一般水平？

10. 某厂家向一百货商店长期供应某种货物，合同规定，若次品率超过 3%，则百货商店可拒收货物. 今有一批货物，随机抽 80 件检验，发现有次品 3 件，试问在 $\alpha=0.05$ 下应如何处理这批货物？

11. 某企业管理者认为，该企业职工对工作环境不满意的人数至少占职工总数的 20%，今随机抽取了 100 人，调查得知其中有 26 人对工作环境不满意. 试问：

（1）在 $\alpha=0.1$ 下调查结果是否支持这位负责人的看法？

（2）在 $\alpha=0.05$ 下又有何结论？

6.3 双总体参数的假设检验

6.3.1 双正态总体均值之差的假设检验

设 $x_1, x_2, \cdots, x_m$ 和 $y_1, y_2, \cdots, y_n$ 是分别来自总体 $X \sim N(\mu_1, \sigma_1^2)$ 和 $Y \sim N(\mu_2, \sigma_2^2)$ 的样本，且相互独立，样本均值和方差分别为 $\bar{x}$，$\bar{y}$，s_1^2，s_2^2. 总体均值之差 $\mu_1 - \mu_2$ 未知，考虑以下三种关于 $\mu_1 - \mu_2$ 的检验问题：

（1）$H_0: \mu_1 - \mu_2 = \delta_0$；$H_1: \mu_1 - \mu_2 \neq \delta_0$.

（2）$H_0: \mu_1 - \mu_2 > \delta_0$；$H_1: \mu_1 - \mu_2 \leqslant \delta_0$.

（3）$H_0: \mu_1 - \mu_2 \leqslant \delta_0$；$H_1: \mu_1 - \mu_2 > \delta_0$.

其中 δ_0 为已知数.

1）总体方差已知时的检验

选择 $\mu_1 - \mu_2 = \delta_0$ 时的抽样分布（6.3.1）作为检验统计量：

$$Z = \frac{(\bar{x} - \bar{y}) - \delta_0}{\sqrt{\sigma_1^2/m + \sigma_2^2/n}} \sim N(0,1)，\tag{6.3.1}$$

此时的检验为 Z 检验.

例 6.3.1 根据以往资料得知，甲乙两种方法生产的钢筋的抗拉强度都服从正态分布，其标准差分别为 8 kg 和 10 kg. 从两种方法生产的钢筋中分别随机抽取了样本容量为 12 和 9 的样本，测得样本数据如下：

甲样本	54	50	53	52	46	48	49	51	54	48	47	48
乙样本	46	44	49	48	46	46	44	48	43			

试问在 $\alpha=0.05$ 下这两种方法生产的钢筋的平均抗拉强度是否有显著性差别？

解 设 μ_1,μ_2 分别为甲乙两种方法生产的钢筋的平均抗拉强度. 依题意, 本例是关于双方差已知时总体 $\mu_1-\mu_2$ 的双侧 Z 检验:

$$H_0:\mu_1-\mu_2=0\;;H_1:\mu_1-\mu_2\neq 0.$$

$\sigma_1^2=8^2$, $\sigma_2^2=10^2$, $m=12$, $n=9$, $\delta_0=0$, $\alpha=0.05$, 经计算得 $\overline{x}=50$, $\overline{y}=46$, 代入检验统计量 (6.3.1) 得 $z\approx 0.9864$, 因为

$$p=P\{Z>0.9864\}\approx 0.1620>0.025=\alpha/2,$$

所以在 $\alpha=0.05$ 下, 没有充足理由拒绝 H_0, 即认为两种方法生产出的钢筋的平均抗拉强度没有显著性差别.

2) 总体方差未知但相等时的检验

选择 $\mu_1-\mu_2=\delta_0$ 时的抽样分布 (6.3.2) 作为检验统计量:

$$T=\frac{(\overline{x}-\overline{y})-\delta_0}{s_w\sqrt{1/m+1/n}}\sim t(m+n-2),\qquad(6.3.2)$$

其中 $s_w^2=\dfrac{(m-1)s_1^2+(n-1)s_2^2}{m+n-2}$. 此时的检验为 t 检验.

例 6.3.2 设种植玉米的甲乙两个农业试验区, 各分为 10 个小区, 各小区的面积相同, 除甲区增施磷肥外, 其他试验条件均相同, 两个试验区的玉米产量 (单位: kg) 如下 (假设玉米产量服从正态分布, 且有相同的方差):

甲区	65	60	62	57	58	63	60	57	60	58
乙区	59	56	56	58	57	57	55	60	57	55

试问在 $\alpha=0.05$ 下增施磷肥对玉米平均产量有无显著性影响?

解 设 μ_1,μ_2 分别为甲乙两区的平均产量. 依题意知, 本例是关于双总体方差未知但相等时 $\mu_1-\mu_2$ 的右侧 t 检验:

$$H_0:\mu_1-\mu_2\leq 0\;;H_1:\mu_1-\mu_2>0.$$

$m=n=10$, $\delta_0=0$, $\alpha=0.05$, 经计算得 $\overline{x}=60$, $\overline{y}=57$, $s_1^2\approx 7.1111$, $s_2^2\approx 2.6667$, $s_w^2\approx 4.8889$, 代入检验统计量 (6.3.2) 得 $t\approx 3.0339$, 因为

$$p=P\{t(18)\geq 3.0339\}=0.0036<0.05=\alpha,$$

所以在 $\alpha=0.05$ 下有充足理由拒绝 H_0, 即认为增施磷肥对玉米平均产量有显著性影响.

3) 总体方差未知且不等时的检验

在小样本下, 选择 $\mu_1-\mu_2=\delta_0$ 时的抽样分布 (6.3.3) 作为检验统计量:

$$T=\frac{(\overline{x}-\overline{y})-\delta_0}{\sqrt{s_1^2/m+s_2^2/n}}\sim t(l),\qquad(6.3.3)$$

其中
$$l = \left[\left(\frac{s_1^2}{m} + \frac{s_2^2}{n} \right)^2 \bigg/ \left(\frac{s_1^4}{m^2(m-1)} + \frac{s_2^4}{n^2(n-1)} \right) \right]. \tag{6.3.4}$$

在小样本下，假设检验为 t 检验. 在大样本下，（6.3.3）接近 $N(0,1)$，可用 Z 检验法检验.

例 6.3.3 为了检验甲乙两种不同谷物种子的优劣，随机选取了 10 块土质不同的土地，并将每块土地分为面积相同的两部分，在每块土地的两部分人工管理等条件完全一样，分别种植这两种种子，测得各块土地上的产量（单位：kg）如下：

甲种子	23	35	29	42	39	29	37	34	35	28
乙种子	26	39	35	40	38	24	36	27	41	27

假定两种谷物的产量都服从正态分布，试问在 $\alpha = 0.05$ 下这两种种子的平均产量是否有显著性差异？

解 设 μ_1, μ_2 分别是甲乙种子的平均产量. 依题意，本例是小样本下，关于双总体方差未知且不相等时 $\mu_1 - \mu_2$ 的双侧 t 检验：

$$H_0 : \mu_1 - \mu_2 = 0 \ ; H_1 : \mu_1 - \mu_2 \neq 0.$$

$m = n = 10$，$\alpha = 0.05$，$\delta_0 = 0$，经计算得 $\bar{x} = 33.1$，$\bar{y} = 33.3$，$s_1^2 \approx 33.2111$，$s_2^2 \approx 43.1222$，$l \approx 18$，代入检验统计量（6.3.3）得 $t \approx -0.0724$，因为

$$p = P\{t(18) \leqslant -0.0724\} \approx 0.4715 > 0.025 = \alpha/2,$$

所以在 $\alpha = 0.05$ 下，没有充足理由拒绝 H_0，即认为这两种种子种植的谷物平均产量无显著性差异.

4）成对总体均值的检验

成对样本或称**匹配样本**是指一个样本中的数据与另一个样本中的数据对应. 比如先指定 12 个工人用第一种方法组装一批零件，再让这 12 个工人用第二种方法组装同一批零件，这样得到的样本数据即为**成对样本**.

在正态假定下，当两总体之差的方差 σ_d^2 未知时，选择 $\mu_1 - \mu_2 = \delta_0$ 时的抽样分布（6.3.5）作为检验统计量：

$$T = \frac{(\bar{x} - \bar{y}) - \delta_0}{s_d / \sqrt{n}} \sim t(n-1), \tag{6.3.5}$$

其中 s_d 表示样本之差的标准差. 此时的检验是 t 检验.

例 6.3.4 一个以减肥为主要目标的健美俱乐部声称，参加他们的训练班至少可以使肥胖者减轻 8.5 kg 以上. 为了验证该声称是否可信，调查人员随机抽取了 10 名参加者，得到他们的体重记录如下：

| 训练前 | 102 | 101 | 108 | 103 | 97 | 110 | 96 | 102 | 104 | 97 |
| 训练后 | 85 | 89 | 101 | 96 | 86 | 80 | 87 | 93 | 93 | 102 |

假设训练前后的体重都服从正态分布，试问 $\alpha = 0.05$ 下调查结果是否支持该俱乐部的声称？

解　设 μ_1, μ_2 分别为训练前后的平均体重．依题意知，本例是关于方差未知时成对总体 $\mu_1 - \mu_2$ 的右侧 t 检验：

$$H_0 : \mu_1 - \mu_2 \leq 8.5 ; \quad H_1 : \mu_1 - \mu_2 > 8.5 .$$

$n = 10$，$\alpha = 0.05$，经测算得样本差值的均值 $\bar{x} - \bar{y} = 10.8$，样本差的标准差 $s_d \approx 8.7789$，代入检验统计量（6.3.6）得 $t \approx 0.8285$．因为

$$p = P\{t(9) > 0.8285\} \approx 0.2144 > 0.05 = \alpha ,$$

所以在 $\alpha = 0.05$ 下，没有充足理由拒绝 H_0，即认为调查结果不支持该俱乐部的声称．

6.3.2　双正态总体方差之比的假设检验

设 $x_1, x_2, \cdots, x_m$ 和 $y_1, y_2, \cdots, y_n$ 是分别来自总体 $X \sim N(\mu_1, \sigma_1^2)$ 和 $Y \sim N(\mu_2, \sigma_2^2)$ 的样本，且相互独立，样本方差分别为 s_1^2 和 s_2^2．总体方差之比 σ_1^2 / σ_2^2 未知，考虑以下三种关于 σ_1^2 / σ_2^2 的检验问题：

（1）$H_0 : \sigma_1^2 / \sigma_2^2 = 1 ; H_1 : \sigma_1^2 / \sigma_2^2 \neq 1 .$

（2）$H_0 : \sigma_1^2 / \sigma_2^2 > 1 ; H_1 : \sigma_1^2 / \sigma_2^2 \leq 1 .$

（3）$H_0 : \sigma_1^2 / \sigma_2^2 \leq 1 ; H_1 : \sigma_1^2 / \sigma_2^2 > 1 .$

选择 $\sigma_1^2 = \sigma_2^2$ 时的抽样分布（6.3.6）作为检验统计量：

$$F = s_1^2 / s_2^2 \sim F(m-1, n-1) . \tag{6.3.6}$$

检验统计量为 F 分布的假设检验称为 **F 检验**．

例 6.3.5　设甲乙两种电子元件的电阻值都服从正态分布，现从这两种电子元件中独立地随机抽取两个样本，测得电阻值（单位：Ω）为

| 甲种 | 14 | 13 | 14 | 12 | 15 | 13 | 16 | 11 |
| 乙种 | 11 | 14 | 10 | 13 | 12 | 14 | | |

试问在 $\alpha = 0.05$ 下这两种电子元件的方差是否相等？

解　设 σ_1^2, σ_2^2 分别为甲乙两种电子元件电阻值的方差．依题意知，本例是关于双总体 σ_1^2 / σ_2^2 的双侧 F 检验：

$$H_0 : \sigma_1^2 / \sigma_2^2 = 1 ; H_1 : \sigma_1^2 / \sigma_2^2 \neq 1 .$$

$m = 8$，$n = 6$，$\alpha = 0.05$，经测算得 $s_1^2 \approx 2.5714$，$s_2^2 \approx 2.6667$，代入（6.3.6）得 $f \approx 0.9643$，因为

$$p = P\{F \leqslant 0.9643\} \approx 0.4645 > 0.025 = \alpha/2 ,$$

所以在 $\alpha = 0.05$ 下，没有充足理由拒绝 H_0，即可以认为这两种电子元件的方差相等.

6.3.3 双总体成数之差的假设检验

设 $x_1, x_2, \cdots, x_m$ 和 $y_1, y_2, \cdots, y_n$ 是分别来自总体总体 $X \sim B(1, p_1)$ 和 $Y \sim B(1, p_2)$ 的样本，且相互独立，P_1, P_2 分别为两样本的成数. 考虑以下三类关于 $\pi_1 - \pi_2$ 的检验问题：

（1）$H_0 : \pi_1 - \pi_2 = \delta_0$；$H_1 : \pi_1 - \pi_2 \neq \delta_0$.

（2）$H_0 : \pi_1 - \pi_2 > \delta_0$；$H_1 : \pi_1 - \pi_2 \leqslant \delta_0$.

（3）$H_0 : \pi_1 - \pi_2 \leqslant \delta_0$；$H_1 : \pi_1 - \pi_2 > \delta_0$.

其中 δ_0 是已知数.

当 m 和 n 充分大时，选择 $\pi_1 - \pi_0 = \delta_0$ 时的抽样分布（6.3.7）作为检验统计量：

$$Z = \frac{(P_1 - P_2) - \delta_0}{\sqrt{P_1(1 - P_1)/m + P_2(1 - P_2)/n}} \sim N(0, 1) . \tag{6.3.7}$$

假设检验方法是 Z 检验.

例 6.3.6 一般认为男生上网打游戏的比女生多，女生上网聊天的比男生多. 为证实此种看法，进行了专门的问卷调查. 调查发现，被调查的 140 个女生和 150 个男生中喜欢上网聊天的人数分别为 54 人和 61 人，试问在 $\alpha = 0.05$ 下调查结果是否支持上述看法？

解 设 π_1 和 π_2 分别为女生和男生上网聊天的比例，依题意知，本例是关于双总体 $\pi_1 - \pi_2$ 的左侧近似 Z 检验：

$$H_0 : \pi_1 - \pi_2 \geqslant 0 ; H_1 : \pi_1 - \pi_2 < 0 .$$

$\delta_0 = 0$，$m = 140$，$n = 150$，$\alpha = 0.05$，经测算得 $P_1 = \dfrac{54}{140} \approx 0.3857$，$P_2 = \dfrac{61}{150} \approx 0.4067$，代入检验统计量（6.3.7）得 $z \approx -0.3655$，因为

$$p = P\{Z \leqslant -0.3655\} \approx 0.3574 > 0.05 = \alpha ,$$

所以在 $\alpha = 0.05$ 下，没有充足理由拒绝 H_0，即可以认为喜欢上网聊天的女生比率高于男生.

习题 6.3

1. 甲乙两个厂生产的同种零件的长度都服从方差为 9 的正态分布，从甲厂随机抽取的 20 件产品的平均长度为 11.3 cm；从乙厂随机抽取的 25 件产品的平均长度为 11.5 cm，试问在 $\alpha = 0.05$ 下两个厂的产品平均长度有无显著性差异.

2. 甲乙两种类似的电阻器的电阻值都服从正态分布，且甲种的方差为 9，乙种的方差为 8. 从甲乙两种电阻器中分别随机抽取 6 件，测得电阻（单位：Ω）分别为

甲批	0.138	0.143	0.142	0.144	0.137	0.140
乙批	0.140	0.142	0.136	0.138	0.140	0.135

试问在 $\alpha = 0.05$ 下甲种电阻器的平均电阻值是否有显著性差异.

3. 新旧不同的两种自动机床加工的同一种零件的直径都服从正态分布，且新旧机床加工的零件的方差分别为 0.06 和 0.09. 现从新旧两种自动机床加工的零件中各随机抽验了 5 个，测得它们的直径（单位：cm）分别为

新	2.058	2.057	2.063	2.059	2.060
旧	2.066	2.063	2.068	2.060	2.067

试问在 $\alpha = 0.05$ 下新机床加工的零件的平均直径不超过旧机床 0.2cm 否可以接受？

4. 用甲乙两种饲料饲养的肉鸡的体重（单位：g）都服从正态分布，且方差相同. 现从用这两种饲料饲养的肉鸡中各随机抽取 7 只，测得其平均体重分别为 $\bar{x} = 761.1429$，$\bar{y} = 792.4286$，方差分别为 $\sigma_1^2 = 465.4762$，$\sigma_2^2 = 125.2857$，试问在 $\alpha = 0.05$ 下甲乙两种饲料饲养的肉鸡的平均体重有无显著性差异？

5. 假设某地某年高考男女生物理成绩都服从正态分布，且方差一样. 高考后随机抽取的 10 名男生和 8 名女生的物理成绩如下：

男生	49	48	47	53	51	43	39	57	56	46
女生	46	40	47	51	43	36	43	38		

试问在 $\alpha = 0.05$ 下该地男女生的物理平均成绩有无显著性差异？

6. 为比较甲乙两种安眠药的疗效，将 20 名患者随机分成两组，每组 10 人，分别服用两种安眠药，测得服药后延长的睡眠时间数据（单位：h）如下：

甲	5.5	4.6	4.4	3.4	1.9	1.6	1.1	0.8	0.1	-0.1
乙	3.7	3.4	2.0	2.0	0.8	0.7	0.0	-0.1	-0.2	-1.6

假设服药后延长的睡眠时间服从正态分布，且方差相同，试问在 $\alpha = 0.05$ 下两种安眠药的疗效有无显著性差别？

7. 设甲乙两厂生产同样的灯泡，其寿命都服从正态分布，从两厂生产的灯泡中各随机取 60 只，测得甲厂产品的平均寿命为 1295 h，乙厂产品的平均为 1230 h，方差分别为 250 000 和 360 000，试问在 $\alpha = 0.05$ 下两厂生产的灯泡的平均寿命有无显著性差异.

8. 某家禽研究所对粤黄鸡进行饲养对比试验，试验时间为 60 天，增重结果如下：

饲料 A	720	710	735	680	690	705	700	705
饲料 B	680	695	700	715	708	685	698	688

假设两种饲料使鸡增重都服从正态分布，试问在 $\alpha = 0.05$ 下两种饲料对粤黄鸡的平均增

重效果有无显著性差异?

9. 12 台同类型设备用甲乙两种工艺生产的产品重量如下:

甲工艺	0.138	0.143	0.142	0.144	0.137	0.140
乙工艺	0.140	0.142	0.136	0.138	0.140	0.135

假设产品的重量都服从正态分布,试问在 $\alpha = 0.05$ 下甲乙两工艺生产的产品的平均重量有无显著性差异?

10. 某自动机床加工同一种类型的零件,其直径服从正态分布. 现从甲乙两班工人加工的零件中各随机抽验了 5 个,测得它们的直径(单位:cm)分别为

甲班	2.066	2.063	2.068	2.060	2.067
乙班	2.058	2.057	2.063	2.059	2.060

试问在 $\alpha = 0.05$ 下甲乙两班工人加工的零件的平均直径有无显著性差异?

11. 现从 8 窝仔猪中每窝随机选出性别相同、体重(单位:kg)接近的仔猪各两头进行饲料对比试验,将每窝两头仔猪随机分配到两个饲料组中,饲养 30 天,测得仔猪增重如下:

窝 号	1	2	3	4	5	6	7	8
甲饲料	10.0	11.2	11.0	12.1	10.5	9.8	11.5	10.8
乙饲料	9.8	10.6	9.0	10.5	9.6	9.0	10.8	9.8

假设仔猪增重服从正态分布,试问在 $\alpha = 0.05$ 下两种饲料喂养的仔猪的平均增重有无显著性差异?

12. 甲乙两厂生产同一种电阻,现从甲乙两厂的产品中分别随机抽取 12 个和 10 个样品,测得它们的电阻值的方差分别为 1.4 和 4.38,假设电阻值服从正态分布,试问在 $\alpha = 0.1$ 下可否认为两厂生产的电阻值的方差相等.

13. 测得两批电子器件的随机样品的电阻(单位:Ω)为

样品 1	0.140	0.138	0.143	0.142	0.144	0.137
样品 2	0.135	0.140	0.142	0.136	0.138	0.140

设这两批器件的电阻值都服从正态分布,且两样本独立. 试问在 $\alpha = 0.1$ 下可否认为两厂生产的电阻值的方差相等?

14. 在针织品漂白工艺过程中,要考察温度对针织品断裂强力(主要质量指标)的影响. 为了比较 70 ℃ 与 80 ℃ 的影响有无差别,在这两个温度下,分别重复做了 9 次试验,得数据如下(单位:kg/cm^2):

70 ℃ 时的强力	85.9	85.7	85.7	85.8	85.7	86	85.5	85.5	85.4
80 ℃ 时的强力	85.7	86.5	86	83	85.8	86.3	86	89	85.8

　　假设针织品断裂强力服从正态分布，试问在 $\alpha=0.05$ 下 70 ℃ 时的强力与 80 ℃ 时的强力方差是否有显著性差别？

　　15. 某养猪场第一年饲养仔猪 9800 头，死亡 980 头；第二年饲养同种仔猪 10 000 头，死亡 950 头，试问在 $\alpha=0.05$ 下第一年仔猪死亡率与第二年仔猪死亡率是否有显著性差异？

　　16. 某医院现有工作人员 900 人，其中男性 760 人，女性 140 人，在一次流感中 108 人发病，其中男性 79 人，而女性 19 人. 试问在 $\alpha=0.1$ 下是否可以认为女性患流感比例高于男性呢？

　　17. 欲测验甲乙两地区中学的教学水平，从两地区随机抽取 500 名初三学生，进行统一考试，其结果是甲地区及格学生为 475 人，不及格为 25 人；乙地区及格学生 460 人，不及格为 40 人，试问在 $\alpha=0.05$ 下甲乙两地区中学的教学水平是否显著性差异？

6.4　分布拟合检验与列联表检验

6.4.1　分布的拟合检验

　　本福特定律，也称为本福德法则，说明一堆从实际生活得出的数据中，以 1 为首位数字的数出现的机率约为总数的三成，接近期望值 $\dfrac{1}{9}$ 的 3 倍，推广来说，越大的数字，以它为首位的数出现的机率就越低，如图 6.4.1 所示.

图 6.4.1　本福特定律

　　数学上，精确的表述是，在 b 进位制中，以数字 i 为首位数字的数出现的概率为 $\log(i{\times}b{+}b)-\log(i{\times}b)$. 在十进制中，以数字 i 为首位数字的数出现的概率为

i	1	2	3	4	5	6	7	8	9
p_i	30.1%	17.6%	12.5%	9.7%	7.9%	6.7%	5.8%	5.1%	4.6%

　　2001 年，美国最大的能源交易商安然公司宣布破产，当时传出了该公司高层管理人员涉嫌做假账的传闻. 事后人们发现，安然公司在所公布的每股盈利数字就不符合本福特定律，这证明了安然的高层领导确实改动过这些数据.

　　现在审计人员发现某上市公司的年报中统计的 350 个数据中分别以 1, 2, …, 9 为首位数字的数据的个数分别为

i	1	2	3	4	5	6	7	8	9
n_i	92	65	41	30	26	25	21	19	31

试问该公司是否在年报中有作假的嫌疑？

前面讨论的假设检验都是对分布参数建立假设并进行检验，它们属于**参数假设检验**问题. 有时我们需要对总体的未知分布进行推断，这一类检验问题称为**分布拟合检验**或**拟合优度检验**（ goodness of fit test），是一类非参数检验. 下面对分布拟合检验加以介绍.

设总体 X 可以分成 k 类，记作 $A_1, A_2, \cdots, A_k$. 现对该总体做了 n 次观测，k 个类出现的观测频数分别为 $n_1, n_2, \cdots, n_k$，且 $\sum n_i = n$. 假设检验问题是

$$H_0: P(A_i) = p_i, i = 1, 2, \cdots, k ; \quad H_1: P(A_i) = p_i \ (i = 1, 2, \cdots, k) 不完全成立，$$

其中，诸 $p_i \geqslant 0$ 且 $\sum p_i = 1$.

1）诸 p_i 已知时

如果 H_0 成立，由伯努利大数定律知，对每一类 A_i，其观测频率 $\dfrac{n_i}{n}$ 与概率 p_i 应接近. 或者说，观测频数 n_i 与期望频数 $E_i = n \times p_i$ 应相差不大. 据此英国统计学家皮尔逊（Karl Pearson，1857-1936）提出了如下检验统计量

$$\chi^2 = \sum_{i=1}^{k} \frac{(n_i - E_i)^2}{E_i} = \sum_{i=1}^{k} \frac{(n_i - np_i)^2}{np_i}, \tag{6.4.1}$$

并证明在 H_0 成立时，对充分大的 n，χ^2 近似服从自由度为 $k-1$ 的 χ^2 分布.

由于统计量 χ^2 度量的是观测频数与期望频数的偏离程度，χ^2 值越大表示偏离程度越大，偏离程度越大越倾向于拒绝 H_0. 因此对给定的显著性水平 α 该检验为 χ^2 右侧检验.

例 6.4.1 对一开始提出的上市公司是否在年报中有作假嫌疑的问题，检验问题是：

$$H_0: F(x) 服从本福德法则; \quad H_1: F(x) 不服从本福德法则.$$

若某公司的年报没有作假，那么在 350 个数据中分别以 1, 2, $\cdots$, 9 为首位数字的数据的期望频数 E_i（四舍五入取整）应该分别为

i	1	2	3	4	5	6	7	8	9
p_i	30.1%	17.6%	12.5%	9.7%	7.9%	6.7%	5.8%	5.1%	4.6%
n_i	92	65	41	30	26	25	21	19	31
E_i	105	62	44	34	28	23	20	18	16

将上述数据代入式（6.4.1），得 $c^2 \approx 16.9146$，因

$$P\{\chi^2(9-1) \geqslant 16.9146\} \approx 0.0310 < 0.05 = \alpha,$$

所以在 $\alpha = 0.05$ 下，有充足理由拒绝 H_0，即认为某公司在年报中有作假嫌疑.

例 6.4.2　某人说股市中的投资者是"10 个人里，只有 1 人赚钱，2 人不亏不赚，7 个人亏损"．在一次随机调查的 250 位投资者中，有 26 人回答赚了钱、58 人回答大体上不亏不赚，166 人回答亏了钱．试问在 $\alpha = 0.05$ 下调查结果能否证实某人的论断呢？

解　设股市中赚钱、不亏不赚、亏损的投资者比例分别是 p_1, p_2, p_3，检验问题是：

$H_0 : p_1 = 0.1, p_2 = 0.2, p_3 = 0.7$；$H_1 : p_1 = 0.1, p_2 = 0.2, p_3 = 0.7$ 中至少有一个不成立．

若 H_0 为真，则在 250 位投资者中，赚钱、不亏不赚、亏损的投资者期望频数为

$$E_1 = 250 p_1 = 25 ，\quad E_2 = 250 p_2 = 50 ，\quad E_3 = 250 p_3 = 175 ，$$

实际频数为 $n_1 = 26$，$n_2 = 58$，$n_3 = 166$．

因 $k = 3$，故检验统计量

$$\chi^2 = \sum_{i=1}^{3} \frac{(n_i - E_i)^2}{E_i} \sim \chi^2(2) ，$$

计算得

$$c^2 = \frac{(26 - 25)^2}{25} + \frac{(58 - 50)^2}{50} + \frac{(166 - 175)^2}{175} \approx 1.7829 ，$$

$$p = P\{\chi^2(2) > 1.7829\} \approx 0.4101 > 0.05 = \alpha ，$$

所以在 $\alpha = 0.05$ 下，没有充足理由拒绝 H_0，即该次调查支持某人的论断．

2）诸 p_i 不完全已知时

当诸 p_i 不完全已知时，可首先求未知 p_i 的最大似然估计值 $\hat{p}_i$．由最大似然估计的不变性，$\hat{E}_i = n\hat{p}_i$ 是期望频数 $E_i = np_i$ 的最大似然估计．费歇尔（R.A.Fisher，1890—1962）提出了如下检验统计量：

$$\chi^2 = \sum_{i=1}^{k} \frac{(n_i - \hat{E}_i)^2}{\hat{E}_i} = \sum_{i=1}^{k} \frac{(n_i - n\hat{p}_i)^2}{n\hat{p}_i} ，\qquad （6.4.2）$$

并证明在 H_0 成立时，对充分大的 n，χ^2 近似服从自由度为 $k - r - 1$ 的 χ^2 分布，其中，r 为用以估计 p_i 的参数个数．因此，当诸 p_i 不完全已知时，可以用统计量（6.4.2）进行 χ^2 右侧检验．

例 6.4.3　某玻璃厂为研究其玻璃产品中的气泡分布情况，对随机抽取的 100 件产品进行观察，发现一个产品中的气泡数与发现的件数如下：

气泡数 i	0	1	2	3	4	5	6	7	8	9	10	11
产品件数 n_i	6	9	11	13	15	12	11	9	8	4	1	1

试问在 $\alpha = 0.05$ 下该产品中的气泡数是否服从泊松分布呢？

解　由题意，检验问题是：

$$H_0 : F(x) \text{服从泊松分布}；\quad H_1 : F(x) \text{不服从泊松分布}．$$

因 χ^2 检验主要用于大样本，且各类频数大于 5，为此将气泡数大于 8 算作 1 类，总体共分成 10 类，即

气泡数 i	0	1	2	3	4	5	6	7	8	9
产品件数 n_i	6	9	11	13	15	12	11	9	8	6

在原假设下，每类出现的概率为

$$p_i = \frac{\lambda^i}{i!} e^{-\lambda}, i = 0,1,\cdots,8, \quad p_9 = 1 - \sum_{i=0}^{8} \frac{\lambda^i}{i!} e^{-\lambda},$$

其中参数 λ 未知，λ 的最大似然估计为

$$\hat{\lambda} = \bar{x} = \sum_{i=0}^{9} i \times n_i \Big/ \sum_{i=0}^{9} n_i = 4.37.$$

用 $\hat{\lambda}$ 代替 λ 算得 p_i 的最大似然估计值 $\hat{p}_i$ 如下：

i	0	1	2	3	4	5	6	7	8	9
$\hat{p}_i$	0.013	0.055	0.121	0.176	0.192	0.168	0.122	0.076	0.042	0.035

因估计 p_i 的参数只有 1 个 λ，故 $r = 1$，而 $k = 10$，故检验统计量（6.4.2）的自由度为 8. 将 $n_i, \hat{p}_i$ 代入检验统计量（6.4.2）计算得 $c^2 \approx 29.2526$，因

$$p = P\{\chi^2(10-1-1) > 29.2526\} \approx 0.0003 < 0.05 = \alpha$$

故在 $\alpha = 0.05$ 下应拒绝 H_0，即该产品中的气泡数不服从泊松分布.

6.4.2　正态性检验

正态分布是许多检验的基础，比如 Z 检验、t 检验、F 检验和 χ^2 检验等在总体不是正态分布时没有任何意义. 因此，对一个样本是否来自正态总体的检验是至关重要的. 当然，我们无法证明某个数据的确来自正态总体，但如果使用效率高的检验还无法否认总体是正态的，我们就没有理由否认那些和正态分布有关的检验有意义，下面我们介绍正态性的 JB 检验（偏度和峰度的联合分布检验法），考虑如下检验问题：

$$H_0 : F(x) \text{ 服从正态分布}; \quad H_1 : F(x) \text{ 不服从正态分布}.$$

记样本偏度系数和峰度系数（请参阅 4.2）分别为

$$\gamma_1 = \frac{b_3}{(b_2)^{3/2}}, \gamma_2 = \frac{b_4}{(b_2)^2} - 3.$$

当 H_0 为真时，$\dfrac{\gamma_1}{\sqrt{6/n}} \sim N(0,1)$，$\dfrac{\gamma_2}{\sqrt{24/n}} \sim N(0,1)$，当 S 和 K 独立时，取检验统计量

$$JB = \frac{n}{6}\left[\gamma_1^2 + \frac{1}{4}\gamma_2^2 \right] \sim \chi^2(2), \tag{6.4.3}$$

该检验称为 JB 检验，JB 检验是右侧 χ^2 检验.

例 6.4.4 某只股票在 40 个交易日里的收益率如下：

0.007 2	0.022 2	0.014 8	-0.028 0	-0.018 5	0.024 11	0.007 2	-0.002 5
0.002 4	-0.002 4	-0.004 9	-0.004 8	-0.011 8	0.002 4	0.009 6	-0.027 1
-0.002 4	0.016 9	-0.007 3	0.004 8	-0.028 6	-0.014 1	-0.002 4	-0.035 4
-0.009 5	-0.002 4	0.024 6	-0.004 8	0.009 8	0.014 3	-0.014 3	0.013 1
0.036 0	-0.009 5	-0.004 8	-0.016 9	-0.014 6	0.004 7	-0.021 7	0.000 0

试在 $\alpha = 0.05$ 下用 JB 检验法检验该股票的收益率是否服从正态分布？

解 数据的描述性统计见下表：

平均	中位数	众数	方差	峰度	偏度	最小值	最大值
0.001 9	0.002 4	0.002 4	0.000 3	0.099 6	0.093 2	0.035 4	0.036 0

数据的直方图见图 6.4.2. 从直方图可以看出数据分布呈中间多两头少的分布.

图 6.4.2 直方图

$H_0 : F(x)$ 服从正态分布；$H_1 : F(x)$ 不服从正态分布.

$$JB = \frac{n}{6}\left[\gamma_1^2 + \frac{1}{4}\gamma_2^2\right] = \frac{40}{6}\left[0.0932^2 + \frac{1}{4}(-0.0996)^2\right] \approx 0.0744 ,$$

$$p = P\{\chi^2(2) > 0.0744\} \approx 0.9635 > 0.05 = \alpha ,$$

在 $\alpha = 0.05$ 下没有充足理由拒绝 H_0，可认为该数据来自正态分布.

6.4.3 列联表独立性检验

某化妆品公司为对新开发的某种护肤品进行满意度调查，请随机抽取的 162 位消费者进行免费试用，试用后的满意情况统计数据如表 6.4.1 所示：

表 6.4.1

对产品的态度	满意 n_{i1}	中立 n_{i2}	不满意 n_{i3}	合计 $n_{i.}$
男士 n_{1j}	58	11	10	79
女士 n_{2j}	35	25	23	83
合计 $n_{.j}$	93	36	33	$n = 162$

从数据可以看出，男士满意的占 $\frac{58}{79} \approx 73.4\%$，女士满意的占 $\frac{35}{83} \approx 42.2\%$. 问题是，对新产品的满意情况是否与性别有关呢？

若性别和满意情况为两个随机变量，则上述问题就是检验这两个随机变量是否独立. 下面我们介绍 $r \times c$ 二维列联表及其独立性检验的方法.

设总体按两个属性 A 和 B 分类，A 有 r 个类：$A_1, A_2, \cdots, A_r$；B 有 c 个类：$B_1, B_2, \cdots, B_c$. 共有 $r \times c$ 个类. 进行 n 次试验，其中既属 $P\{|T| \geq |t|\}$ 又属 B_j 的结果有 n_{ij} 个，按矩阵排列，就得到一个 $r \times c$ **二维列联表**（contingency table）（见表 6.4.2）.

表 6.4.2 $r \times c$ 二维列联表

A \ B	B_1	$\cdots$	B_j	$\cdots$	B_c	行和 $n_{i\cdot}$
A_1	n_{11}	$\cdots$	n_{1j}	$\cdots$	n_{1c}	$n_{1\cdot}$
$\vdots$	$\vdots$	$\cdots$	$\vdots$	$\cdots$	$\vdots$	$\vdots$
A_i	n_{i1}	$\cdots$	n_{ij}	$\cdots$	n_{ic}	$n_{i\cdot}$
$\vdots$	$\vdots$	$\cdots$	$\vdots$	$\cdots$	$\vdots$	$\vdots$
A_r	n_{r1}	$\cdots$	n_{rj}	$\cdots$	n_{rc}	$n_{r\cdot}$
列和 $n_{\cdot j}$	$n_{\cdot 1}$	$\cdots$	$n_{\cdot j}$	$\cdots$	$n_{\cdot c}$	总和 n

检验问题是：

H_0：属性 A 和 B 相互独立； H_1：属性 A 和 B 不相互独立.

这类问题的检验称作**列联表的独立性检验**（test of independence），这是另一类非参数检验.

设 $r \times c$ 二维列联表对应的总体分布列如表 6.4.3 所示. 若以 $p_{i\cdot}$ 表示属性 A 的边际分布列，$p_{\cdot j}$ 表示属性 B 的边际分布列，p_{ij} 表示属性 (A, B) 的联合分布列，则"A 和 B 相互独立"的假设可以表述为

H_0：$p_{ij} = p_{i\cdot} \cdot p_{\cdot j}$；$i = 1, 2, \cdots, r$；$j = 1, 2, \cdots, c$；

H_1：$p_{ij} = p_{i\cdot} \cdot p_{\cdot j}$ 中至少有一个不成立.

表 6.4.3 $r \times c$ 二维列联表对应总体的分布

A \ B	B_1	$\cdots$	B_j	$\cdots$	B_c	A 边缘分布 $p_{i\cdot}$
A_1	p_{11}	$\cdots$	p_{1j}	$\cdots$	p_{1c}	$p_{1\cdot}$
$\vdots$	$\vdots$	$\cdots$	$\vdots$	$\cdots$	$\vdots$	$\vdots$
A_i	p_{i1}	$\cdots$	p_{ij}	$\cdots$	p_{ic}	$p_{i\cdot}$
$\vdots$	$\vdots$	$\cdots$	$\vdots$	$\ddots$	$\vdots$	$\vdots$
A_r	p_{r1}	$\cdots$	p_{rj}	$\cdots$	p_{rc}	$p_{r\cdot}$
B 边缘分布 $p_{\cdot j}$	$p_{\cdot 1}$	$\cdots$	$p_{\cdot j}$	$\cdots$	$p_{\cdot c}$	1

属性 A 与属性 B 是否独立的检验问题实际上就是在表 6.4.2 中诸 p_{ij} 不完全已知时的分布拟合检验，取检验统计量，

$$\chi^2 = \sum_{i=1}^{r} \sum_{j=1}^{c} \frac{(n_{ij} - E_{ij})^2}{E_{ij}} = \sum_{i=1}^{r} \sum_{j=1}^{c} \frac{(n_{ij} - n\hat{p}_{ij})^2}{n\hat{p}_{ij}}. \tag{6.4.4}$$

其中，诸 $\hat{p}_{ij}$ 是 p_{ij} 在 H_0 成立下的最大似然估计：

$$\hat{p}_{ij} = \hat{p}_{i\cdot}\,\hat{p}_{\cdot j} = \frac{n_{i\cdot}}{n} \frac{n_{\cdot j}}{n}.$$

可以证明，在 H_0 成立时，χ^2 近似服从自由度为 $(r-1)(c-1)$ 的 χ^2 分布，所以可以用统计量（6.4.4）对列联表的独立性进行 χ^2 右检验.

例 6.4.5　在上面提到的某种护肤品满意度调查中，检验问题是：

H_0:满意度与性别相互独立；H_1:满意度与性别相关.

实际观测频数为 $n_{11} = 58$，$n_{12} = 11$，$n_{13} = 10$，$n_{21} = 35$，$n_{22} = 25$，$n_{23} = 23$.

期望频数为

$$E_{11} = n\hat{p}_{11} = \frac{n_{1\cdot}n_{\cdot 1}}{n} = \frac{79 \times 93}{162} \approx 45.3519, \quad E_{12} = n\hat{p}_{12} = \frac{n_{1\cdot}n_{\cdot 2}}{n} = \frac{79 \times 36}{162} \approx 17.5556,$$

$$E_{13} = n\hat{p}_{13} = \frac{n_{1\cdot}n_{\cdot 3}}{n} = \frac{79 \times 33}{162} \approx 16.0926, \quad E_{21} = n\hat{p}_{21} = \frac{n_{2\cdot}n_{\cdot 1}}{n} = \frac{83 \times 93}{162} \approx 47.6481,$$

$$E_{22} = n\hat{p}_{22} = \frac{n_{2\cdot}n_{\cdot 2}}{n} = \frac{83 \times 36}{162} \approx 18.4444, \quad E_{23} = n\hat{p}_{23} = \frac{n_{2\cdot}n_{\cdot 3}}{n} = \frac{83 \times 33}{162} \approx 16.9074.$$

将观测频数和期望频数代入统计量（6.4.4）有

$$\chi^2 = \frac{(58 - 45.3519)^2}{45.3518} + \frac{(11 - 17.5556)^2}{18.4444} + \frac{(10 - 16.0926)^2}{16.0926}$$

$$+ \frac{(35 - 47.6481)^2}{47.6481} + \frac{(25 - 18.4444)^2}{18.4444} + \frac{(23 - 16.9074)^2}{16.9074} \approx 16.1696,$$

因为 $P\{\chi^2(2) > 16.1696\} \approx 0.0003 < 0.05 = \alpha$，所以在 $\alpha = 0.05$ 下有充足理由拒绝 H_0，即认为对新产品的满意情况与性别有关，从数据上看男士更满意些.

例 6.4.6　为了调查吸烟是否对患肺癌有影响，某肿瘤研究所随机地调查了 100000 人，如表 6.4.4 所示（单位：人）：

表 6.4.4

	不患肺癌	患肺癌	总计
不吸烟	77 570	5	77 575
吸烟	22 420	5	22 425
总计	99 990	10	100 000

试在 $\alpha = 0.05$ 下检验肺癌是否与吸烟有关？

解 依题意，检验问题是：

H_0:肺癌与吸烟有关； H_1:肺癌与吸烟有关.

从调查结果知，实际观测频数为 $n_{11}=77570$ ， $n_{12}=5$ ， $n_{21}=22420$ ， $n_{22}=5$. $n_{1.}=77575$ ， $n_{2.}=22425$ ， $n_{.1}=99990$ ， $n_{.2}=10$.

期望频数为

$$E_{11}=n\hat{p}_{11}=\frac{n_{1.}n_{.1}}{n}=\frac{77575\times99990}{100000}=77567.2425 ,$$

$$E_{12}=n\hat{p}_{12}=\frac{n_{1.}n_{.2}}{n}=\frac{77575\times10}{100000}=7.7575 ,$$

$$E_{21}=n\hat{p}_{21}=\frac{n_{2.}n_{.1}}{n}=\frac{22425\times99990}{100000}=22422.7575 ,$$

$$E_{22}=n\hat{p}_{22}=\frac{n_{2.}n_{.2}}{n}=\frac{22425\times10}{100000}=2.2425 .$$

将观测频数和期望频数代入统计量（6.4.4）有

$$\chi^2=\frac{(77570-77567.2425)^2}{77567.2425}+\frac{(5-7.7575)^2}{7.7575}+\frac{(22420-22422.7575)^2}{22422.7575}$$

$$+\frac{(5-2.2425)^2}{2.2425}\approx4.3714 ,$$

因为 $P\{\chi^2(1)>4.3714\}\approx0.0365<0.05=\alpha$ ，所以在 $\alpha=0.05$ 下，有充足理由拒绝 H_0 ，即认为患肺癌与吸烟有关.

习题 6.4

1. 掷一颗骰子 60 次，结果如下：

点数	1	2	3	4	5	6	合计
次数	7	8	12	11	9	13	60

试问在 $\alpha=0.05$ 下这颗骰子是否均匀？

2. 作南瓜果皮色泽和形状的遗传学试验，得到 F2 代的观测数据如下：

表现型	白皮蝶形	白皮圆形	黄皮蝶形	黄皮圆形
频次	420	159	145	60

试问在 $\alpha=0.05$ 下分离比是否符合 9:3:3:1？

3. 某商店为了掌握每 5 分钟内到达的顾客数，随机观察了 130 次，统计结果如下：

5 分钟到达顾客	0	1	2	3	4	5	6	7	8	9
观察次数	3	9	10	12	18	22	22	16	12	6

试问在 $\alpha = 0.05$ 下观察结果是否来自泊松分布.

4. 检查了一本书的 100 页，记录各页中的印刷错误的个数，其结果如下：

错误个数 n_i	0	1	2	3	4	5	6	$\geqslant 7$
含 n_i 个错误的页数	36	40	19	2	0	2	1	0

试问在 $\alpha = 0.05$ 下能否认为一页中印刷错误个数服从泊松分布？

5. 在一批电子元件中抽取 300 只作寿命试验，其结果如下：

寿命 t (h)	$t < 100$	$100 \leqslant t < 200$	$200 \leqslant t < 300$	$t \geqslant 300$
灯泡数	121	78	43	58

试问在 $\alpha = 0.05$ 下电子元件的寿命是否服从参数为 0.005 的指数分布？

6. 某只股票在 80 个交易日里的收益率如下表：

− 0.011 1	− 0.051 7	0.001 7	− 0.027 6	0.003 4	− 0.008 1	0.018 5	0.044 5
− 0.033 6	0.010 2	− 0.030 7	0.010 0	− 0.078 0	0.003 2	0.000 0	0.008 2
− 0.038 7	0.005 1	− 0.012 3	− 0.021 5	0.003 7	− 0.012 9	− 0.013 2	0.047 2
− 0.002 0	0.000 0	0.021 4	0.028 7	0.018 3	− 0.001 6	− 0.010 0	0.007 8
− 0.008 1	0.000 0	0.026 2	0.019 7	− 0.027 0	0.016 4	− 0.013 5	− 0.050 8

试在 $\alpha = 0.05$ 下用 JB 检验法检验该股票的收益率是否服从正态分布？

7. 110 名教师培训普通话，培训 2 天前后两次测验通过情况如下：

		第二次测验	
		通过	未通过
第一次测验	通 过	41	26
	未通过	24	19

试在 $\alpha = 0.05$ 下检验 2 天的训练是否有显著性效果？

8. 某公司有 A, B, C 三位业务员在甲、乙、丙三个地区开展营销业务活动. 他们的年销售额如下：

	甲	乙	丙
A	150	140	260
B	160	170	290
C	110	130	180

试在 $\alpha = 0.05$ 下评价这三个业务员在三个不同地区营销业绩是否有显著性差异？

9. 为研究儿童智力发展与营养的关系，某研究机构调查了 1436 名儿童，得到如下表的数据：

智商 营养状况	<80	80 – 90	90 – 99	≥100	合计
营养良好	367	342	266	329	1304
营养不良	56	40	20	16	132
合计	423	382	286	345	1436

试在 $\alpha = 0.05$ 下判断儿童智力发展与营养有无关系.

10. 在调查的 480 名男性中 38 名患有色盲，520 名女性中 6 名患有色盲，调查数据如下：

被调查者 性别	患色盲	未患色盲	合计
男	38	442	480
女	6	514	520
合计	44	956	1000

试在 $\alpha = 0.05$ 下检验性别与患色盲是否相互独立.

6.5　Excel 在假设检验中的应用

Excel 的数据分析工具中提供了 'z-检验:双样本均值分析' 't-检验:双样本等方差假设' 't-检验：双样本异方差假设' 't-检验:成对双样本均值分析' 'F 检验:双样本方差分析' 等几种假设检验分析工具，利用这些分析工具可以进行双总体参数的假设检验，亦可进行单总体参数的近似假设检验.

6.5.1　单个总体参数的假设检验

1）方差已知时总体均值的检验

例 6.5.1　用 Excel 对例 6.2.1 进行求解.

步骤 1：将样本数据输入单元格区域 $A$1:$F$1，单元格区域 $A$2:$F$2 内输入 0.

步骤 2：点击 '工具(T)/数据分析(D)/分析工具(A):z-检验：双样本平均差检验'. 在 'z-检验:双样本平均差检验' 对话框中进行如图 6.5.1 的设置，击 '确定'.

图 6.5.1　z-检验:双样本平均差检验对话框

结果如图表 6.5.2 所示.

	A	B	C	D	E	F
1	1290	1127	1247	1215	1210	1240
2	0	0	0	0	0	0
3	z-检验:双样本均值分析					
4						
5		变量 1	变量 2			
6	平均	1221.5	0			
7	已知协方差	1500	1E-26			
8	观测值	6	6			
9	假设平均差	1200				
10	z	1.3598				
11	P(Z<=z) 单尾	0.0869				
12	z 单尾临界	1.6449				
13	P(Z<=z) 双尾	0.1739				
14	z 双尾临界	1.9600				

图表 6.5.2　检验结果

步骤 3：统计推断. 因 $p=P\{Z>1.3598\}\approx0.0869>0.05=\alpha$，没有充足理由拒绝原假设，即不能说该厂产品质量显著高于规定标准.

2）方差末知时总体均值的检验

例 6.5.2　用 Excel 对例 6.2.2 进行求解.

解　步骤 1：将样本数据输入单元格区域$A$1:$J$1，单元格区域$A$2:$J$2 内输入 0.

步骤 2：点击 '工具(T)/数据分析(D)/分析工具(A):t-检验:平均值的成对二样本分析'. 在 't-检验:平均值的成对二样本分析' 对话框中进行如图 6.5.3 的设置，点击 '确定'.

图 6.5.3 *t*-检验：平均值的成对二样本分析对话框

分析结果如图表 6.5.4 所示.

	A	B	C	D	E	F	G	H	I	J
1	2.8	2.9	3	3.1	2.8	2.75	2.7	2.8	3.1	2.85
2	0	0	0	0	0	0	0	0	0	0
3	t-检验: 成对双样本均值分析									
4										
5		变量 1	变量 2							
6	平均	2.88	0							
7	方差	0.0201	0							
8	观测值	10	10							
9	泊松相关系数	#DIV/0!								
10	假设平均差	2.9								
11	df	9								
12	t Stat	-0.4460								
13	P(T<=t) 单尾	0.3331								
14	t 单尾临界	1.8331								
15	P(T<=t) 双尾	0.6662								
16	t 双尾临界	2.2622								

图表 6.5.4 检验结果

步骤 3：统计推断. 因 $p = P\{t(9) \leqslant -0.4460\} \approx 0.3331 > 0.05 = \alpha$，故没有理由拒绝原假设，即该产品不显著高于标准.

本例也可用 '*t* 检验：双样本异方差假设' 分析工具进行检验，请读者自行练习.

6.5.2 两个正态总体参数的假设检验

1）两个总体均值之差的检验

（1）方差已知时总体均值之差的检验.

例 6.5.3 用 Excel 对例 6.3.1 进行求解.

步骤 1：将甲样本数据输入单元格区域 $A\$1:\$M\$1，乙样本数据输入单元格区域 $A\$2:\$J\$2；

步骤 2：点击 '工具(T)/数据分析(D)/分析工具(A):z-检验:双样本平均差检验'. 在 'z-检验:双样本平均差检验' 对话框中进行如图 6.5.5 所示的设置，点击 '确定'.

图 6.5.5　z-检验:双样本平均差检验对话框

结果如图表 6.5.6 所示.

	A	B	C	D	E	F	G	H	I	J	K	L	M
1	甲样本	54	50	53	52	46	48	49	51	54	48	47	48
2	乙样本	46	44	49	48	46	46	44	48	43			
3	z-检验:双样本均值分析												
4													
5		甲样本	乙样本										
6	平均	50	46										
7	已知协方差	64	100										
8	观测值	12	9										
9	假设平均差	0											
10	z	0.9864											
11	P(Z<=z) 单尾	0.1620											
12	z 单尾临界	1.6449											
13	P(Z<=z) 双尾	0.3239											
14	z 双尾临界	1.9600											

图表 6.5.6　检验结果

步骤 3：统计推断. 因 $p = P\{Z > 0.9864\} \approx 0.1620 > 0.025 = \alpha/2$，故没有充足理由拒绝原假设，即两种方法生产出的钢筋的平均抗拉强度没有显著性差别.

（2）方差未知但相等时总体均值之差的检验.

例 6.5.4　用 Excel 对例 6.3.2 进行求解.

解　步骤 1：将甲区样本数据已输入单元格区域$A$1:$K$1，乙区样本数据已输入单元格区域和$A$2:$K$2；

步骤 2：点击'工具(T)/数据分析(D)/分析工具(A)：t-检验：双样本等方差假设'. 在't-检验：双样本等方差假设'对话框中进行如图 6.5.7 的设置，点击'确定'.

图 6.5.7　t-检验：双样本等方差假设对话框

分析结果如图表 6.5.8 所示.

	A	B	C	D	E	F	G	H	I	J	K
1	甲区	65	60	62	57	58	63	60	57	60	58
2	乙区	59	56	56	58	57	57	55	60	57	55
3	t-检验:双样本等方差假设										
4											
5		甲区	乙区								
6	平均	60	57								
7	方差	7.1111	2.6667								
8	观测值	10	10								
9	合并方差	4.8889									
10	假设平均差	0									
11	df	18									
12	t Stat	3.0339									
13	P(T<=t) 单尾	0.0036									
14	t 单尾临界	1.7341									
15	P(T<=t) 双尾	0.0071									
16	t 双尾临界	2.1009									

图表 6.5.8　检验结果

步骤 3：统计推断. 因为 $p = P\{t(18) \geqslant 3.0339\} = 0.0036 < 0.05 = \alpha$，所以在 $\alpha = 0.05$ 下应拒绝 H_0，即认为增施磷肥对玉米平均产量有显著性影响.

（3）方差未知且不相等时总体均值之差的检验.

例 6.5.5　用 Excel 对例 6.3.3 进行求解.

解　步骤 1：将 A 种子样本数据已输入单元格区域\$A\$1:\$K\$1，B 种子样本数据已输入单元格区域和\$A\$2:\$K\$2；

步骤 2：点击'工具(T)/数据分析(D)/分析工具(A):t-检验：双样本异方差假设'. 在't-检验:双样本异方差假设'对话框中进行如图 6.5.9 的设置，点击'确定'.

图 6.5.9　*t*-检验：双样本异方差假设对话框

分析结果如图表 6.5.10 所示.

	A	B	C	D	E	F	G	H	I	J	K
1	甲种子	23	35	29	42	39	29	37	34	35	28
2	乙种子	26	39	35	40	38	24	36	27	41	27
3	t-检验:双样本异方差假设										
4											
5		甲种子	乙种子								
6	平均	33.1	33.3								
7	方差	33.2111	43.1222								
8	观测值	10	10								
9	假设平均差	0									
10	df	18									
11	t Stat	-0.0724									
12	P(T<=t) 单尾	0.4715									
13	t 单尾临界	1.7341									
14	P(T<=t) 双尾	0.9431									
15	t 双尾临界	2.1009									

图表 6.5.10　检验结果

步骤 3：统计推断. 因为 $p = P\{t(18) \leqslant -0.0724\} \approx 0.4715 > 0.025 = \alpha/2$，所以在 $\alpha = 0.05$ 下，没有充足理由拒绝 H_0，即认为这两种种子种植的谷物平均产量无显著性差异.

（4）成对样本（匹配样本）.

例 6.5.6 用 Excel 对例 6.3.4 求解.

解　步骤 1：将训练前样本数据已输入单元格区域$A\$1:\$K\$1，训练后样本数据已输入单元格区域和$A\$2:\$K\$2；

步骤 2：点击'工具(T)/数据分析(D)/分析工具(A):*t*-检验:成对双样本均值分析'. 在 '*t*-检验:成对双样本均值分析' 对话框中进行如图 6.5.11 的设置，点击 '确定'.

图 6.5.11 *t*-检验：成对双样本均值分析对话框

分析结果如图表 6.5.12 所示.

	A	B	C	D	E	F	G	H	I	J	K
1	训练前	102	101	108	103	97	110	96	102	104	97
2	训练后	85	89	101	96	86	80	87	93	93	102
3	t-检验:成对双样本均值分析										
4											
5		训练前	训练后								
6	平均	102	91.2								
7	方差	21.3333	50.6222								
8	观测值	10	10								
9	泊松相关系数	-0.0778									
10	假设平均差	8.5									
11	df	9									
12	t Stat	0.8285									
13	P(T<=t) 单尾	0.2144									
14	t 单尾临界	1.8331									
15	P(T<=t) 双尾	0.4288									
16	t 双尾临界	2.2622									

图表 6.5.12 检验结果

步骤 3：统计推断. 因为 $p = P\{t(9) > 0.8285\} \approx 0.2144 > 0.05 = \alpha$，因此没有充足理由拒绝原假设，即在 $\alpha = 0.05$ 下可以认为调查结果不支持该俱乐部的声称.

2）两个总体方差比的检验

例 6.5.7 用 Excel 对例 6.3.5 进行求解.

解 步骤 1：将甲种样本数据已输入单元格区域$A$1:$I$1，乙种样本数据已输入单元格区域$A$2:$G$2；

步骤 2：点击'工具(T)/数据分析(D)/分析工具(A):F-检验:双样本方差'. 在'F-检验:双样本方差'对话框中进行如图 6.5.13 的设置，击'确定'.

图 6.5.13 F-检验：双样本方差对话框

分析结果如图 6.5.14 所示.

	A	B	C	D	E	F	G	H	I
1	甲种	14	13	14	12	15	13	16	11
2	乙种	11	14	10	13	12	14		
3	F-检验 双样本方差分析								
4									
5		甲种	乙种						
6	平均	13.5	12.3333						
7	方差	2.5714	2.6667						
8	观测值	8	6						
9	df	7	5						
10	F	0.9643							
11	P(F<=f) 单尾	0.4645							
12	F 单尾临界	0.1892							

图表 6.5.14 检验结果

步骤 3：F 检验时，当样本方差之比大于 1 时，Excel 给出的是单侧右尾概率和单侧右尾 α 分位数 $F_\alpha(m-1, n-1)$；当样本方差之比小于 1 时，给出的是单侧左尾概率和单侧右尾 $1-\alpha$ 分位数.

本例为双侧检验，因为 $p = \{F \leqslant 0.9643\} \approx 0.4645 > 0.025 = \alpha/2$，所以在 $\alpha = 0.05$ 下，没有充足理由拒绝 H_0，即可以认为这两种电子元件的方差相等.

6.5.3 独立性检验

在 Excel 中，分布拟合检验和列联表检验中 χ^2 分布的右尾部 p 值函数为

CHITEST(actual_range,expected_range)

其中，Actual_range 为观察值的数据区域，Expected_range 为期望值的数据区域. 注意观察值的数据区域和期望值的数据区域包含的数据应具有相同的行数和列数，且数据要单元格位置对应，否则函数 CHITEST 返回错误值#N/A.

例 6.5.8 用 Excel 对例 6.4.1 进行求解.

解 步骤 1：输入数据. 将首位字数、观察频数、本福特定律、期望频数、检验统计量值、临界值、收尾概率分别输入区域 A1:A7，将对应数据输入区域 B1:J3，如图表 6.5.15 所示.

	A	B	C	D	E	F	G	H	I	J
1	首位数字	1	2	3	4	5	6	7	8	9
2	实际频数	92	65	41	30	26	25	21	19	31
3	本福特定律	0.301	0.176	0.125	0.097	0.079	0.067	0.058	0.051	0.046
4	期望频数	105.35	61.6	43.75	33.95	27.65	23.45	20.3	17.85	16.1
5	检验统计量值	16.6004								
6	临界值	15.5073								
7	收尾概率	0.0345								

图表 6.5.15 卡方检验过程

步骤 2：计算期望频数. 在 B4 输入=B3*SUM($B$2:$J$2)，往下一直复制到 J4；

步骤 3：计算检验统计量值，拒绝域，或收尾概率 p. 在 B5 输入=SUM((B2:J2-B4:J4)^2/B4:J4)，按组合键 Ctrl+Shift+Enter，得检验统计量的值. 在 B6 输入=CHIINV(0.05,8)，回车，得临界值. 在 B7 输入=CHIDIST(B5,8)，得收尾概率 (也可以输入=CHITEST(B2:J2,B4:J4) 直接得收尾概率).

步骤 4：统计推断. 因 $p = P\{\chi^2(8) \geqslant 16.6004\} \approx 0.0345 < 0.05 = \alpha$，所以应拒绝原假设，即认为某公司在年报中有作假的嫌疑.

例 6.5.9 用 Excel 对例 6.4.5 进行求解.

解 步骤 1 输入数据. 将数据连同标志输入区域 $A$1:$E$4，如图表 6.5.16 所示.

	A	B	C	D	E
1	对产品的态度	满意	中立	不满意	合计
2	男士	58	11	10	79
3	女士	35	25	23	83
4	合计	93	36	33	162
5					
6	男士期望频数	45.3519	17.5556	16.0926	
7	女士期望频数	47.6481	18.4444	16.9074	
8	检验统计量值	16.1649			
9	临界值	5.9915			
10	收尾概率	0.0003			

图表 6.5.16 列联表检验过程

步骤 2：计算期望频数. 在 B6 输入=$E2*B$4/$E$4，往右下一直复制到 D7；

步骤 3：计算检验统计量值，拒绝域，或收尾概率 p. 在 B8 输入=SUM((B2:D3-B6:D7)^2/B6:D7)，按组合键 Ctrl+Shift+Enter，得检验统计量的值. 在 B9 输入=CHIINV(0.05,2)，回车，得临界值. 在 B10 输入=CHIDIST(B8,2)，得收尾概率(也可以输入=CHITEST(B2:D3,B6:D7) 直接得收尾概率).

步骤 4：统计推断. 因 $p = P\{\chi^2(2) \geqslant c^2\} \approx 0.000 < 0.05$，所以应拒绝原假设，即对产品的满意情况与性别有关，从数据上看，男士更满意些.

7　方差分析

在实践中，影响一个事物的因素往往很多．例如，加工零件时，机器的型号、原材料的来源、操作工人、机器的工作电压，甚至车间中温度都会影响加工零件的精度．这些因素有的影响大，有的影响小．为了控制零件的精度、保证其质量，有必要找出影响零件精度的主要因素，并加以控制，解决这类问题的有效方法之一就是方差分析．

方差分析（analysis of variance，简称 ANOVA）是英国统计与遗传学家，现代统计科学的奠基人之一费歇尔（R.A.Fisher，1890—1962）在试验设计时为解释试验数据而首先引入的，用于检验两个及两个以上总体均值有无显著性差异的一种方法．

R. A. Fisher
(1890—1962)

本章主要内容有：单因素方差分析、双因素方差分析，以及利用 Excel 进行方差分析的案例．

第 7 章知识结构

☆　实际问题中，常需要检验因素的不同水平（因素的不同表现）是否有显著性差异，方法是方差分析．

☆　方差分析可分为单因素方差分析和多因素方差分析，多因素方差分析又可分为无交互作用的多因素方差分析和有交互作用的多因素方差分析．

☆　方差分析涉及复杂的计算过程，可以利用 Excel 提供的方差分析工具进行基本的计算和统计推断．

7.1　单因素方差分析

7.1.1　问题的提出

为了更好地理解方差分析的思想，我们先看一个例子．

例 7.1.1　来自 5 个地区的 27 名考生的高考成绩见表 7.1.1.

表 7.1.1　5 个地区 27 名考生的高考成绩

地　区	高考成绩								
地区 1	431	452	581	506	449	370	413	512	435
地区 2	507	389	458	431	511	501	329	435	390
地区 3	507	455	462	475	360	487	441	399	320
地区 4	498	492	493	356	505	466	505	345	480
地区 5	362	510	375	468	521	509	455	515	515

问题是考生所在地区会不会影响考生成绩呢？换句话说，这 5 个地区的考生成绩是否有显著性差异？

我们将 5 个地区的考生成绩看作 5 个总体，若它们服从相同的分布，则 5 个地区的考生成绩就没有显著性差异. 假设 5 个总体都服从正态分布，则只要它们的均值和方差分别相等，则它们的分布就相同. 再假设它们的方差是相同的，则只要检验它们的均值是否相等，就可以推断它们是否服从相同的分布. 显然，可以利用第 6 章中双总体均值假设检验来检验不同地区之间考生的成绩是否有显著性差异. 但 5 个地区两两比较则需要检验 10 次，检验工作量较大，而且多次检验会使犯 α 错误的概率相应累加，置信水平下降. 如果 $\alpha = 0.05$，每次检验犯 α 错误的概率为 0.05，不犯错误的概率为 0.95，10 次检验都不犯错误的概率为 0.95^{10}，检验 10 次至少犯一次 α 错误的概率为 $1 - 0.95^{10} \approx 0.4013$. 所以，若能一次性检验 5 个总体是否有显著性差异，既能减少工作量，又能充分利用样本信息提高检验结果的可靠性.

方差分析（analysis of variance）就是在正态总体和方差相等假设下，检验同种因素（factor）下不同分类变量均值是否相等，从而推断不同分类变量是否有显著性差异的方法.

方差分析中检验的对象称为**因素**或**因子**. 因素的不同表现称为**水平**或**处理**（treatment）. 在例 7.1.1 中，检验问题只考察地区的一个因素对考试成绩的影响，我们称之为**单因素分析**（one-way analysis of variance），地区为因素，不同的地区称为水平. 若除了考察地区这一因素外，还考察诸如教学条件、师资力量、教学水平、学生性别等因素对考试成绩的影响，我们称之为**多因素分析**.

7.1.2　检验问题

在单因素方差分析中，设因素 A 共有 r 个水平 $A_1, A_2, \cdots, A_r$，将每一水平看作一个总体，共有 r 个总体，检验假设问题是：

H_0：因素 A 对研究对象没有显著性影响； H_1：因素 A 对研究对象有显著性影响.

如果 H_0 成立，则称因素 A 不显著，否则称因素 A 显著.

为了进行检验，需要对每个总体进行独立重复试验获取样本数据. 设从第 i 个水平总体中获得 n_i 个试验数据，记 x_{ij} 表示第 i 个总体的第 j 次重复试验数据. 将试验数据列成表 7.1.2 的形式，称为**数据结构**.

表 7.1.2　单因素方差分析的数据结构

因素水平	A_1	A_2	$\cdots$	A_r
观 察 值	x_{11} x_{12} $\vdots$ x_{1n_1}	x_{21} x_{22} $\vdots$ x_{2n_2}	$\cdots$ $\cdots$ $\cdots$	x_{r1} x_{r2} $\vdots$ x_{rn_r}

单因素方差分析假设：

（1）第 i 个水平总体服从 $N(\mu_i, \sigma^2)$, $i=1, 2, \cdots, r$ ；

（2）所有的试验结果 x_{ij} 都相互独立.

由于每个总体都假设服从正态分布且方差相等，只要各总体的均值也相等，则各总体就没有差异. 所以，检验问题可以转化为对各总体均值进行检验：

$$H_0: \mu_1 = \mu_2 = \cdots = \mu_r = \mu ; \quad H_1: \mu_i(i=1,2,\cdots,r) \text{不全相等.} \quad （7.1.1）$$

7.1.3　平方和分解与方差分析

为简单起见，我们只讨论 $n_1 = n_2 = \cdots = n_r = m$ 时的情形， $n_1, n_2, \cdots, n_r$ 不全相等的情形可以类似地讨论.

记 $\overline{x}_i = \dfrac{1}{m}\sum_{j=1}^{m} x_{ij}$, $\quad \overline{x} = \dfrac{1}{n}\sum_{i=1}^{r}\sum_{j=1}^{m} x_{ij}$ ，则

$$SST = \sum_{i=1}^{r}\sum_{j=1}^{m}(x_{ij}-\overline{x})^2 , \quad SSA = \sum_{i=1}^{r}\sum_{j=1}^{m}(\overline{x}_i-\overline{x})^2 , \quad SSE = \sum_{i=1}^{r}\sum_{j=1}^{m}(x_{ij}-\overline{x}_i)^2 .$$

可以证明， $SST = SSA + SSE$.

SST 反映的是样本值与总均值 $\overline{x}$ 的差异，称为**总偏差平方和**（ sum of squares for total ）. SSE 反映的是在水平 A_i 下，样本值与均值的差异，是由水平 A_i 内部的随机性引起的，称为**组内偏差平方和**（ sum of squares for error ）. SSA 反映的是第 i 个水平的均值与总均值的差异，既可能是由随机性引起的，也可能是由水平不同而引起的，称为**组间偏差平方和**（ sum of squares for factor A ）或**因素偏差平方和**.

如果 H_0 成立，则 $\sum\sum(\mu_i-\mu)^2 = 0$. 因为 $\overline{x}_i, \overline{x}$ 分别为 μ_i, μ 的无偏估计，即便存在样本的随机性， $\sum\sum(\overline{x}_i-\overline{x})^2 \neq 0$ ， SSA 也不应太大，若 SSA 太大，就有理由怀疑 H_0 的真实性. 相对地讲， SSA 越小， SSE 就越大，进而 $\dfrac{SSA}{SSE}$ 越小， $\dfrac{SSA/(r-1)}{SSE/(n-r)}$ 也越小. 因此，可以用 $\dfrac{SSA/(r-1)}{SSE/(n-r)}$ 的大小来判别 H_0 是否成立.

可以证明，在满足假设和 H_0 为真时，

$$F = \frac{SSA/(r-1)}{SSE/(n-r)} \sim F(r-1, n-r). \quad （7.1.2）$$

称 $MSA \equiv SSA/(r-1)$, $MSE \equiv SSE/(n-r)$, $MST \equiv SST/(n-1)$ 为**均方**（ mean square ），亦即

平均每个自由度（degree of freedom）上的平方和.

选取（7.1.2）作为检验统计量. 由上述分析知，单因素方差分析属于 F 右侧检验. 将上面分析结果排成表 7.1.3 的形式，称为**方差分析表**（analysis of variance table）.

表 7.1.3 单因素方差分析表

差异源 （方差来源）	SS （平方和）	df （自由度）	MS （均方）	F （F 统计量值）	P value （右尾概率）	F crit （临界值）
组间 （因素 A）	SSA	$r-1$	MSA	F_A		$F_\alpha(r-1,n-r)$
组内 （误差 E）	SSE	$n-r$	MSE			
总计	SST	$n-1$				

例 7.1.2 对例 7.1.1 进行方差分析.

解 用 Excel 计算得方差分析表如表 7.1.4：

表 7.1.4

差异源	SS	df	MS	F	P-value	F crit
组间	8 629.2	4	2 157.3	0.552 9	0.698 0	2.606 0
组内	156 070	40	3 901.75			
总计	164 699.2	44				

这里 $F_A = 0.5529 < 2.6060 = F_{0.05}(4,40)$，故在 $\alpha = 0.05$ 下，没有充足理由拒绝 H_0，即 5 个地区考生成绩之间无显著性差异.

7.1.4 参数估计

若检验结果为显著，我们可以进一步求各总体参数的最大似然估计：

（1）$\hat{\mu}_i = \bar{x}_i$.

（2）$\hat{\sigma}_M^2 = SSE/n$，n 为总观测次数.

由于 $\hat{\sigma}_M^2$ 不是 σ^2 的无偏估计，实际中通常用均方误差作为 σ^2 的无偏估计量，即有：

（3）$\hat{\sigma}^2 = MSE = SSE/(n-r)$. （7.1.3）

由于 $\bar{x}_i \sim N(\mu_i, \sigma^2/n_i)$，$SSE/\sigma^2 \sim \chi^2(n-r)$，且相互独立，故

$$\frac{\sqrt{n_i}(\bar{x}_i - \mu_i)}{\sqrt{MSE}} = \frac{\sqrt{n_i}(\bar{x}_i - \mu_i)}{\sqrt{SSE/(n-r)}} \sim t(n-r),$$ （7.1.4）

由此得到水平 A_i 的均值 μ_i 的 $1-\alpha$ 置信区间端点为

$$\bar{x}_i \mp t_{1-\alpha/2}(n-r)\sqrt{MSE/n_i}.$$ （7.1.5）

至此，我们总结出单因素方差分析的步骤：

步骤 1 建立单因素方差模型并提出假设；

步骤 2 计算方差分析表；

步骤 3 统计推断;

步骤 4 若因素显著,可对参数进行估计;若因素不显著则无需进行参数估计.

例 7.1.3 为了对几个行业的服务质量进行评价,消协在零售业抽取了 7 家企业、旅游业抽取了 6 家企业、航空业抽取了 5 家企业、家电制造业抽取了 5 家企业. 然后统计出最近一年中消费者对各家企业的投诉次数如表 7.1.5:

表 7.1.5

零售业	旅游业	航空业	家电制造业
64	72	57	50
32	87	38	46
70	67	30	71
41	47	51	37
43	71	59	41
58	65		
51			

试问在 $\alpha = 0.05$ 下四个行业的服务质量是否有显著性差异? 若四个行业的服务质量有显著性差异,试估计其中的参数.

解 经计算得方差分析表如表 7.1.6:

SUMMARY   表 7.1.6

组	观测数	求和	平均	方差		
零售业	7	359	51.285 7	183.904 8		
旅游业	6	409	68.166 7	167.366 7		
航空业	5	235	47	157.5		
家电制造业	5	245	49	175.5		
方差分析						
差异源	*SS*	*df*	*MS*	*F*	*P-value*	*F crit*
组间	1 624.172 9	3	541.391 0	3.143 5	0.0493	3.127 4
组内	3 272.261 9	19	172.224 3			
总计	4 896.434 8	22				

这里 $F_A = 3.1435 > 3.1274 = F_{0.05}(3,19)$,故在 $\alpha = 0.05$ 下应拒绝原假设 H_0,即四个行业的服务质量之间有显著性差异.

下面估计参数.

零售业 $\hat{\mu}_1 = 51.2857$,

旅游业 $\hat{\mu}_2 = 68.1667$,

航空业 $\hat{\mu}_3 = 47$,

家电业 $\hat{\mu}_4 = 49$.

$$\hat{\sigma}^2 = MSE = 172.2243, \quad \hat{\mu} = \bar{x} = \frac{359+409+235+245}{7+6+5+5} \approx 54.2609.$$

$MSE = 172.2243, df_e = n - r = 19$,取 $\alpha = 0.05, t_{0.975}(19) = 2.0930$,本例三个水平的观测数不

同，水平均值的置信区间为

$$\overline{x}_{i\cdot} \mp \sqrt{MSE} \cdot t_{1-\alpha/2}(n-r)\big/\sqrt{n_i},$$

将以上数值代入得三个水平均值的 0.95 置信区间分别为

$$\mu_1: 51.2857 \mp \sqrt{172.2243} \times 2.0930\big/\sqrt{7} = [40.9040, 61.6674],$$

$$\mu_2: 68.1667 \mp \sqrt{172.2243} \times 2.0930\big/\sqrt{6} = [56.9532, 79.3802],$$

$$\mu_3: 47 \mp \sqrt{172.2243} \times 2.0930\big/\sqrt{5} = [34.7162, 59.2838],$$

$$\mu_4: 49 \mp \sqrt{172.2243} \times 2.0930\big/\sqrt{5} = [36.7162, 61.2838].$$

习题 7.1

1. 某灯泡厂用四种不同质地的灯丝生产了四批灯泡. 在每批灯泡中随机地抽取 8 个灯泡测得其使用寿命（单位：h）数据如下：

灯丝	灯泡使用寿命							
甲	1605	1611	1605	1682	1711	1710	1782	1698
乙	1521	1640	1491	1679	1705	1409	17881	1754
丙	1643	1750	1689	1627	1643	1634	1742	1800
丁	1718	18010	1503	1573	1639	1676	1693	1677

试在 $\alpha=0.05$ 下检验这四种灯丝对灯泡的使用寿命有无显著性影响.

2. 以 A, B, C, D 四种药剂处理水稻种子，随机抽取的水稻苗高（单位：cm）样本数据如下：

药剂	样　　本						
A	19	20	22	23	21	18	17
B	21	23	24	25	26	27	
C	15	16	17	18	19		
D	23	24	25	24			

试在 $\alpha=0.05$ 下检验四种药剂对水稻苗高有无显著性影响.

3. 用三种抗凝剂对同一血液标本作红细胞沉降速度（一小时值）测定，每种各作 6 次，测定数据如下：

抗凝剂 A	红细胞沉降速度							
第一种	14	13	13	11	14	12	16	15
第二种	10	15	14	16	15	11	14	17
第三种	11	14	16	12	12	13	15	16

试在 $\alpha = 0.05$ 下检验用三种抗凝剂所作血沉值之间有无显著性差异.

4. 将 24 家生产产品大致相同的企业，按资金分为三类，每个公司的每 100 元销售收入的生产成本（单位：元）数据如下：

公　司	成　　本							
第一类	69	72	70	76	72	72	66	72
第二类	75	76	72	70	80	68	80	74
第三类	77	80	75	86	74	86	80	83

试在 $\alpha = 0.05$ 下检验三类公司的生产成本有无显著性差异差异.

5. 某公司采用三种方式推销其产品. 为检验不同方式推销产品的效果，从四种方法中各随机抽取 5 个样本，数据如下：

销售方式	销 售 量				
方式一	77	86	81	88	83
方式二	95	92	78	96	89
方式三	71	76	68	81	74

（1）试在 $\alpha = 0.05$ 下检验四种方法对销售量有无显著性影响.

（2）如果有显著性差异，对四种方法的平均销售量给出 95% 置信区间.

6. 某 SARS 研究所对 31 名自愿者进行某项生理指标测试，测试数据如下：

自愿者	生 理 指 标										
SARS 患者	1.8	1.4	1.5	2.1	1.9	1.7	1.8	1.9	1.8	1.8	2.0
疑似者	2.3	2.1	2.1	2.1	2.6	2.5	2.3	2.4	2.4		
非患者	2.9	3.2	2.7	2.8	2.7	3.0	3.4	3.0	3.4	3.3	3.5

（1）试在 $\alpha = 0.05$ 下检验这三类自愿者的该项生理指标有无显著性差异.

（2）如果有显著性差异，对这三类自愿者的该项生理指标均值给出 95% 置信区间.

7.2　双因素方差分析

7.2.1　双因素方差分析及其类型

在实际问题中，有时需要考虑几个因素对试验结果的影响. 例如，分析影响彩电销售量的因素时，需要考虑品牌、销售地区、价格、质量等多个因素的影响.

例 7.2.1　有 4 个品牌的彩电在 5 个地区销售，为了分析品牌和地区对彩电销售量的影响，统计每个品牌在各地区的销售量数据（单位：台）如表 7.2.1 所示：

表 7.2.1

		地区因素				
		地区 1	地区 2	地区 3	地区 4	地区 5
品牌因素	品牌 1	365	350	343	340	323
	品牌 2	345	368	363	330	333
	品牌 3	358	323	353	343	308
	品牌 4	288	280	298	260	298

试在 $\alpha = 0.05$ 下分析品牌和地区对彩电销售量是否有显著性影响.

方差分析涉及两个因素时,称为**双因素方差分析**(two-way analysis of variance). 在双因素方差分析中,如果各因素是相互独立的,则称为**无交互作用的方差分析**,或称为**无重复双因素分析**. 如果各因素不是相互独立的,即它们的不同组合也会产生影响,则称为**有交互作用的方差分析**,或称为**可重复双因素分析**.

7.2.2　无交互作用的双因素方差分析

1) 检验问题

在无交互作用的方差分析中,设行因素 A 有 r 个水平 $A_1, A_2, \cdots, A_r$. 列因素 B 有 k 个水平 $B_1, B_2, \cdots, B_k$,将每一水平看作一个总体,共有 $r+k$ 个总体. 检验问题是:

(1) H_0:因素 A 对研究对象无显著性影响;H_1:因素 A 对研究对象有显著性影响.

(2) H_0:因素 B 对研究对象无显著性影响;H_1:因素 B 对研究对象有显著性影响.

设对每个总体进行独立重复试验共取得 $r \times k$ 个样本数据,记 x_{ij} 表示第 i 个行总体第 j 个列总体的试验数据,数据结构见表 7.2.2.

表 7.2.2　无交互作用的双因素方差分析数据结构

		列因素 B			
		B_1	B_2	$\cdots$	B_k
行因素 A	A_1	x_{11}	x_{12}	$\cdots$	x_{1k}
	A_2	x_{21}	x_{22}	$\cdots$	x_{2k}
	$\vdots$	$\vdots$	$\vdots$	$\ddots$	$\vdots$
	A_r	x_{r1}		$\cdots$	x_{rk}

无交互作用的方差分析假设:

(1) 第 i 个行水平总体都服从 $N(\mu_i, \sigma^2)$,$i = 1, 2, \cdots, r$;

(2) 第 j 个列水平总体都服从 $N(\mu_j, \sigma^2)$,$j = 1, 2, \cdots, k$;

（3）所有的试验结果 x_{ij} 都相互独立.

因此，检验问题可以转化为对下述假设进行检验：

（1）$H_0 : \mu_i(i=1,2,\cdots,r)$ 全相等；$H_1 : \mu_i(i=1,2,\cdots,r)$ 不全相等. （7.2.1）

（2）$H_0 : \mu_j(j=1,2,\cdots,k)$ 全相等；$H_1 : \mu_j(j=1,2,\cdots,k)$ 不全相等. （7.2.2）

2）总平方和分解与方差分析

记 $\overline{x}_{i\cdot} = \dfrac{1}{k}\sum_{j=1}^{k}x_{ij}, i=1,2,\cdots,r$ ， $\overline{x}_{\cdot j} = \dfrac{1}{r}\sum_{i=1}^{r}x_{ij}, j=1,2,\cdots,k$ ， $\overline{x} = \dfrac{1}{r\cdot k}\sum_{j=1}^{k}\sum_{i=1}^{r}x_{ij}$ ，则

$$SST = \sum_{i=1}^{r}\sum_{j=1}^{k}(x_{ij}-\overline{x})^2 ， \quad SSA = \sum_{i=1}^{r}\sum_{j=1}^{k}(\overline{x}_{i\cdot}-\overline{x})^2 ，$$

$$SSB = \sum_{i=1}^{r}\sum_{j=1}^{k}(\overline{x}_{\cdot j}-\overline{x})^2 ， \quad SSE = \sum_{i=1}^{r}\sum_{j=1}^{k}(x_{ij}-\overline{x}_{i\cdot}-\overline{x}_{\cdot j}+\overline{x})^2 .$$

SST 称为**总偏差平方和**，SSA 称为**行因素偏差平方和**，SSB 称为**列因素偏差平方和**，SSE 称为**随机因素偏差平方**.

可以证明，$SST = SSA + SSB + SSE$ ，且在满足假设和 H_0 为真时，

$$F_A = \frac{SSA/(r-1)}{SSE/[(k-1)(r-1)]} \sim F(r-1,(k-1)(r-1)) . \quad （7.2.3）$$

$$F_B = \frac{SSB/(k-1)}{SSE/[(k-1)(r-1)]} \sim F(k-1,(k-1)(r-1)) . \quad （7.2.4）$$

选取（7.2.3）作为行因素 A 的影响是否显著的检验统计量，（7.2.4）作为检验列因素 B 的影响是否显著的检验统计量. 双因素方差分析仍为 F 右侧检验.

将上面分析结果排成表 7.2.3 的形式，即为**方差分析表**.

表 7.2.3　无交互作用的双因素方差分析表

差异源 （方差来源）	SS （平方和）	df （自由度）	MS （均方）	F （F 统计量值）	F crit （临界值）
组间 （因素 A）	SSA	$r-1$	MSA	F_A	$F_\alpha(r-1,(r-1)(k-1))$
组间 （因素 B）	SSB	$k-1$	MSB	F_B	$F_\alpha(k-1,(r-1)(k-1))$
组内 （误差 E）	SSE	$(r-1)(k-1)$	MSE		
总计	SST	$rk-1$			

例 7.2.2　对例 7.2.1 进行方差分析.

解　经计算得方差分析表（见表 7.2.4）：

表 7.2.4

差异源	SS	df	MS	F	P-value	F crit
行	13 004.550 0	3	4 334.850 0	18.107 8	0.000 1	3.490 3
列	2 011.700 0	4	502.925 0	2.100 8	0.143 7	3.259 2
误差	2 872.700 0	12	239.391 7			
总计	17 888.950 0	19				

这里 $F_A = 18.1078 > 3.4903 = F_{0.05}(3,12)$，故在 $\alpha = 0.05$ 下拒绝原假设 H_0，即品牌之间有显著性差异. $F_B = 2.1008 < 3.2592 = F_{0.05}(4,12)$，故在 $\alpha = 0.05$ 下不能拒绝原假设 H_0，即地区之间没有显著性差异.

7.2.3 有交互作用的双因素方差分析

例 7.2.3 从某市高考考生中随机抽取 60 人，按考生性别和父母文化程度登记个人的考试成绩，其中父母文化程度（按父母中较高者）分为小学以下、初中、高中、中专、本科和研究生以上六种分类，数据如表 7.2.5 所示：

表 7.2.5

		父母最高文化程度					
		小学以下	初中	高中	中专	本科	研究生以上
考生性别	男生	493	415	425	329	510	590
		388	438	541	440	498	459
		312	380	306	401	540	531
		288	437	456	458	561	480
		410	390	391	499	524	418
		343	476	518	508	462	534
	女生	329	490	320	380	500	520
		506	541	484	584	456	567
		524	408	417	489	404	544
		405	580	570	567	530	425
		307	505	351	552	521	319
		292	317	503	537	319	502

试检验在 $\alpha = 0.05$ 下检验考生的性别和父母文化程度对高考成绩有无显著性影响.

父母文化程度、考生的性别可能会影响考生的成绩，同时父母文化程度和考生性别可能共同影响考生的成绩，考虑**有交互作用的方差分析**.

1）检验问题

在有交互作用的方差分析中，设行因素 A 有 r 个水平 $A_1, A_2, \cdots, A_r$，列因素 B 有 k 个水平 $B_1, B_2, \cdots, B_k$. 将每一水平看作一个总体，行因素有 r 个总体，列因素有 k 个总体. 将水平 (A_i, B_j) 看作一个总体，共有 $r \times k$ 个总体. 检验问题是：

（1）H_0：因素 A 对研究对象有影响；H_1：因素 A 对研究对象有影响.

（2）H_0：因素 B 对研究对象有影响；H_1：因素 B 对研究对象有影响.

（3）H_0：因素 A 和 B 共同对研究对象有影响；H_1：因素 A 和 B 共同对研究对象有影响.

为了检验因素 A, B 是否相互独立，即它们的不同组合是否会产生影响，对因素 A, B 的水平的每对组合 (A_i, B_j)，$i = 1, 2, \cdots, r$，$j = 1, 2, \cdots, k$ 都作 m（$m \geqslant 2$）次试验，共取得 $k \cdot r \cdot m$ 个数据，数据结构见表 7.2.6.

表 7.2.6　有交互作用的双因素方差分析数据结构

行因素 A		列因素 B			
		B_1	B_2	$\cdots$	B_k
	A_1	x_{111} $\vdots$ x_{11m}	x_{121} $\vdots$ x_{12m}	$\cdots$ $\vdots$ $\cdots$	x_{1k1} $\vdots$ x_{1km}
	A_2	x_{211} $\vdots$ x_{21m}	x_{221} $\vdots$ x_{22m}	$\cdots$ $\vdots$ $\cdots$	x_{2k1} $\vdots$ x_{2km}
	$\vdots$	$\vdots$	$\vdots$		$\vdots$
	A_r	x_{r11} $\vdots$ x_{r1m}	x_{r21} $\vdots$ x_{r2m}	$\cdots$ $\vdots$ $\cdots$	x_{rk1} $\vdots$ x_{rkm}

有交互作用的方差分析假设：

（1）第 i 个行水平总体都服从 $N(\mu_i, \sigma^2)$，$i = 1, 2, \cdots, r$；

（2）第 j 个列水平总体都服从 $N(\mu_j, \sigma^2)$，$j = 1, 2, \cdots, k$；

（3）每一对水平 (A_i, B_j) 总体都服从 $N(\mu_{ij}, \sigma^2)$，$i = 1, 2, \cdots, r; j = 1, 2, \cdots, k$；

（4）所有的试验结果 x_{ij} 都相互独立.

因此，假设问题可以转化为对下述假设进行检验：

（1）对行因素 A 提出的假设为：

$$H_0 : \mu_i(i = 1, 2, \cdots, r) \text{全相等}; \quad H_1 : \mu_i(i = 1, 2, \cdots, r) \text{不全相等}. \tag{7.2.5}$$

（2）对列因素 B 提出的假设为：

$$H_0 : \mu_j(j = 1, 2, \cdots, k) \text{全相等}; \quad H_1 : \mu_j(j = 1, 2, \cdots, k) \text{不全相等}. \tag{7.2.6}$$

（3）对行因素 A 和列因素 B 提出的假设为：

$$H_0 : \mu_{ij}(i = 1, 2, \cdots, r; j = 1, 2, \cdots, k) \text{全相等}; \quad H_1 : \mu_{ij}(i = 1, 2, \cdots, r; j = 1, 2, \cdots, k) \text{不全相等}.$$

$$\tag{7.2.7}$$

2）总平方和分解方差分析

记

$$\overline{x}_{i\cdot\cdot} = \frac{1}{k\cdot m}\sum_{j=1}^{k}\sum_{l=1}^{m}x_{ijl}, i=1,2,\cdots,r, \quad \overline{x}_{\cdot j\cdot} = \frac{1}{r\cdot m}\sum_{i=1}^{r}\sum_{l=1}^{m}x_{ijl}, j=1,2,\cdots,k,$$

$$\overline{x}_{ij\cdot} = \frac{1}{m}\sum_{l=1}^{m}x_{ijl}, i=1,2,\cdots,r, j=1,2,\cdots,k, \quad \overline{x} = \frac{1}{r\cdot k\cdot m}\sum_{i=1}^{r}\sum_{j=1}^{k}\sum_{l=1}^{m}x_{ijl},$$

则

$$SST = \sum_{i=1}^{r}\sum_{j=1}^{k}\sum_{l=1}^{m}(x_{ijl}-\overline{x})^2, \quad SSA = km\sum_{i=1}^{r}(\overline{x}_{i\cdot\cdot}-\overline{x})^2; \quad SSB = rm\sum_{j=1}^{k}(\overline{x}_{\cdot j\cdot}-\overline{x})^2,$$

$$SAB = m\sum_{i=1}^{r}\sum_{j=1}^{k}(\overline{x}_{ij\cdot}-\overline{x}_{i\cdot\cdot}-\overline{x}_{\cdot j\cdot}+\overline{x})^2, \quad SSE = \sum_{i=1}^{r}\sum_{j=1}^{k}\sum_{l=1}^{m}(x_{ijl}-\overline{x}_{ij\cdot})^2.$$

SST 称为**总偏差平方和**，SSA 称为**因素 A 偏差平方和**，SSB 称为**因素 B 偏差平方和**，SAB 称为**因素 A 与因素 B 交互作用偏差平方和**，SSE 称为**随机因素偏差平方**.

可以证明，$SST = SSA + SSB + SAB + SSE$，且在满足假设和 H_0 为真时，

$$F_A = \frac{SSA/(r-1)}{SSE/[rk(m-1)]} \sim F(r-1, rk(m-1)). \tag{7.2.8}$$

$$F_B = \frac{SSB/(k-1)}{SSE/[rk(m-1)]} \sim F(k-1, rk(m-1)). \tag{7.2.9}$$

$$F_{AB} = \frac{SAB/(r-1)(k-1)}{SSE/[rk(m-1)]} \sim F((r-1)(k-1), rk(m-1)). \tag{7.2.10}$$

选取（7.2.8）作为行因素 A 的影响是否显著的检验统计量，（7.2.9）作为列因素 B 的影响是否显著的检验统计量，（7.2.10）作为因素 A 和 B 交互作用是否显著的检验统计量.

有交互作用的方差分析属于 F 右侧检验. 将上面分析结果排成表 7.2.7 的形式，即为方差分析表.

表 7.2.7　有交互作用的双因素方差分析表

差异源 （方差来源）	SS （平方和）	df （自由度）	MS （均方）	F （F 统计量值）	Fcrit （临界值）
组间 （因素 A）	SSA	$r-1$	MSA	F_A	$F_\alpha(r-1,rk(m-1))$
组间 （因素 B）	SSB	$k-1$	MSB	F_B	$F_\alpha(k-1,rk(m-1))$
组间 （因素 AB）	SAB	$(r-1)(k-1)$	MAB	F_{AB}	$F_\alpha((r-1)(k-1),rk(m-1))$
组内 （误差 E）	SSE	$rk(m-1)$	MSE		
总计	SST	$rkm-1$			

例 7.2.4　对例 7.2.3 进行方差分析.

解　用 Excel 计算得方差分析表（见表 7.2.8）：

表 7.2.8

方差来源	SS	df	MS	F	P-value	F crit
考生性别	2403.5556	1	2403.5556	0.3943	0.5324	4.0012
父母文化程度	98409.2778	5	19681.8556	3.2291	0.0120	2.3683
交互作用	38084.4444	5	7616.8889	1.2497	0.2976	2.3683
误差 E	365711.3333	60	6095.1889			
总计 T	504608.6111	71				

这里 $F_A = 0.3943 < 4.0012 = F_{0.05}(1,60)$，故在 $\alpha = 0.05$ 下接受原假设 H_0，即性别对成绩没有显著性影响. $F_B = 3.2291 > 2.3683 = F_{0.05}(5,60)$，故在 $\alpha = 0.05$ 下不能接受原假设 H_0，即父母文化程度对成绩有显著性影响. $F_{AB} = 1.2497 < 2.3683 = F_{0.05}(5,60)$，故在 $\alpha = 0.05$ 下接受原假设 H_0，即性别和父母文化程度对成绩没有交互作用.

习题 7.2

1. 为了解三种不同配比的饲料对小猪体重影响的差异，用三种不同配比的饲料饲养三个品种的小猪各一头，一个半月后称得小猪的体重（单位：kg）数据如下：

		小猪品种		
		品种 1	品种 2	品种 3
饲料	饲料甲	30	31	32
	饲料乙	35	33	32
	饲料丙	30	29	28

试在 $\alpha = 0.05$ 下检验饲料和品种对小猪体重有无显著性影响.

2. 用 4 种插条密度和三种施肥方案对同种树苗的生长情况进行试验，测得树苗的平均高度（单位：cm）数据如下：

		插条密度			
		密度 1	密度 2	密度 3	密度 4
施肥方案	方案 1	120	112	115	135
	方案 2	128	119	122	125
	方案 3	107	98	101	112

试在 $\alpha = 0.05$ 下检验插条密度和施肥方案对树苗生长有无显著性影响.

3. 某种有三种不同包装的商品分别在六个地区进行销售，在某周内销售的商品件数如下：

		销售地区					
		地区 1	地区 2	地区 3	地区 4	地区 5	地区 6
包装方式	包装 1	201	128	211	107	66	145
	包装 2	223	109	213	118	69	67
	包装 3	246	141	189	176	102	106

试在 $\alpha = 0.05$ 下检验包装和销售地区对销量有无显著性影响.

4. 为检验广告媒体和广告方案对产品销售量的影响，一家营销公司做了一项试验，考察三种广告方案和两种广告媒体，获得的销售量数据如下：

		广告媒体	
		报纸	电视
广告方案	方案甲	81	123
		121	89
	方案乙	228	252
		146	276
	方案丙	105	179
		184	153

试在 $\alpha = 0.05$ 下检验广告方案和广告媒体对商品销售量是否有显著性影响.

5. 以连续两年观测的单产量作为指标，比较 5 个品种大麦产量，每个品种用三个不同地区进行试验，产量观测数据如下：

		单产量	
		第一年产量	第二年产量
品种	品种 1	81	81
		147	100
		120	99
	品种 2	105	82
		142	116
		121	62
	品种 3	120	80
		151	112
		124	96
	品种 4	110	87
		192	148
		141	126
	品种 5	98	84
		146	108
		125	76

试在 $\alpha = 0.05$ 下检验年份和品种对产量是否有显著性影响.

6. 某食品公司对一种食品设计了四种新包装. 为了考察哪种包装最受欢迎，选了十个销售量相近的商店做试验，观察在一定时期的销售量，数据如下：

		商店							
		1	2	3	4	5	6	7	8
包装	包装 1	12	18	20	19	25	21	34	16
		11	19	12	14	25	22	21	26
	包装 2	14	12	13	13	16	21	19	11
		15	17	28	12	21	25	24	17
	包装 3	19	17	21	16	18	25	32	12
		15	13	21	11	11	17	22	18
	包装 4	24	30	30	31	26	17	14	19
		26	28	30	14	12	19	23	27

试在 $\alpha = 0.05$ 下检验包装和商店对销售量是否有显著性影响.

7.3　Excel 在方差分析中的应用

Excel 提供了三种方差分析工具, 利用这些分析工具可以进行基本的方差分析.

7.3.1　单因素方差分析

例 7.3.1　用 Excel 对例 7.1.1 进行方差分析.

解　步骤 1: 将数据输入单元格区域 $A$1:$J$5.

步骤 2: 点击 '工具(T)/数据分析(D)/分析工具(A):方差分析:单因素方差分析'. 在 '方差分析:单因素方差分析' 对话框中进行如图 7.3.1 的设置, 点击 '确定'.

图 7.3.1　方差分析:单因素方差分析对话框

分析结果如图 7.3.2 所示.

	A	B	C	D	E	F	G	H	I	J
1	地区1	431	452	581	506	449	370	413	512	435
2	地区2	507	389	458	431	511	501	329	435	390
3	地区3	507	455	462	475	360	487	441	399	320
4	地区4	498	492	493	356	505	466	505	345	480
5	地区5	362	510	375	468	521	509	455	515	515
6	方差分析: 单因素方差分析									
7										
8	SUMMARY									
9	组	观测数	求和	平均	方差					
10	地区1	9	4149	461	3926.5					
11	地区2	9	3951	439	3886.8					
12	地区3	9	3906	434	3848.8					
13	地区4	9	4140	460	4010.5					
14	地区5	9	4230	470	3836.3					
15										
16										
17	方差分析									
18	差异源	SS	df	MS	F	P-value	F crit			
19	组间	8629.2	4	2157.3	0.5529	0.6980	2.6060			
20	组内	156070	40	3901.75						
21										
22	总计	164699.2	44							

图表 7.3.2 单因素方差分析结果

步骤 3:统计推断. 因 $F_A = 0.5529 < 2.6060 = F_{0.05}(4,40)$,故在 $\alpha = 0.05$ 下,没有充足理由拒绝 H_0,即 5 个地区考生成绩之间无显著性差异.

7.3.2 无交互作用的双因素方差分析

例 7.3.2 用 Excel 对例 7.2.1 进行方差分析.

解 步骤 1:将数据输入单元格区域\$A\$1:\$F\$5;

步骤 2:点击'工具(T)/数据分析(D)/分析工具(A):方差分析:无重复双因素方差分析'. 在'方差分析:无重复双因素方差分析'对话框中进行如图 7.3.3 的设置,点击'确定'.

图 7.3.3 方差分析:无重复双因素方差分析对话框

分析结果如图 7.3.4 所示.

	A	B	C	D	E	F	G
1		地区1	地区2	地区3	地区4	地区5	
2	品牌1	365	350	343	340	323	
3	品牌2	345	368	363	330	333	
4	品牌3	358	323	353	343	308	
5	品牌4	288	280	298	260	298	
6	方差分析: 无重复双因素分析						
7							
8	UMMAR	观测数	求和	平均	方差		
9	品牌1	5	1721	344.2	233.7		
10	品牌2	5	1739	347.8	295.7		
11	品牌3	5	1685	337	442.5		
12	品牌4	5	1424	284.8	249.2		
13							
14	地区1	4	1356	339	1224.67		
15	地区2	4	1321	330.25	1464.25		
16	地区3	4	1357	339.25	822.917		
17	地区4	4	1273	318.25	1538.92		
18	地区5	4	1262	315.5	241.667		
19							
20							
21	方差分析						
22	差异源	SS	df	MS	F	P-value	F crit
23	行	13004.6	3	4334.85	18.1078	0.0001	3.4903
24	列	2011.7	4	502.925	2.1008	0.1437	3.2592
25	误差	2872.7	12	239.392			
26							
27	总计	17889	19				

图 7.3.4　无重复双因素方差分析结果

步骤 3：统计推断. 因 $F_A = 18.1078 > 3.4903 = F_{0.05}(3,12)$，故在 $\alpha = 0.05$ 下拒绝原假设 H_0，即品牌之间有显著性差异. $F_B = 2.1008 < 3.2592 = F_{0.05}(4,12)$，故在 $\alpha = 0.05$ 下不能拒绝原假设 H_0，即地区之间没有显著性差异.

7.3.3　有交互作用的双因素方差分析

例 7.3.3　用 Excel 对例 7.2.3 进行方差分析.

解　步骤 1：将数据输入单元格区域$A$1:$G$13，其中标志'小学以下、初中、高中、中专、本科、研究生以上'分别在单元格 B1、C1、D1、E1、F1 和 G1，标志'男生、女生'分别在单元格 A2、A8，单元格个 A1 为空白，样本数据在单元格区域$B$2:$G$13. 如图 7.3.5 所示.

	A	B	C	D	E	F	G
1		小学以下	初中	高中	中专	本科	研究生以上
2	男生	493	415	425	329	510	590
3		388	438	541	440	498	459
4		312	380	306	401	540	531
5		288	437	456	458	561	480
6		410	390	391	499	524	418
7		343	476	518	508	462	534
8	女生	329	490	320	380	500	520
9		506	541	484	584	456	567
10		524	408	417	489	404	544
11		405	580	570	567	530	425
12		307	505	351	552	521	319
13		292	317	503	537	319	502

图 7.3.5　数据

步骤 2：点击 '工具(T)/数据分析(D)/分析工具(A):方差分析:可重复双因素方差分析'. 在 '方差分析:可重复双因素方差分析' 对话框中进行如图 7.3.6 的设置，点击 '确定'.

图 7.3.6　方差分析：可重复双因素方差分析对话框

分析结果如图 7.3.7 所示.

14	方差分析:可重复双因素分析						
15							
16	SUMMAI	小学以下	初中	高中	中专	本科	研究生以上	总计
17	男生						
18	观测数	6	6	6	6	6	6	36
19	求和	2234	2536	2637	2635	3095	3012	16149
20	平均	372.33	422.67	439.5	439.17	515.83	502	448.58
21	方差	5567.47	1246.27	7424.3	4453.37	1188.17	3799.6	5788.36
22							
23	女生						
24	观测数	6	6	6	6	6	6	36
25	求和	2363	2841	2645	3109	2730	2877	16565
26	平均	393.83	473.5	440.83	518.17	455	479.5	460.14
27	方差	10352.57	9189.1	9130.17	5631.77	6620.8	8538.7	8560.35
28							
29	总计						
30	观测数	12	12	12	12	12	12	
31	求和	4597	5377	5282	5744	5825	5889	
32	平均	383.08	448.08	440.17	478.67	485.42	490.75	
33	方差	7362.45	5448.08	7525.24	6286.24	4558.81	5746.39	
34							
35							
36	方差分析						
37	差异源	SS	df	MS	F	P-value	F crit
38	样本	2403.56	1	2403.56	0.3943	0.5324	4.0012
39	列	98409.28	5	19681.86	3.2291	0.0120	2.3683
40	交互	38084.44	5	7616.89	1.2497	0.2976	2.3683
41	内部	365711.33	60	6095.19			
42							
43	总计	504608.61	71				

图 7.3.7　可重复双因素方差分析结果

步骤 3：统计推断. 因 $F_A = 0.3943 < 4.0012 = F_{0.05}(1,60)$，故在 $\alpha = 0.05$ 下接受原假设 H_0，即性别对成绩没有显著性影响. $F_B = 3.2291 > 2.3683 = F_{0.05}(5,60)$，故在 $\alpha = 0.05$ 下不能接受原假设 H_0，即父母文化程度对成绩有显著性影响. $F_{AB} = 1.2497 \leqslant 2.3683 = F_{0.05}(5,60)$，故在 $\alpha = 0.05$ 下接受原假设 H_0，即性别和父母文化程度对成绩没有交互作用.

8 回归分析

变量之间的关系有两类，一类是确定性关系，如圆的面积 $S = \pi R^2$，给定圆的半径 R，圆的面积就被唯一地确定了；另一类是不确定性关系，如居民消费性支出 y 与居民收入 x 之间的关系是不确定的．虽然可以说收入越高消费性支出也越高，但我们不能简单地将之描述为 $y = a + bx$，这是因为影响居民消费性支出的因素除了居民收入以外还有许多因素，这些因素有的知道有的不知道，有的可度量有的不可度量．因此，更一般地可以将居民消费性支出 y 与居民收入 x 之间的关系描述为

$$y = a + bx + \varepsilon,$$

其中 ε 为随机变量，用来描述影响居民消费性支出的那些未知的或不可度量的因素．

事实上，不同年份的居民消费性支出与居民收入的关系并不一样．为简单起见，可以先假设 a 和 b 不随年份而变化，只是 ε 随着年份而变化，这样不同年份的居民消费性支出与居民收入的关系就可表示为

$$y_i = a + bx_i + \varepsilon_i, i = 1, 2, \cdots, n.$$

通常情况下，a 和 b 是未知的，需要用样本来估计．估计出 a, b 的值以及 ε 的分布，就可以对居民消费性支出 y 与居民收入 x 之间的关系进行进一步分析．

回归分析（regression analysis）是研究变量间不确定关系的一种统计方法，经历了一个漫长的发展过程．18 世纪拉普拉斯（P.S.Laplace, 1749—1827）和高斯（F.C.Gauss, 1777—1855）建立了"最小二乘"理论．英国统计学家高尔顿（F.Galton, 1822—1911）揭示了统计方法在生物学研究中的有用性，并开创了回归分析．皮尔逊（K.Pearson, 1857—1936）发展了高尔顿提出的"相关"和"回归"理论．费歇尔（R.A.Fisher, 1890—1962）发展了正态总体下各种统计量的抽样分布，将已有的相关、回归理论构建为系统的相关分析（correlation analysis）和回归分析．特别是计量经济学的出现和发展，使回归分析成了统计学中的重要方法之一．

Francis Galton
（1822—1911）

由于回归分析的参数估计、方差估计、参数检验、预测区间的推导非常复杂，本章只就回归分析略作介绍，详细的回归分析方法请参阅《计量经济学》的书籍．

本章的主要内容有：一元线性回归分析、多元线性回归分析、非线性回归分析和 Excel 在回归分析中的应用等．

第 8 章知识结构图

☆ 实际问题中，变量之间的不确定关系可以用线性回归分析或非线性回归分析加以研究.

☆ 有些非线性回归模型可以线性化为线性回归模型.

☆ 线性回归分析可分为一元线性回归分析和多元线性回归分析.

☆ 有许多优秀的统计软件可以进行回归分析，其中 Excel 可以进行简单的回归分析.

☆ 以一元回归模型 $y_i = a + bx_i + \varepsilon_i, i = 1, 2, \cdots, n$ 为例，回归分析的应用有：

（1）检验关系式 $y_i = a + bx_i$ 是否显著.

（2）检验参数 b 是否为 0，即 x_i 对 y_i 是否有显著性影响.

（3）若 x_i 对 y_i 有显著性影响，影响有多大，即 x_i 变动 1 个单位 y_i 变动几个单位？或者说 x_i 变动 1%，y_i 变动百分之几？

（4）若 x_i 对 y_i 有显著性影响，如何用 x_i 去预测 y_i.

8.1 一元线性回归分析

8.1.1 一元线性回归模型

一元线性回归模型（simple linear regression model）的形式为

$$y_i = a + bx_i + \varepsilon_i, i = 1, 2, \cdots, n ,\tag{8.1.1}$$

其中 a 和 b 是未知**参数**（parameter）；ε_i 为随机误差项，是随机变量，因而 y_i 也是随机变量；x_i 称为**解释变量**（explanatory variable），或自变量；y_i 称为**被解释变量**（explained variable），或因变量；参数 b 的含义为 x_i 增加 1 个单位 y 就增加 b 个单位. 模型（8.1.1）关于参数是线性的，且只有一个解释变量，因此称为**一元线性回归模型**.

为了进一步分析，一般假设：

（1）$\varepsilon_i \sim N(0, \sigma^2)$，$i = 1, 2, \cdots, n$.

（2）$Cov(\varepsilon_i, \varepsilon_j) = 0, i \neq j, i, j = 1, 2, \cdots, n$.

（3）x_i 为确定变量，自然 $Cov(x_i, \varepsilon_i) = 0$，$i = 1, 2, \cdots, n$.

8.1.2 参数估计

通过模型（8.1.1）研究 y_i 和 x_i 之间的关系，需要估计 a,b 和 σ^2 的值. 对于给定的样本 $(x_i,y_i),i=1,2,\cdots,n$，因 a 和 b 的真实值未知，可设其估计值为 $\hat{a}$ 和 $\hat{b}$，则

$$y_i = \hat{a} + \hat{b}x_i + e_i, i=1,2,\cdots,n , \tag{8.1.2}$$

其中 e_i 为 ε_i 的实现值，称为**残差**（residual）. 令

$$\hat{y}_i = \hat{a} + \hat{b}x_i, i=1,2,\cdots,n , \tag{8.1.3}$$

是对 y_i 的估计值（也称拟合值），则

$$e_i = y_i - \hat{y}_i = y_i - (\hat{a} + \hat{b}x_i) . \tag{8.1.4}$$

自然希望 e_i 的绝对值越小越好，但通常要使得参数估计值 $\hat{a}$ 和 $\hat{b}$ 能够满足每个 $|e_i|$ 都达到最小是难以做到的. **最小二乘法**（method of least squares）是使残差平方和达到最小，即

$$Q = \sum_{i=1}^{n}(y_i - \hat{a} - \hat{b}x_i)^2 \tag{8.1.5}$$

达到最小.

式（8.1.5）分别对 $\hat{a}$ 和 $\hat{b}$ 求偏导数，并令其为 0 得

$$\begin{cases} \dfrac{\partial Q}{\partial \hat{a}} = \dfrac{\partial \sum\limits_{i=1}^{n}(y_i - \hat{a} - \hat{b}x_i)^2}{\partial \hat{a}} = 0, \\[4mm] \dfrac{\partial Q}{\partial \hat{b}} = \dfrac{\partial \sum\limits_{i=1}^{n}(y_i - \hat{a} - \hat{b}x_i)^2}{\partial \hat{b}} = 0. \end{cases} \tag{8.1.6}$$

通过求解式（8.1.6）得 a 和 b 的最小二乘估计：

$$\begin{cases} \hat{a} = \dfrac{\sum x_i^2 \sum y_i - \sum x_i \sum y_i x_i}{n \sum x_i^2 - (\sum x_i)^2}, \\[4mm] \hat{b} = \dfrac{n \sum y_i x_i - \sum y_i \sum x_i}{n \sum x_i^2 - (\sum x_i)^2}. \end{cases} \tag{8.1.7}$$

可以证明，误差项 ε_i 的方差估计为

$$\hat{\sigma}^2 = \frac{1}{n-2} \sum e_i^2 . \tag{8.1.8}$$

将参数估计量（8.1.7）代入模型（8.1.2）得

$$y_i = \hat{a} + \hat{b}x_i + e_i, i=1,2,\cdots,n , \tag{8.1.9}$$

称为**样本回归模型**（sample regression model），其中 e_i 称为**残差**，是 ε_i 的实现，

$$\hat{y}_i = \hat{a} + \hat{b}x_i, i = 1, 2, \cdots, n ,\tag{8.1.10}$$

称为**样本回归方程**（sample regression equation），其中 $\hat{y}_i$ 称为 y_i 的**拟合值**（fit value）.

8.1.3　模型的检验

参数估计出来之后，还需要对模型进行一系列的检验. 可以依照以下次序对模型进行检验：模型的经济意义检验→误差项 ε_i 的正态性检验→ F 检验→ t 检验→ R^2 检验.

1）参数的经济意义检验

模型的经济意义检验属于理论检验，或经验检验. 主要检验参数估计值的大小、符号是否符合经济理论或经验实际. 若参数估计值的大小、符号不符合经济理论或经验实际，则数学上再完美的模型都是无意义的. 例如，在研究消费和收入的一元回归模型

$$y_i = a + bx_i + \varepsilon_i, i = 1, 2, \cdots, n$$

中，a 和 b 分别为自发性消费和边际消费倾向，a 应该大于 0，b 应该大于 0 小于 1. 如果模型估计结果违反了上述的理论假定，数学上再完美的估计都是没有意义的.

值得指出的是，要依据经济理论建立模型，不要为了拟合效果好，或检验显著而去臆造模型.

2）误差项 ε_i 的正态性检验

回归模型的 t 检验和 F 检验都是建立在误差项 ε_i 的正态性假设基础上的. 若 ε_i 不服从正态分布，则 t 检验和 F 检验都会失效. 可以利用残差的概率图进行 ε_i 的正态性检验，方法是：若概率图上的散点在一条直线附近就可以认为 ε_i 服从正态分布. 若概率图检验有拒绝正态性的倾向，则可进一步进行 JB 检验（详见第 6 章的 JB 检验）.

3）回归函数 $a + bx_i$ 的 F 检验

回归函数 $a + bx_i$ 的检验问题是：

$H_0 : a = b = 0$；$H_1 : a, b$ 不全为零.

为了得到检验统计量，我们先对总偏差进行分解. 称 y_i 与其均值 $\overline{y} = \sum y_i / n$ 之差为**总偏差**. 称 $TSS \equiv \sum (y_i - \overline{y})^2$ 为**总偏差平方和**，$ESS \equiv \sum (\hat{y}_i - \overline{y})^2$ 为**回归平方和**，$RSS \equiv \sum (y_i - \hat{y}_i)^2 = \sum e_i^2$ 为**残差（剩余）平方和**.

可以证明，$TSS = RSS + ESS$.

显然，ESS 在 TSS 中占的比重越大，RSS 就越小，模型的拟合效果越好. 在模型满足 3 条假定下，统计量

$$F = \frac{ESS/1}{RSS/(n-2)} \sim F(1, n-2) .\tag{8.1.11}$$

因此，可以用式（8.1.11）作为检验统计量，对回归函数进行 F 检验. 由以上分析可知，回归函数 $\hat{a} + bx_i$ 的检验属于 F 右检验. 设由样本值计算得检验统计量（8.1.11）的值为 f，若 $p = \{F(1, n-2) > f\} < \alpha$，则有充足的理由拒绝 H_0，认为回归函数是显著不为 0 的.

4）单个参数的 t 检验

在模型满足三条假定下，对参数 a 和 b 的检验问题是：

（1）$H_0: a = 0; H_1: a \neq 0.$

（2）$H_0: b = 0; H_1: b \neq 0.$

检验统计量分别为

$$T \equiv \frac{\hat{a}}{S_{\hat{a}}} \sim t(n-2), \ T \equiv \frac{\hat{b}}{S_{\hat{b}}} \sim t(n-2) , \tag{8.1.12}$$

其中，参数的方差估计为

$$S_{\hat{a}}^2 = \frac{\sum e_i^2 \sum x_i^2}{n(n-2)\sum (x_i - \overline{x})^2}, \ S_{\hat{b}_1}^2 = \frac{\sum e_i^2}{(n-2)\sum (x_i - \overline{x})^2}.$$

单个参数的检验是双侧 t 检验. 设由样本值计算得检验统计量（8.1.12）的值为 t，若 $p = P\{|t(n-2)| > |t|\} < \alpha$，则拒绝 H_0，认为对应的解释变量对被解释变量有显著性影响. 否则接受 H_0，认为对应的解释变量对被解释变量没有显著性影响. 当 t 检验不显著，但 F 检验显著时，模型也可用，因为 F 检验要优于 t 检验.

5）模型拟合检验

如上所述，ESS 在 TSS 中占的比重越大，残差平方和 RSS 越小，模型的拟合效果越好. 定义可决系数（也称拟合优度）R^2 为

$$R^2 \equiv \frac{ESS}{TSS} = 1 - \frac{RSS}{TSS} , \tag{8.1.13}$$

显然，$0 \leqslant R^2 \leqslant 1$, R^2 越接近于 1, 模型的拟合效果越好.

由于样本的随机性以及其他原因，要使回归模型能同时通过各项检验往往是非常困难的. 模型检验不理想时可以考虑修正估计方法和模型（详见计量经济学参考书）.

8.1.4 预 测

如果模型经检验非常理想，则可以利用模型进行预测. 给定样本外的解释变量观察值 x_0，代入样本回归方程（8.1.10）有

$$\hat{y}_0 = \hat{a} + \hat{b}x_0 , \tag{8.1.14}$$

其中 $\hat{y}_0$ 是 y_0 的估计值. 可以证明，y_0 的 $1-\alpha$ 置信区间的端点为

$$\hat{y}_0 \mp t_{1-\alpha/2}(n-2)\hat{\sigma}\sqrt{1 + \frac{1}{n} + \frac{(x_0 - \overline{x})^2}{\sum (\overline{x}_i - \overline{x})^2}} . \tag{8.1.15}$$

回归分析的过程如图 8.1.1 所示.

图 8.1.1　回归分析的过程

回归分析计算量非常大，现在一般都用统计软件进行回归分析.

例 8.1.1　1987 年至 2009 年，我国农村居民家庭平均每人生活消费支出（元）与农村居民家庭人均纯收入（元）数据见表 8.1.1.

表 8.1.1　农村居民消费与收入数据

年 份	农村居民家庭平均每人生活消费支出(元) y_t	农村居民家庭人均纯收入(元) x_t	t	$z_t = \ln y_t$	$v_t = \ln x_t$
1987 年	398.3	462.6	1	5.987 2	6.136 9
1988 年	476.7	544.9	2	6.166 9	6.300 6
1989 年	535.4	601.5	3	6.283 0	6.399 4
1990 年	584.6	686.3	4	6.370 9	6.531 3
1991 年	619.8	708.6	5	6.429 4	6.563 3
1992 年	659	784	6	6.490 7	6.664 4
1993 年	769.7	921.6	7	6.646 0	6.826 1
1994 年	1 016.8	1 221	8	6.924 4	7.107 4
1995 年	1 310.4	1 577.7	9	7.178 1	7.363 7
1996 年	1 572.1	1 926.1	10	7.360 2	7.563 3
1997 年	1 617.2	2 090.1	11	7.388 5	7.645 0
1998 年	1 590.3	2 162.0	12	7.371 7	7.678 8
1999 年	1 577.4	2 210.3	13	7.363 5	7.700 9
2000 年	1 670.1	2 253.4	14	7.420 6	7.720 2
2001 年	1 741.1	2 366.4	15	7.462 3	7.769 1
2002 年	1 834.3	2 475.6	16	7.514 4	7.814 2
2003 年	1 943.3	2 622.2	17	7.572 1	7.871 8
2004 年	2 184.7	2 936.4	18	7.689 2	7.984 9
2005 年	2 555.4	3 254.9	19	7.846 0	8.087 9

续表

年份	农村居民家庭平均每人生活消费支出(元) y_t	农村居民家庭人均纯收入(元) x_t	t	$z_t = \ln y_t$	$v_t = \ln x_t$
2006 年	2 829.0	3 587.0	20	7.947 7	8.185 1
2007 年	3 223.9	4 140.4	21	8.078 3	8.328 5
2008 年	3 660.7	4 760.6	22	8.205 4	8.468 1
2009 年	3 993.5	5 153.2	23	8.292 4	8.547 4

数据来源：中国统计年鉴（1988-2010）.

试建立一元线性回归模型分析农村居民家庭平均每人生活消费支出与农村居民家庭人均纯收入的关系.

解 用 y_t 表示农村居民家庭平均每人生活消费支出，用 x_t 表示农村居民家庭人均纯收入. 由宏观经济学的理论知，y_t 和 x_t 的关系可用以下一元线性回归模型描述.

$$y_t = a + bx_t + \varepsilon_t, \quad t = 1, 2, \cdots, 23,$$

其中 ε_t 表示除收入外对消费支出影响的其他因素.

用 Excel 提供的回归分析工具得到以下的模型估计与检验结果：

$$y_t = 45.6001 + 0.7546x_t + \varepsilon_t,$$
$$(0.0979) \quad (0.0000)$$
$$\hat{\sigma}^2 \approx 4417.1337, F \approx 5254.0005(0.0000), R^2 \approx 0.9960,$$

其中，括号内的数据为 t 或 F 检验统计量值对应的显著性 p 值.

参数估计与检验结果表明，$\hat{a} \approx 45.6001 > 0$，$0 < \hat{b} = 0.7546 < 1$，模型有经济意义；残差图和残差正态概率图分别如图 8.1.2 和图 8.1.3 所示. 从残差正态概率图可以看出，散点明显不在一条直线上，有拒绝误差项正态性的倾向. 但 JB 检验显示，可以接受误差项正态性假设（留作读者自己的练习）. 参数 a 的 t 检验 p 值为 0.0979，因此在 $\alpha = 0.05$ 下，可认为参数 a 显著为 0；参数 b 的 t 检验统计量值 p 值为 0.0000，因此在 $\alpha = 0.05$ 下，可认为参数 b 显著不为 0. 但由于 F 检验统计量值为 5254.0005，相应的 p 为 0.0000，回归函数 $a + bx_t$ 是显著的. 模型可决系数 $R^2 \approx 0.9960$，接近于 1，模型拟合良好，模型拟合图如图 8.1.4 所示.

图 8.1.2 残差图

图 8.1.3 残差正态概率图

图 8.1.4　拟合图

习题 8.1

1. 我国 2008 年各地区城镇居民平均每人全年家庭可支配收入（元）和消费性支出（元）数据如下：

地　区	可支配收入	消费性支出	地　区	可支配收入	消费性支出
北　京	24 724.89	16 460.26	湖　北	13 152.86	9 477.51
天　津	19 422.53	13 422.47	湖　南	13 821.16	9 945.52
河　北	13 441.09	9 086.73	广　东	19 732.86	15 527.97
山　西	13 119.05	8 806.55	广　西	14 146.04	9 627.40
内蒙古	14 432.55	10 828.62	海　南	12 607.84	9 408.48
辽　宁	14 392.69	11 231.48	重　庆	14 367.55	11 146.80
吉　林	12 829.45	9 729.05	四　川	12 633.38	9 679.14
黑龙江	11 581.28	8 622.97	贵　州	11 758.76	8 349.21
上　海	26 674.9	19 397.89	云　南	13 250.22	9 076.61
江　苏	18 679.52	11 977.55	西　藏	12 481.51	8 323.54
浙　江	22 726.66	15 158.30	陕　西	12 857.89	9 772.07
安　徽	12 990.35	9 524.04	甘　肃	10 969.41	8 308.62
福　建	17 961.45	12 501.12	青　海	11 640.43	8192.56
江　西	12 866.44	8 717.37	宁　夏	12 931.53	9558.29
山　东	16 305.41	11 006.61	新　疆	11 432.10	8669.36
河　南	13 231.11	8 837.46			

数据来源：中国统计年鉴（2009）.

（1）作 (x, y) 的散点图；

（2）求样本相关系数，并分析 y 与 x 的相关性；

（3）试建立一元线性回归模型分析可支配收入（元）对居民消费性支出（元）的影响；

（4）对建立的回归模型进行检验.

2. 合金强度 y 与碳含量 x 的实验数据如下：

y	42.0	43.0	45.0	49.0	53.0	50	55
x	0.1	0.12	0.11	0.16	0.17	0.18	0.21

（1）作 (x, y) 的散点图；

（2）求样本相关系数，并分析 y 与 x 的相关性；

（3）建立一元回归模型；

（4）对建立的回归模型进行检验；

（5）求 $x = 0.15$ 时 y 的点估计.

8.2　多元线性回归分析

多元线性回归模型（multiple linear regression model）的一般形式为

$$y_i = b_1 x_{1i} + b_2 x_{2i} + \cdots + b_k x_{ki} + \varepsilon_i, i = 1, 2, \cdots, n , \qquad (8.2.1)$$

其中 y_i 称为**被解释变量**或**因变量**；x_{ji} 称为**解释变量**或**自变量**，ε_i 为**随机误差项**，b_j 为**参数**. k 为解释变量的数目，n 为样本容量. 模型右边部分 $b_1 x_{1i} + \cdots + b_k x_{ki}$ 称为**回归函数**或**回归**. 若模型含有常数项，令 $x_{1i} = 0$ 即可.

多元线性回归模型的估计和检验与一元线性回归模型类似，这里不再赘述，这里只介绍决定系数和多重共线性问题.

在应用过程中发现，如果在模型中增加一个解释变量，R^2 往往增大，这就给人一个错觉：要使得模型拟合得好，只要增加解释变量即可. 但是，现实情况往往是，由增加解释变量个数引起的 R^2 的增大与拟合好坏无关. 在样本容量一定的情况下，增加解释变量必定使得自由度减少，所以对 R^2 修正的思路是：将残差平方和与总离差平方和分别除以各自的自由度，以剔除变量个数对拟合优度的影响. 称

$$\overline{R}^2 = 1 - \frac{RSS/(n-k)}{TSS/(n-1)} \qquad (8.2.2)$$

为**调整的决定系数**. 其中 $n-k$，$n-1$ 分别为剩余平方和与总离差平方和的自由度.

多元线性回归模型的假设除了一元线性回归的 3 条假设外，还假设无多重共线性，即任何两个解释变量之间不存在严格的线性相关. 若线性回归模型存在多重共线性，则最小二乘估计会出现以下后果：

（1）参数估计量的经济含义不合理.

（2）参数 t 检验不显著，将重要的解释变量排除在模型之外.

检验多重共线性的简单方法是：计算解释变量间的相关系数，若相关系数的绝对值较大，则说明，解释变量之间可能存在多重共线性. 也可从模型估计结果去推测是否存在多重共线性. 若 R^2 和 F 统计量较大，但 t 统计量较小，甚至无法通过检验，说明各解释变量对被解变量的联合线性作用显著，但各解释变量间可能存在共线性而使得它们对被解变量的独立作用不能分辨，t 检验不显著.

解决多重共线性的常用方法是逐步回归法. 该方法是按照解释变量的重要程度逐步引入模型进行回归分析，选择最合理的模型. 也可以反过来进行，即先建立一个一般模型，然后逐步剔除不重要的解释变量，反复进行估计，直到找到最合理的模型.

例 8.2.1　经调查得 8 个城市的某种食品的销售额（万元）y_i 与其价格上涨率（%）x_{1i} 和人口增长数（万人）x_{2i} 的资料如下：

城市	价格提高率	人口增长数	销售额
1	4	34	6
2	3	92	16
3	2	75	12
4	3	36	9
5	1	78	17
6	5	8	5
7	4	23	11
8	3	25	10

试用回归分析价格提高率或人口增加数对某种食品的销售额的影响. 若某城市的价格提高率为 3% 和人口增加数为 85 万人，试预测该城市的食品销售额.

解　依题意，建立二元线性回归模型 1：

$$y_i = b_0 + b_1 x_{1i} + b_2 x_{2i} + \varepsilon_i,\ i = 1, 2, \cdots, 8 .$$

用 Excel 提供的回归分析工具得到模型 1 参数估计与检验结果为：

$$y_i = 10.9698 - 1.2463 x_{1i} + 0.0792 x_{2i} + \varepsilon_i,$$
$$(0.0946)\quad (0.3150)\quad (0.1398)$$
$$\hat{\sigma}^2 \approx 5.7099,\ F \approx 8.6648(0.0237), \overline{R}^2 \approx 0.6865,$$

其中，括号内的数据为 t 检验统计量值对应的 p 值.

3 个参数 t 检验的 p 值都大于 0.05，即 3 个参数都不显著，但 F 检验是显著的.

若建立一元回归模型 2：

$$y_i = b_0 + b_1 x_{1i} + \varepsilon_i,\ i = 1, 2, \cdots, 8 ,$$

则参数估计与检验结果为：

$$y_i = 19.2989 - 2.7356x_{1i} + \varepsilon_i,$$
$$(0.0005) \quad (0.0174)$$
$$\hat{\sigma}^2 \approx 7.6858, F \approx 10.5890(0.0174), R^2 \approx 0.6383,$$

若建立一元回归模型 3：

$$y_i = b_0 + b_2 x_{2i} + \varepsilon_i , i = 1, 2, \cdots, 8,$$

则参数估计与检验结果为：

$$y_i = 5.2954 + 0.1176x_{2i} + \varepsilon_i,$$
$$(0.0177) \quad (0.0077)$$
$$\hat{\sigma}^2 \approx 5.9446, F \approx 15.4479(0.0077), R^2 \approx 0.7203.$$

相比之下，模型 3 比模型 2 要好，因为模型 2 和模型 3 都能通过各项检验，但模型 3 的 R^2, F 都要比模型 2 大.

习题 8.2

1. 假设有开发商正在考虑购买商业区里的一组小型办公楼. 设 y 为办公楼的评估价值，x_1 为底层面积（平方英尺），x_2 为办公室的个数，x_3 为入口个数，x_4 为办公楼的使用年数. 开发商从 1500 个可选的办公楼里随机选择了 11 个办公楼作为样本，得到下列数据. "半个入口"指的是运输专用入口.

办公楼的评估价值 (y)	底层面积 (x_1)	办公室的个数 (x_2)	入口个数 (x_3)	办公楼的使用年数 (x_4)
142 000	2 310	2	2.0	20
144 000	2 333	2	2.0	12
151 000	2 356	3	1.5	33
150 000	2 379	3	2.0	43
139 000	2 402	2	3.0	53
169 000	2 425	4	2.0	23
126 000	2 448	2	1.5	99
142 900	2 471	2	2.0	34
163 000	2 494	3	3.0	23
169 000	2 517	4	4.0	55
149 000	2 540	2	3.0	22

试采用多元线性回归分析方法来估算给定地区内的办公楼的价值.

2.某公司销售额主要取决于销售人员数和销售成本,下表数据是该公司的销售统计数据.

年份	销售成本 x_1/万元	销售人员数 x_2/人	销售额 y/万元
2003	192	147	266
2004	211	162	287
2005	167	128	238
2006	220	168	297
2007	204	156	279
2008	216	166	293
2009	198	151	272
2010	195	149	269

试建立销售额对销售人员数和销售成本的回归模型.

8.3　非线性回归分析

在现实中,变量之间的关系或变量与参数之间的关系可能是非线性的,如参数 b 表示变量 y 的 x 弹性,则 y 与 x 的关系为

$$y = ax^b.$$

事实上,对上式两边取对数得

$$\ln y = \ln a + b \ln x.$$

两边对 x 再求导数得

$$\frac{1}{y} y' = \frac{b}{x}.$$

所以

$$b = y' \frac{x}{y},$$

即 b 为变量 y 的 x 弹性.

如果回归模型关于解释变量或参数是非线性的,则称其为**非线性回归模型**（ nonlinear regression model ）.非线性回归模型的参数估计比较复杂,但有一些非线性回归模型可以通过线性化,将其转化为线性模型进行估计.下面介绍一些非线性模型的线性化问题.

8.3.1　对数函数模型

若回归模型为

$$y_i = a + b\ln x_i + \varepsilon_i. \qquad\qquad (8.3.1)$$

令 $z_i = \ln x_i$ ，则模型可转化为

$$y_i = a + bz_i + \varepsilon_i.$$

这是一个线性回归模型，可以通过普通最小二乘法估计其参数.

8.3.2　指数函数模型

若回归模型为

$$y_i = a\mathrm{e}^{bx_i + \varepsilon_i}, \qquad\qquad (8.3.2)$$

对模型两边取对数得

$$\ln y_i = \ln a + bx_i + \varepsilon_i.$$

再令 $z_i = \ln y_i$ ， $c = \ln a$ ，则模型可转化为

$$z_i = c + bx_i + \varepsilon_i.$$

这是一个线性回归模型，可以通过普通最小二乘法估计其参数.

8.3.3　幂函数模型

若回归模型为

$$y_i = ax_i^b \mathrm{e}^{\varepsilon_i}, \qquad\qquad (8.3.3)$$

对模型两边取对数得

$$\ln y_i = \ln a + b\ln x_i + \varepsilon_i.$$

再令 $z_i = \ln y_i$ ， $c = \ln a$ ， $v_i = \ln x_i$ ，则模型可转化为

$$z_i = c + bv_i + \varepsilon_i.$$

这是一个线性回归模型，可以通过普通最小二乘法估计其参数.

8.3.4　logistic 生长曲线模型

若回归模型为

$$y_i = \frac{k}{1 + a\mathrm{e}^{-bx_i + \varepsilon_i}}, \qquad\qquad (8.3.4)$$

由于 $\ln\dfrac{k - y_i}{y_i} = \ln a - bx_i + \varepsilon_i$ ，故令 $z_i = \ln\dfrac{k - y_i}{y_i}$ ， $c = \ln a$ ，则模型可转为

$$z_i = c + bx_i + \varepsilon_i.$$

这是一个线性回归模型，可以通过普通最小二乘法估计其参数.

8.3.5　时间序列的趋势模型

简单地说，以时间先后顺序排列的数据就是时间序列数据（time series data）. 有的时间序列呈现出某种随时间变化而变化规律，称之为**趋势**（trend）. 一般的时间序列数据通常可分解为趋势、季节变动和随机波动三种因素. 只含趋势和随机波动的时间序列大都可以线性化. 例如，时间序列 y_t 含有二次趋势，将 y_t 分解为

$$y_t = b_0 + b_1 t + b_2 t^2 + \varepsilon_t,$$

其中 t 表示时间. 则令 $x_{1t} = t$，$x_{2t} = t^2$，即可将模型线性化为

$$y_t = b_0 + b_1 x_{1t} + b_2 x_{2t} + \varepsilon_t.$$

分析时间序列的趋势，可先画出散点图，根据散点图呈现出的规律用几种初等函数进行回归分析，然后通过比较找出最佳的趋势模型.

例 8.3.1　利用表 8.1.1 中的数据研究我国农村居民家庭平均每人生活消费支出（元）的农村居民家庭人均纯收入（元）弹性.

解　我国农村居民家庭平均每人生活消费支出（元）y 的农村居民家庭人均纯收入（元）x 弹性可通过模型

$$\ln y_t = a + b \ln x_t + \varepsilon_t.$$

加以研究，b 即为农村居民家庭平均每人生活消费支出（元）的农村居民家庭人均纯收入（元）弹性.

令 $z_t = \ln y_t$，$v_t = \ln x_t$，则模型可转化为

$$z_t = a + b v_t + \varepsilon_t.$$

这是一个线性回归模型，可以通过普通最小二乘法估计其参数和检验模型.

首先计算 $z_t = \ln y_t$，$v_t = \ln x_t$，数据见表 8.1.1.

用 Excel 提供的回归工具得到以下的模型估计与检验结果：

$$\ln y_t = 0.3078 + 0.9279 \ln x_t + \varepsilon_t$$
$$(0.0029) \quad (0.0000)$$
$$\hat{\sigma}^2 \approx 0.0018, F \approx 5750.3942(0.0000), \bar{R}^2 \approx 0.9962.$$

参数估计与检验结果表明，参数 b 的 t 检验 p 值为 0.0000，参数是显著的，$\bar{R}^2$ 为 0.9962，模型拟合非常好. 由估计结果知，农村居民家庭平均每人生活消费支出（元）的农村居民家庭人均纯收入（元）弹性大约为 0.9279，即农村居民家庭人均纯收入增长 1%，则农村居民家庭平均每人生活消费支出增长 0.9279%，说明缺乏弹性. 模型拟合效果及残差如图 8.3.1 和图 8.3.2 所示.

图 8.3.1 拟合图

图 8.3.2 残差图

例 8.3.2 某地区从 2002 年到 2011 年的汽车保有量数据如下：

年份	汽车保有量（台）	t	t^2
2002	892	1	1
2003	1 560	2	4
2004	2 531	3	9
2005	3 760	4	16
2006	5 300	5	25
2007	7 109	6	36
2008	9 200	7	49
2009	11 589	8	64
2010	14 243	9	81
2011	17 188	10	100

试用回归模型研究该地区汽车保有量增长的趋势.

解 取 2002 年为时间 $t=1$，作 2002 年到 2011 年的汽车保有量的散点图，如图 8.3.3 所示.

图 8.3.3 汽车保有量的散点图

从散点图可以看出，2002 年到 2011 年的汽车保有量呈曲线形上升趋势，我们用二次曲线来拟合趋势，设模型为

$$y_t = b_0 + b_1 t + b_2 t^2 + \varepsilon_i,$$

其中 t 表示时间，2002 年 t 设为 1，y_t 为第 t 年的汽车保有量.

模型估计结果如下：

$$y_t = 495.9000 + 250.8803t + 141.8561t^2 + \varepsilon_t$$
$$\quad (0.0000) \quad\quad (0.0000) \quad\quad (0.0000)$$
$$\hat{\sigma}^2 \approx 33.4121, F \approx 4209411.6972(0.0000), \overline{R}^2 \approx 0.9999.$$

参数估计与检验结果表明，参数的 t 检验 p 值皆小于 $\alpha = 0.05$，参数是显著的，R^2 为 0.9999，模型拟合非常好，模型拟合效果及残差如图 8.3.4 和图 8.3.5 所示.

图 8.3.4

图 8.3.5

读者还可以尝试用其他函数拟合该地区汽车保有量的趋势.

习题 8.3

1. 下表的数据是某公司 18 个月的营业额数据，试建立回归模型研究营业额的趋势变化.

月 份	营业额	月 份	营业额
1	295	10	473
2	283	11	470
3	322	12	481
4	355	13	449
5	286	14	544
6	379	15	601
7	381	16	587
8	431	17	644
9	424	18	660

2. 利用例 8.3.2 中数据拟合指数趋势模型.

8.4 Excel 在回归分析中的应用

8.4.1 回归分析

Excel 提供了两种回归工具，一种是宏程序工具，另一种是函数工具. 利用宏程序工具进行回归模型估计，请点击'工具(T)/数据分析(D)/分析工具(A):回归'.

图 8.4.1 Excel 回归分析对话框

例 8.4.1 用 Excel 对例 8.2.1 进行求解.

解 步骤 1：将数据连同标志输入单元格区域$A$1:$D$9.

步骤 2：点击'工具(T)/数据分析(D)/分析工具(A):回归'，在'回归'对话框中进行如图8.4.1 的设置，点击'确定'.

回归分析结果如图 8.4.2 所示.

11	SUMMARY OUTPUT					
12						
13	回归统计					
14	Multiple R	0.8810				
15	R Square	0.7761				
16	Adjusted R Square	0.6865				
17	标准误差	2.3895				
18	观测值	8				
19						
20	方差分析					
21		df	SS	MS	F	Significance F
22	回归分析	2	98.9505	49.4752	8.6648	0.0237
23	残差	5	28.5495	5.7099		
24	总计	7	127.5			
25						
26		Coefficients	标准误差	t Stat	P-value	Lower 95%	Upper 95%
27	Intercept	10.9698	5.3284	2.0587	0.0946	-2.7274	24.6669
28	价格提高率	-1.2463	1.1163	-1.1165	0.3150	-4.1158	1.6231
29	人口增长数	0.0792	0.0452	1.7539	0.1398	-0.0369	0.1954

图 8.4.2 回归分析结果

分析结果的第一部分给出的是'回归统计'，包括'Multiple R（复相关系数是 R Square的平方根）''R Square（决定系数，或称拟合优度R^2）''Adjusted R Square（调整后的R^2）''标准误差（$\hat{\sigma}$）'和样本观测值个数.

　　分析结果的第二部分给出的是'方差分析'，df 列对应的是回归平方和 ESS 的自由度、剩余平方和 RSS 的自由度、总偏差平方和 TSS 的自由度；SS 列对应的是回归平方和 ESS、剩余平方和 RSS、总离差平方和 TSS；MS 列对应的是相应的均方误差（SS/df），其中 MS-残差即为 $\hat{\sigma}^2 = \dfrac{\sum e^2}{n-2}$. F 列对应的是 F 统计量；Significance F 列对应的是 F 检验的显著性 p 值.

　　分析结果的第三部分给出的是 Coefficients（参数估计）、标准误差（参数估计的标准误差）、t Stat（t 检验统计量值）、P-value（t 检验的显著性 p 值）、Lower 95%（参数的置信区间下限）和 Upper 95%（参数的置信区间上限）. 'Intercept'是模型的常数项.

　　Excel 还会给出残差的正态概率图、线性拟合图和残差图. 残差的正态概率图如图 8.4.3 所示.

图 8.4.3　残差的正态概率图

8.4.2　时间序列的趋势拟合与预测

　　例 8.4.2　用 Excel 对例 8.3.2 进行求解.

　　解　步骤 1：输入数据. 将数据连同标志输入区域 A1:B11（年份在 A 列，汽车总计在 B 列）.

　　步骤 2：绘制时间序列时序图（散点图），观察时间序列图的特点.

　　步骤 3：给散点图添加趋势线并选择最佳趋势线. 右键点击散点图中的散点，在出现的菜单中选择'添加趋势线'，添加趋势线对话框如图 8.4.4 所示. 在'类型/趋势预测/回归分析类型'中，选择一种可能的类型.

图 8.4.4　添加趋势线对话框

步骤4：点击'项选'选项卡，'添加趋势线/选项'对话框如图8.4.5所示. 选中'显示公式(E)'和'显示R平方值(R)'，点击'确定'.

图8.4.5 添加趋势线/选项对话框

步骤5：重复以上步骤，根据R平方值选出最佳的趋势线.

步骤6：预测.

本例尝试的几种结果如图8.4.6和图8.4.7所示.

图8.4.6 散点图与指数趋势线　　图8.4.7 散点图与多项式（2次）趋势线

从图8.4.7可以看出，2次多项式曲线拟合与指数曲线拟合的R^2接近于1. 2次多项式曲线的回归分析结果如下：

$$\hat{y}_t = 495.9 + 250.88t + 141.86t^2.$$

2012年为第11年，因此2012年的汽车总计预测值为

$$\hat{y}_{11} = 495.9 + 250.88 \times 11 + 141.86 \times 11^2 \approx 24920.64 \quad （万辆）.$$

参考答案

习题 1.1

1.（1）$\Omega = \{2,3,4,5,6,7,8,9,10,11,12\}$；（2）$\Omega = \{1,2,3,\cdots\}$；（3）$\Omega = \{t : t \geqslant 0\}$.

2.（1）$\{(1,2,3),(1,2,4),(1,2,5),(1,3,4),(1,3,5),(1,4,5)\}$；

（2）$A = \{$正正,正反$\}$；　$B = \{$正反,反正$\}$；　$C = \{$正反,反正,正正$\}$.

3.（1）$A = \{$正正正,正正反,正反正,反正正,正反反,反正反,反反正$\}$；

（2）$B = \{$反反反,反反正,反正反,正反反$\}$；

（3）$C = \{$反反正,反正反,正反反$\}$；

（4）$D = \{$正正正,反反反$\}$.

4.（1）$\Omega = \{(x,y,z) : x,y,z$只能取$1,2,\cdots,6\}$，$A = \{(x,y,z) : x,y,z$只能取$1,2,\cdots,6$且$x+y+z>10\}$；

（2）$\Omega = \{k : k = 1,2,\cdots\}$，$A = \{k : k = 1,2,\cdots,5\}$.

5.（A），（B），（C），（D）.　　　　　　　　6. 不成立.

7.（1）当 $A \supset B$ 时，$A \cup B = A$；　　　（2）当 $A \subset B$ 时，$AB = A$.

8.（1）$B_1 = A_1 \bar{A}_2 \bar{A}_3$；　　　　　　　　　（2）$B_2 = A_1 \bar{A}_2 \bar{A}_3 \cup \bar{A}_1 A_2 \bar{A}_3 \cup \bar{A}_1 \bar{A}_2 A_3$；

（3）$B_3 = A_1(\bar{A}_2 \cup \bar{A}_3)$；　　　　　　　（4）$B_4 = \overline{A_1 A_2 A_3}$；

（5）$B_5 = \overline{A_1 \cup A \cup A_2 \cup A_3}$；　　　　（6）$B_6 = \bar{A}_1 A_2 A_3 \cup A_1 \bar{A}_2 A_3 \cup A_1 A_2 \bar{A}_3 \cup A_1 A_2 A_3$.

9. $A = \{X = 1\}$；$B = \{X \geqslant 1\}$；$C = \{X = 2\}$；$D = \{X = 0\}$；A, C, D 互不相容；B, D 互不相容；B, D 对立.

10. $\bar{A} = \{$掷两枚硬币，至少有一个反面$\}$；$\bar{B} = \{$射击三次，至少有一次未命中目标$\}$；$\bar{C} = \{$加工四个零件，都不合格$\}$.

11. 互不相容不一定对立，对立一定互不相容.

12.（1）$\overline{AB} = \{0.25 \leqslant X \leqslant 0.5\} \cup \{1 < X < 1.5\}$；　　（2）$\overline{A \cup B} = \{0 \leqslant X \leqslant 2\}$；

（3）$\overline{AB} = \{0 \leqslant X \leqslant 0.5\} \cup \{1 < X \leqslant 2\}$；　　　（4）$\overline{A \cup B} = \{0 \leqslant X < 0.25\} \cup \{1.5 < X \leqslant 2\}$.

习题 1.2

1.（1）0.05；（2）0.0833.　　　2. 1/12.　　　　　3. 0.1728.

4. 0.1667.　　5. $1 - 1/2^n$.　　　6. 7/8.　　　　　7. 0.5.

8.（1）C_{13}^4 / C_{54}^4；　（2）$4C_{13}^4 / C_{54}^4$；　（3）$13^4 / C_{54}^4$；　（4）$2C_{26}^4 / C_{54}^4$.

9. 7/12；7/18；1/36.　　　　　10. 8/15.　　　　11. $\sqrt{3}/2$.

12. 0.68.　　　13. 0.75.　　　14. 1013/1152.

15. 7449.　　　16. 0.3.　　　17. 0.1；0.2；0.3；0.4.

18. $A \subset B$；$A \cup B = \Omega$.　　　19.（D）.　　　20.（C）.

21.（1）30%；（2）7%；（3）73%；（4）14%；（5）90%；（6）10%.

习题 1.3

1. 0.8；0.2；0.6；0.4；0.5；0.5.

2. 0.8；0.5；0；1；0.7143、0.2857.

3. 0.8；0.2；0.5；0.5；0.5；0.5.

4.（C）. 5.（A）. 6. 6/7. 7. 0.5. 8.（略）. 9.（C）.

10.（A），（B），（C），（D）. 11.（C）. 12.（D）. 13.（略）.

14. 0.8511. 15. 2/17. 16. 0.3525. 17. 48.25%. 18. 0.5408.

19. 0.428；0.42；0.152. 20. 0.45. 21. 0.8；0.5. 22. 0.512；0.008.

23. 0.225. 24. 2/3. 25. 0.458. 26. 1/3. 27. 3/5.

28.（1）0.72；（2）0.98；（3）0.26. 29.（1）0.552；（2）0.012；（3）0.328.

习题 2.1

1.

X	−1	0	1
p_i	0.5	0.1	0.4

2.

X	0	1	2
p_i	0.01	0.18	0.81

3.

X	1	2	3	4	5	6
p_i	11/36	9/36	7/36	5/36	3/36	1/36

4. 不放回抽取

X	0	1	2
p_i	28/45	16/45	1/45

放回抽取

X	0	1	2
p_i	0.64	0.32	0.04

5.

X	0	1	2	3
p_i	p	$p(1-p)$	$p(1-p)^2$	$p(1-p)^3$

6.（1）

X	3	4	5
p_i	0.1	0.3	0.6

（2）$F(x)=\begin{cases}0 & ,x<3,\\0.1,3\leq x<4,\\0.4,4\leq x<5,\\1 & ,x\geq5.\end{cases}$

7.　0.3；0.5；0.7；1；0.5.

8.

Y	0	1	2	3
p_i	0.2	0.4	0.3	0.1

9.　7/8.　　10.　$F(x)=\begin{cases}0,x<0,\\x^2,0\leq x\leq1,\\1,x>1.\end{cases}$

11.　（1）10，$f(x)=\begin{cases}0,x<10,\\10x^{-2},x\geq10.\end{cases}$；（2）0.5；

12.　0.0625；0.9375；0.0625.　　13.　0.375；0.625；0.375；0.5.

14.　（1）$A=1/\pi$；（2）1/3.

15.　$\ln2$；1；$\ln1.25$.

16.　（1）$A=B=1/2$；（2）$f(x)=\begin{cases}e^x/2 & ,x<0,\\0,0\leq x<1,\\e^{-(x-1)}/2,x>1.\end{cases}$　；（3）0.5.

17.　$\dfrac{1}{8}$.　　18.　$F_Y(y)=\begin{cases}0,y<1,\\1-1/y,y\geq1.\end{cases}$

习题 2.2

1.　1.9.　　2.　1/3；2/3 35/24.　　3.　0.37万；0.0201.　　4.　（1）11；（2）100.　　5.　2/3.

6.　7.　　7.　3/4，3/80.　　8.　1.5.　　9.　1/5；2/75.　　10.　3/4.

习题 2.3

1.　0.8338.

2.

X	0	1	2	3
p_i	0.2963	0.4444	0.2222	0.0370

3.　5局3胜制对甲有利.　　4.　95.　　5.　1.0556.　　6.　0.5953.

7.　0.0607.　　　　　　8.　3/4.　　9.　0.081；10.　　10.　（略）.

11.

X	0	1	2	3	4
p_i	0.004762	0.114286	0.428571	0.380952	0.071429

12.　0.8.　　13.　0.4286.　　14.　0.0003.　　15.　0.010.　　16.　$50/7$.

17. 0.1042；0.1107.   18. 0.9098；0.0902.   19. $e^{-1}/2$.   20. 8.

21. 0.00005；0.000454；0.00227.   22. 2.   23.（1）0.996981；（2）114.   24. 320000.

习题 2.4

1. 0.4.   2. 1/3.   3. $\sqrt[4]{0.1}$.   4. 0.352.   5. 21.   6. 50 h.

7. 4 min.   8. 4/3.   9. 0.0254.   10. 0.5166.

11. $3e^{-2}-2e^{-3}$.   12. 0.2766.   13. 33.6402.   14. 证明（略）.

15.（1）0.5328；（2）0.3147；（3）3.   16.（A）.   17. 2.275%.   18. 77.83.

19. 选 $N(8,3^2)$.   20. 0.2.   21.（1）0.0228；（2）80.641.

22. 189.3.   23. 57.5291.   24. 0.0642.

习题 2.5

1. 0.7071；0.9747.   2. 48.5515；0.1538.   3.（C）.   4. $-\ln 0.05/\lambda$.

习题 2.6

1～3. 略

4. 标准正态分布的密度函数图像.

第一步：在 A1 输入 – 4.

第二步：从 A1 开始向下填充一列步长为 0.05 的数，到+4 为止。方法是：点击'编辑/填充(I)/序列(S)'，设置'产生序列在'列'，步长'0.05'，终止值'4''，确定.

第三步：在 B1 输入公式=NORMDIST(A1,0,1,FALSE)，回车.

第四步：选中 B1 右下角，拖拉至 B161.

第五步：以 A 列为横轴，做 B 列的折线图.

习题 3.1

1.

X \ Y	0	1
0	4/25	6/25
1	6/25	9/25

2.

X \ Y	1	2	3
1	1/3	0	0
2	1/6	1/6	0
3	1/9	1/9	1/9

3.

X \ Y	1	2	3
1	0	1/6	1/6
2	1/6	0	1/6
3	1/6	1/6	0

4.

X \ Y	0	1
0	0.1	0.1
1	0.8	0

5. 0.4；1；0.2；0.6；0.1.

6. （1）

X \ Y	0	1	2
0	1/9	2/9	1/9
1	2/9	2/9	0
2	1/9	0	0

（2）8/9；5/9；1/3；1/3；4/9.

7. $f(x,y) = \dfrac{4}{\pi^2(x^2+4)(y^2+4)}$.　　8. 0.25；0.5；0.5.

9. 1/16；1/6；1/2；0.　　10. 1；1/8；1/3；1/2.

11. $1 - 2e^{-1}$；$0.5e^{-1}$.　　12. 65/72.　　13. $1 + e^{-1} - 2e^{-0.5}$.

习题 3.2

1.

X \ Y	y_1	y_2	y_3	$p_i.$
x_1	0.1	0.1	0.2	0.4
x_2	0.2	0.2	0.2	0.6
$p._j$	0.3	0.3	0.4	1

2.

X \ Y	y_1	y_2	y_3	$p_i.$
x_1	1/24	1/8	1/12	1/4
x_2	1/8	3/8	1/4	3/4
$p._j$	1/6	1/2	1/3	1

3. $a = 0.16$, 相互独立.　　4. $a = 0.12$, 不相互独立.

5. 答案 $f_X(x) = \begin{cases} e^{-x}, x > 0 \\ 0, 其他, \end{cases}$ $f_Y(y) = \begin{cases} ye^{-y}, y > 0 \\ 0, 其他, \end{cases}$

6. 答案 $f_X(x) = \begin{cases} 6(x - x^2), 0 < x < 1 \\ 0, 其他, \end{cases}$ $f_Y(y) = \begin{cases} 6(\sqrt{y} - y), 0 < y < 1 \\ 0, 其他, \end{cases}$

7. 相互独立. 　　8. 相互独立. 　　9. 不相互独立. 　　10. 相互独立.
11. 不独立. 　　12. 不独立. 　　13. 不独立.

14. $f(x,y) = \begin{cases} \dfrac{1}{\pi R^2}, x^2 + y^2 \le R^2, \\ 0, 其他; \end{cases}$ $f_X(x) = \begin{cases} \dfrac{2}{\pi R^2}\sqrt{R^2 - x^2}, -R < x < R, \\ 0, 其他; \end{cases}$ $f_X(y) = \begin{cases} \dfrac{2}{\pi R^2}\sqrt{R^2 - y^2}, -R < x < R, \\ 0, 其他. \end{cases}$

15. （1）相互独立；（2）$e^{-0.1}$. 　　16. 0.68, 0.5966.

17. （1）$f(x,y) = \begin{cases} 0.5, 0 \le x \le 1, -1 \le y \le 1, \\ 0, 其他; \end{cases}$ （2）$\dfrac{3}{4}$；$\dfrac{3}{4}$.

18. （1）$f(x,y) = \begin{cases} e^{-y}, 0 \le x \le 1, y \ge 0, \\ 0, 其他; \end{cases}$ （2）e^{-1}；e^{-1}.

习题 3.3

1. 0.3；0.5，-0.7，0.3. 　　2. $3.5n$；$35n/12$.
3. 1.8；10.12. 　　4. 1.16. 　　5. 7.4.
6. 46. 　　7.（B）. 　　8.（A）. 　　9. $1 - 2/\pi$. 　　10. 2. 　　11. 200.
12. $-1/3$；（2）$1/3$；（3）$1/12$. 　　13. $25000/3$. 　　14. 0.01；$1/21$.
15. $3/\sqrt{57}$. 　　16. $2/3$，0，0. 　　17. $\rho = \dfrac{a^2 - b^2}{a^2 + b^2}$. 　　18. $\rho = \dfrac{3}{5}$.
19. 不相关且不独立. 　　20.（C）. 　　21.（D）. 　　22. 5.4；0.
23.（1）$1/3$，7；（2）6. 　　24. 0. 　　25. $N(\mu, \sigma^2/n)$. 　　26. 3；$3/5$；$6/7$；$12/19$.

习题 3.4

1. 0.8325. 　　2. 0.9522. 　　3. 98. 　　4. 0.0013. 　　5. 1180.3046.
6.（1）0.8944，（2）0.1376. 　　7. 0.9992. 　　8. 0.9625. 　　9. 104. 　　10. 147.
11. 118. 　　12. 68. 　　13.（1）0；（2）0.9951；（3）0.5. 　　14. 0.8186；81.
15. 0.9042；32. 　　16.（1）0.1797；（2）444. 　　17.（1）0.1802；（2）443.

习题 4.1

1.（略）. 　　2.（略）. 　　3. 100；10000；100；250000.
4. 3；$2/3$；4. 　　5. 0；$1/60$；$1/3$. 　　6. np^2.
7. $x_1 + \mu$，$(x_1 - \mu)^2 + (x_2 - \mu)^2$ 和 $x_1 + \mu$ 是统计量，而 $(\bar{x} - \mu)/\sigma$ 和 s^2/σ^2 不是统计量.

8.　$\mu^2 + \sigma^2$.　　9.（D）.

习题 4.2

1.

平均	中位数	众数	标准差	方差	峰度	偏度	最小值	最大值
4.125	4	4	2.2321	4.9821	0.0142	0.4095	1	8

2.　1.75；0.4712.　　3.（略）.　　4.（略）.

习题 4.3

1.（D）.

2.（1）0.9963；（2）0.1088；（3）0.1052；（4）0.9680；（5）0.9955；

　　（6）0.9635；（7）0.9361；（8）0.1091；（9）0.9989；（10）0.1081.

3.（1）3.2470；（2）3.9403；（3）-2.3060；（4）-1.8595；（5）2.3060；

　　（6）2.3060；（7）3.8660；（8）4.2067；（9）0.1756；（10）0.1954.

4.　$a = 1/20, b = 1/100$.　　5.　0.05.　　6.　0.95；0.05.　　　　7.　$t(4)$.　　8.（略）.

9.　$F(1,1)$.　　10.　$N(\theta, \theta^2/60)$.　　11.　$N(p, p(1-p)/50)$.　　12.　0.6104.　　13.　97.

14.　0.6827；0.95.　　15.（1）1537；（2）40；（3）$n \geqslant 255$.

16.　0.95.　　　　17.　0.3862.　　　18.　0.025.　　19.　8.　　20.　0.9090；0.9613.

习题 4.4

1.　（1）$t(10)$ 的密度函数图像.

第一步：在 A1 输入-4.

第二步：从 A1 开始向下填充一列步长为 0.05 的数，到$+4$为止.

第三步：在 B2 输入公式=(TDIST(-A2,10,1)-TDIST(-A1,10,1))/0.05，回车.

第四步：选中 B2 右下角，拖拉至 B81.

第五步：在 B82 输入公式=(TDIST(A81,10,1)-TDIST(A82,10,1))/0.05，回车.

第六步：选中 B82 右下角，拖拉至 B161.

第七步：以 A 列为横轴，做 B 列的折线图.

（2）$\chi^2(10)$ 的密度函数图像.

第一步：在 A1 输入 0.

第二步：从 A1 开始向下填充一列步长为 0.05 的数，到 21 为止.

第三步：在 B2 输入公式=(CHIDIST(A1,10)-CHIDIST(A2,10))/0.05，回车.

第四步：选中 B2 右下角，拖拉至 B421.

第五步：以 A 列为横轴，做 B 列的折线图.

（3）$F(10,5)$ 的密度函数图像.

第一步：在 A1 输入 0.

第二步：从 A1 开始向下填充一列步长为 0.01 的数，到 4.5 为止.

第三步：在 B2 输入公式=(FDIST(A1,10,5)-FDIST(A2,10,5))/0.01，回车.

第四步：选中 B2 右下角，拖拉至 B451.

第五步：以 A 列为横轴，做 B 列的折线图.

习题 5.1

1.（略）.   2.（略）.   3.（1）是有效估计.   4.（略）.

习题 5.2

1. $\hat{p} = \overline{x}$.   2. $\hat{p} = x/n$.   3. $\hat{\lambda} = \overline{x}, P\{X \geqslant 1\} = 1 - \mathrm{e}^{-\overline{x}}$.   4. $\hat{\theta} = 2.68$.

5. $\hat{a} = \dfrac{2\overline{x} - 1}{1 - \overline{x}}$.   6. $\hat{\theta} = \overline{x} - 1$.   7. $\hat{a} = \overline{x} - \sqrt{3}s, \hat{b} = \overline{x} + \sqrt{3}s$.

习题 5.3

1. 0.5971.   2.（1）$\hat{\sigma} = 1.7708$ ；（2）$P\{X < 3\} \approx 0.2550$ ；（3）6.4360.

3. $\hat{a} = -1 - n \Big/ \displaystyle\sum_{i=1}^{n} \ln x_i$.   4. $\hat{\theta} = x_{(1)}$.

习题 5.4

1. $[4.804, 5.196]$.   2. $[84.9597, 87.0403]$.   3. 171.   4. $[37.3357, 42.6643]$.

5. $[102.0686, 137.9314]$. 6. $[57.3112, 62.8888]$.   7. $[0.5174, 1.1152]$.

8.（1）$[14.7130, 15.1870]$ ，（2）$[0.0199, 0.3068]$.   9. $[0.3623, 0.5577]$.

10. $[0.5565, 0.7435]$.   11. $[0.8287, 0.9513]$.

习题 5.5

1. $[12.2, 27.8]$.   2. $[-0.2175, 0.5975]$.   3. $[0.6567, 2.9433]$.   4. $[-15.9211, 29.5393]$.

5. $[15.6700, 66.3300]$.   6. $[6.3273, 15.6727]$.   7. $[-2.6825, 13.5713]$.   8. $[0.8507, 2.8403]$.

9. $[0.2382,1.1418]$.　　　10. $[0.4539,2.7908]$.　　　11. $[1.1160,1.7287]$.　　12. $[0.1574,10.8899]$.

13. $[-0.2016,-0.0624]$.　　14. $[-0.1414,-0.0986]$.

习题 6.1

1.（略）.　2. 小概率原理.　3.（略）.　　　　4.（略）.　　5. $p \geqslant 0.05$；$p < 0.05$.

6.（略）.　7. $\sqrt{n}\dfrac{\bar{x}-0}{\sigma}$.　8. $u_{0.025}\dfrac{3}{\sqrt{n}}=1.96\dfrac{3}{\sqrt{n}}$.　9.（B）.　10.（C）.

习题 6.2

1. $H_1:\mu \neq 5$; $z \approx 0.1$，$P\{Z > 0.1\} \approx 0.4602$，工作是否正常.

2. $H_1:\mu \neq 500$; $z \approx 2.0222$，$P\{Z > 2.0222\} \approx 0.0216$，工作不正常.

3. $H_1:\mu \neq 0.081$; $t \approx -2.8284$，$P\{t(199) < -2.8284\} \approx 0.0026$，工作不正常.

4. $H_1:\mu \leqslant 246$; $t \approx -0.8781$，$P\{t(11) \leqslant -0.8781\} \approx 0.1993$，符合规定要求.

5. $H_1:\mu > 10$; $t \approx 1.7541$，$P\{t(19) > 1.7541\} \approx 0.0478$，显著地大于$10$.

6. $H_1:\sigma^2 \neq 16$; $c^2 \approx 46.3867$，$P\{\chi^2(19) > 46.3867\} \approx 0.0004$，不符合要求.

7. $H_1:\mu \neq 500$; $z \approx -0.1871$，$P\{t(8) \leqslant -0.1871\} \approx 0.4281$，按均值分析，符合要求；$H_1:\sigma^2 > 100$; $c^2 = 20.56$，$P\{\chi^2(8) > 20.56\} \approx 0.0084$，按方差分析，不符合要求.

8. $H_1 > 200$，$t = 1.5527$，$P\{t(15) > 1.5527\} \approx 0.0707$，不大于$200$ h；$H_1:\sigma^2 \neq 1400$，$c^2 \approx 16.5364$，$P\{\chi^2(15) > 16.5364\} \approx 0.3473$，方差等于$1400$.

9. $H_1:p > 0.0008$; $z = 1.0004$，$P\{Z > 1.0004\} \approx 0.1586 > 0.05$，不高于.

10. $H_1:p > 0.03$; $z = 0.3932$，$P\{Z > 0.3932\} \approx 0.3471$，不应退货.

11.（1）$H_1:p > 0.2$; $z \approx 1.5$, $P\{Z > 1.5\} \approx 0.0668$,（1）支持.（2）不支持.

习题 6.3

1. $H_1:\mu_1 - \mu_2 \neq 0$; $z \approx -0.2222$，$P\{Z < -0.2222\} \approx 0.4121$，无显著性差异.

2. $H_1:\mu_1 - \mu_2 \neq 0$; $z \approx 0.0013$，$p = P\{Z > 0.0013\} \approx 0.4995$，无显著性差异.

3. $H_1:\mu_1 - \mu_2 \leqslant 0.2$; $z \approx -1.1859$，$P\{Z \leqslant -1.1859\} \approx 0.1178$，不可以接受.

4. $H_1:\mu_1 - \mu_2 \neq 0$; $t \approx -3.4056$，$P\{t(12) < -3.4056\} \approx 0.0026$，有显著性差异.

5. $H_1:\mu_1 - \mu_2 \neq 0$; $t \approx 2.3327$，$P\{t(16) \geqslant 2.3327\} \approx 0.0165$，有显著性差异.

6. $H_1:\mu_1 - \mu_2 \neq 0$; $t \approx 0.9068$，$P\{t(16) \geqslant 0.9068\} \approx 0.1890$，无显著性差异.

7. $H_1:\mu_1 - \mu_2 \neq 0$; $t \approx 0.6447$, $P\{t(118) > 0.6447\} \approx 0.2602$，无显著性差异.

8. $H_1:\mu_1 - \mu_2 \neq 0$; $t \approx 1.3004$, $P\{t(12) > 1.3004\} \approx 0.1089$，无显著性差异.

9. $H_1:\mu_1 - \mu_2 \neq 0$; $t \approx 1.3039$, $P\{t(5) > 1.3039\} \approx 0.1245$，无显著性差异.

10. $H_1:\mu_1 - \mu_2 \neq 0$; $t \approx 4.4691$, $P\{t(4) > 4.4691\} \approx 0.0055$，有显著性差异.

11. $H_1:\mu_1 - \mu_2 \neq 0$; $t \approx 4.8162$, $P\{t(7) > 4.8162\} \approx 0.0010$，有显著性差异.

12. $H_1: \sigma_1^2 \neq \sigma_2^2;\ f \approx 0.3196,\ P\{F(11,9) > 0.3196\} \approx 0.9607$，可以．

13. $H_1: \sigma_1^2 \neq \sigma_2^2;\ f \approx 1.1080,\ P\{F(5,5) > 1.1080\} \approx 0.4566$，可以．

14. $H_1: \sigma_1^2 \neq \sigma_2^2;\ f \approx 0.0167,\ P\{F(8,8) < 0.0167\} \approx 0.0000$，有显著性差别．

15. $H_1: p_1 - p_2 \neq 0;\ z \approx 1.1857,\ P\{Z > 1.1857\} \approx 0.1179$，无显著性差异．

16. $H_1: p_1 - p_2 > 0;\ z \approx 1.0262,\ P\{Z > 1.0262\} \approx 0.1524 > 0.05$，不高于．

17. $H_1: p_1 - p_2 \neq 0;\ z \approx 1.9277,\ P\{Z > 1.9277\} \approx 0.0270$，无显著性差异．

习题 6.4

1. $p \approx 0.7308 > 0.05$，可以认为这颗骰子是均匀的．

2. $p \approx 0.2144 > 0.05$，符合．

3. $p \approx 0.0314 < 0.05$，不服从泊松分布．

4. $p \approx 0.0000 < 0.05$，不服从泊松分布．

5. $p \approx 0.6052 > 0.05$，服从参数为0.005的指数分布．

6. $JB \approx 4.0355$，$P\{\chi^2(2) > 4.0355\} \approx 0.1330$，服从正态分布．

7. $p \approx 0.5755 > 0.05$，有显著效果．

8. $p \approx 0.3994 > 0.05$，无显著效果．

9. $p \approx 0.0002 < 0.05$，有显著效果．

10. $p \approx 0.0000 < 0.05$，不相互独立．

习题 7.1

1.

方差分析

差异源	SS	df	MS	F	P-value	F crit
组间	31289533.8438	3	10429844.6146	0.6259	0.6043	2.9467
组内	466615404.8750	28	16664835.8884			
总计	497904938.7188	31				

无显著影响．

2.

方差分析

差异源	SS	df	MS	F	P-value	F crit
组间	188.5303	3	62.8434	17.8608	0.0000	3.1599
组内	63.3333	18	3.5185			
总计	251.8636	21				

有显著影响.

3.

方差分析

差异源	SS	df	MS	F	P-value	F crit
组间	1.0833	2	0.5417	0.1356	0.8739	3.4668
组内	83.8750	21	3.9940			
总计	84.9583	23				

无显著性差异.

4.

方差分析

差异源	SS	df	MS	F	P-value	F crit
组间	332.3333	2	166.1667	10.2144	0.0008	3.4668
组内	341.6250	21	16.2679			
总计	673.9583	23				

有显著性差异.

5.

方差分析：单因素方差分析

SUMMARY

组	观测数	求和	平均	方差
行 1	5	415	83	18.5
行 2	5	450	90	52.5
行 3	5	370	74	24.5

方差分析

差异源	SS	df	MS	F	P-value	F crit
组间	643.3333	2	321.6667	10.1047	0.0027	3.8853
组内	382.0000	12	31.8333			
总计	1025.3333	14				

（1）有显著影响

（2）[82.4222,83.5778]，[89.4222,90.5778]，[73.4222,74.5778].

6.

方差分析：单因素方差分析

SUMMARY

组	观测数	求和	平均	方差
行 1	11	19.7	1.7909	0.0409
行 2	9	20.8	2.3111	0.0336
行 3	11	33.9	3.0818	0.0856

方差分析

差异源	SS	df	MS	F	P-value	F crit
组间	9.2657	2	4.6328	84.5438	0.0000	3.3404
组内	1.5343	28	0.0548			
总计	10.8	30				

（1）有显著性差异.

（2）[1.6237,1.9581]，[2.1263,2.4959]，[2.9147,3.2490]

习题 7.2

1. 方差分析

差异源	SS	df	MS	F	P-value	F crit
行	28.2222	2	14.1111	7.9375	0.0405	6.9443
列	1.5556	2	0.7778	0.4375	0.6732	6.9443
误差	7.1111	4	1.7778			
总计	36.8889	8				

饲料有显著影响, 品种无显著影响.

2. 方差分析

差异源	SS	df	MS	F	P-value	F crit
行	834.6667	2	417.3333	22.0941	0.0017	5.1433
列	361.6667	3	120.5556	6.3824	0.0269	4.7571
误差	113.3333	6	18.8889			
总计	1309.6667	11				

插条密度和施肥方案对树苗生长都有显著性影响.

3. 方差分析

差异源	SS	df	MS	F	P-value	F crit
行	2211.4444	2	1105.7222	1.7656	0.2205	4.1028
列	48066.2778	5	9613.2556	15.3504	0.0002	3.3258
误差	6262.5556	10	626.2556			
总计	56540.2778	17				

包装无显著影响, 地区有显著影响.

4. 方差分析

差异源	SS	df	MS	F	P-value	F crit
样本	29996.1667	2	14998.0833	10.6037	0.0107	5.1433
列	3570.7500	1	3570.7500	2.5245	0.1632	5.9874
交互	2845.5000	2	1422.7500	1.0059	0.4200	5.1433
内部	8486.5000	6	1414.4167			
总计	44898.9167	11				

方案有显著影响, 媒体无显著影响, 交互作用无显著影响.

5. 方差分析

差异源	SS	df	MS	F	P-value	F crit
样本	3760.3333	4	940.0833	1.4757	0.2469	2.8661
列	7238.5333	1	7238.5333	11.3629	0.0030	4.3512
交互	205.1333	4	51.2833	0.0805	0.9874	2.8661
内部	12740.6667	20	637.0333			
总计	23944.6667	29				

品种无显著影响, 年份有显著影响, 交互作用无显著影响.

6. 方差分析

差异源	SS	df	MS	F	P-value	F crit
样本	318.9219	3	106.3073	4.0912	0.0145	2.9011
列	344.2344	7	49.1763	1.8925	0.1036	2.3127
交互	853.2031	21	40.6287	1.5636	0.1240	1.8957
内部	831.5000	32	25.9844			
总计	2347.8594	63				

包装有显著影响, 商店无显著影响, 交互作用无显著影响.

习题 8.1

1.（1）略；（2）0.9725；

（3） $y_i = 725.3459 + 0.6647x_i + \varepsilon_i$

　　　　（0.1229）（0.0000）

　　　 $\hat{\sigma}^2 = 416943.8877, F = 506.0798(0.0000), R^2 = 0.9458$.

（4）常数项参数不显著, 但 x_i 的参数显著, F 检验显著.

2.（1）略；（2）0.9508；

（3） $y_i = 30.7429 + 116.0000x_i + \varepsilon_i$

　　　　（0.0001）（0.0010）

　　　 $\hat{\sigma}^2 \approx 2.8594, F \approx 47.0584(0.0010), R^2 \approx 0.9040$.

（4）参数检验显著；

（5）48.1429.

习题 8.2

1. $y_i = 52317.8305 + 27.6414x_{1i} + 12529.7682x_{2i} + 2553.2107x_{3i} - 234.2372x_{4i} + \mu_i$

　（0.0052）　　（0.0022）　　（0.0000）　　（0.0030）　　（0.0000）

　 $\bar{R}^2 = 0.9946, F = 459.7537(0.0000)$.

2. $y_i = 51.5365 + 0.7178x_{1i} + 0.5201x_{2i} + \mu_i$

　（0.0000）　（0.0027）　（0.0281）

　 $\bar{R}^2 = 0.9999, F = 33711.0123(0.0000), \hat{\sigma}^2 = 0.0365$.

练习 8.3

1. $y_t = 239.7320 + 21.9288t + \mu_t$

　（0.0000）　（0.0000）

　 $\bar{R}^2 = 0.9316, F = 232.3944(0.0000), \hat{\sigma}^2 = 1002.5305$.

2. $\ln y_i = 0.2254\ln x_1 + 1.1514\ln x_3 - 0.4248\ln x_3 + \mu_i$

　　（0.0002）　　（0.0000）　　（0.0002）

　 $\bar{R}^2 = 0.9091, F = 1542236.0479(0.0000), \hat{\sigma}^2 = 0.0004$.

粮食产量的农业化肥使用量弹性为 0.2254、粮食播种面积弹性为 1.1514、第一产业人员弹性为 -0.4248.

参考文献

[1] 马统一. 经济应用数学——概率论与数理统计[M]. 北京：高等教育出版社，2004.

[2] 茆诗松，程依明，濮晓龙. 概率论与数理统计[M]. 2011.

[3] 贾俊平，何晓群，金勇进. 统计学[M]. 2008.

[4] 盛骤. 概率论与数理统计[M]. 北京：高等教育出版社，2003.

[5] 陈希孺. 数理统计学简史[M]. 长沙：湖南教育出版社，2002.

[6] 陈希孺. 概率论与数理统计[M]. 北京：中国科学技术大学出版社，2002.

[7] 陆璇. 数理统计基础[M]. 北京：清华大学出版社，2001.

[8] 周惠彬，谢小燕，张卫东，刘明杰. 概率论与数理统计[M]. 成都：西南财经大学出版，2003.

[9] 王福保. 概率论及数理统计[M]. 上海：同济大学出版，2003.

[10] 庄楚强. 应用数理统计基础[M]. 广州：华南理工大学出版社，2002.

[11] 范金城，吴可法. 统计推断导引[M]. 北京：科学出版社，2001.

[12] 周复恭. 应用数理统计学[M]. 北京：中国人民大学出版社，1989.

[13] 张昕. 概率统计习题集[M]. 北京：科学技术文献出版社，2000.

[14] 耿素云，张立昂. 概率统计[M]. 北京：北京大学出版社，1987.

附　表

表 1　泊松分布表

$$P\{X \leqslant k\} = \sum_{i=0}^{k} \frac{\lambda^i}{i!} e^{-\lambda}$$

k	$\lambda=0.1$	$\lambda=0.2$	$\lambda=0.3$	$\lambda=0.4$	$\lambda=0.5$	$\lambda=0.6$	$\lambda=0.7$	$\lambda=0.8$	$\lambda=0.9$	$\lambda=1$
0	0.9048	0.8187	0.7408	0.6703	0.6065	0.5488	0.4966	0.4493	0.4066	0.3679
1	0.9953	0.9825	0.9631	0.9384	0.9098	0.8781	0.8442	0.8088	0.7725	0.7358
2	0.9998	0.9989	0.9964	0.9921	0.9856	0.9769	0.9659	0.9526	0.9371	0.9197
3	1.0000	0.9999	0.9997	0.9992	0.9982	0.9966	0.9942	0.9909	0.9865	0.9810
4	1.0000	1.0000	1.0000	0.9999	0.9998	0.9996	0.9992	0.9986	0.9977	0.9963
5	1.0000	1.0000	1.0000	1.0000	1.0000	1.0000	0.9999	0.9998	0.9997	0.9994
6	1.0000	1.0000	1.0000	1.0000	1.0000	1.0000	1.0000	1.0000	1.0000	0.9999
7	1.0000	1.0000	1.0000	1.0000	1.0000	1.0000	1.0000	1.0000	1.0000	1.0000
k	$\lambda=1.1$	$\lambda=1.2$	$\lambda=1.3$	$\lambda=1.4$	$\lambda=1.5$	$\lambda=1.6$	$\lambda=1.7$	$\lambda=1.8$	$\lambda=1.9$	$\lambda=2$
0	0.3329	0.3012	0.2725	0.2466	0.2231	0.2019	0.1827	0.1653	0.1496	0.1353
1	0.6990	0.6626	0.6268	0.5918	0.5578	0.5249	0.4932	0.4628	0.4337	0.4060
2	0.9004	0.8795	0.8571	0.8335	0.8088	0.7834	0.7572	0.7306	0.7037	0.6767
3	0.9743	0.9662	0.9569	0.9463	0.9344	0.9212	0.9068	0.8913	0.8747	0.8571
4	0.9946	0.9923	0.9893	0.9857	0.9814	0.9763	0.9704	0.9636	0.9559	0.9473
5	0.9990	0.9985	0.9978	0.9968	0.9955	0.9940	0.9920	0.9896	0.9868	0.9834
6	0.9999	0.9997	0.9996	0.9994	0.9991	0.9987	0.9981	0.9974	0.9966	0.9955
7	1.0000	1.0000	0.9999	0.9999	0.9998	0.9997	0.9996	0.9994	0.9992	0.9989
8	1.0000	1.0000	1.0000	1.0000	1.0000	1.0000	0.9999	0.9999	0.9998	0.9998
9	1.0000	1.0000	1.0000	1.0000	1.0000	1.0000	1.0000	1.0000	1.0000	1.0000
k	$\lambda=2.1$	$\lambda=2.2$	$\lambda=2.3$	$\lambda=2.4$	$\lambda=2.5$	$\lambda=2.6$	$\lambda=2.7$	$\lambda=2.8$	$\lambda=2.9$	$\lambda=3$
0	0.1225	0.1108	0.1003	0.0907	0.0821	0.0743	0.0672	0.0608	0.0550	0.0498
1	0.3796	0.3546	0.3309	0.3084	0.2873	0.2674	0.2487	0.2311	0.2146	0.1991
2	0.6496	0.6227	0.5960	0.5697	0.5438	0.5184	0.4936	0.4695	0.4460	0.4232
3	0.8386	0.8194	0.7993	0.7787	0.7576	0.7360	0.7141	0.6919	0.6696	0.6472
4	0.9379	0.9275	0.9162	0.9041	0.8912	0.8774	0.8629	0.8477	0.8318	0.8153
5	0.9796	0.9751	0.9700	0.9643	0.9580	0.9510	0.9433	0.9349	0.9258	0.9161
6	0.9941	0.9925	0.9906	0.9884	0.9858	0.9828	0.9794	0.9756	0.9713	0.9665
7	0.9985	0.9980	0.9974	0.9967	0.9958	0.9947	0.9934	0.9919	0.9901	0.9881
8	0.9997	0.9995	0.9994	0.9991	0.9989	0.9985	0.9981	0.9976	0.9969	0.9962
9	0.9999	0.9999	0.9999	0.9998	0.9997	0.9996	0.9995	0.9993	0.9991	0.9989

续表

k	$\lambda=2.1$	$\lambda=2.2$	$\lambda=2.3$	$\lambda=2.4$	$\lambda=2.5$	$\lambda=2.6$	$\lambda=2.7$	$\lambda=2.8$	$\lambda=2.9$	$\lambda=3$
10	1.0000	1.0000	1.0000	1.0000	0.9999	0.9999	0.9999	0.9998	0.9998	0.9997
11	1.0000	1.0000	1.0000	1.0000	1.0000	1.0000	1.0000	1.0000	0.9999	0.9999
12	1.0000	1.0000	1.0000	1.0000	1.0000	1.0000	1.0000	1.0000	1.0000	1.0000

k	$\lambda=3.1$	$\lambda=3.2$	$\lambda=3.3$	$\lambda=3.4$	$\lambda=3.5$	$\lambda=3.6$	$\lambda=3.7$	$\lambda=3.8$	$\lambda=3.9$	$\lambda=4$
0	0.0450	0.0408	0.0369	0.0334	0.0302	0.0273	0.0247	0.0224	0.0202	0.0183
1	0.1847	0.1712	0.1586	0.1468	0.1359	0.1257	0.1162	0.1074	0.0992	0.0916
2	0.4012	0.3799	0.3594	0.3397	0.3208	0.3027	0.2854	0.2689	0.2531	0.2381
3	0.6248	0.6025	0.5803	0.5584	0.5366	0.5152	0.4942	0.4735	0.4532	0.4335
4	0.7982	0.7806	0.7626	0.7442	0.7254	0.7064	0.6872	0.6678	0.6484	0.6288
5	0.9057	0.8946	0.8829	0.8705	0.8576	0.8441	0.8301	0.8156	0.8006	0.7851
6	0.9612	0.9554	0.9490	0.9421	0.9347	0.9267	0.9182	0.9091	0.8995	0.8893
7	0.9858	0.9832	0.9802	0.9769	0.9733	0.9692	0.9648	0.9599	0.9546	0.9489
8	0.9953	0.9943	0.9931	0.9917	0.9901	0.9883	0.9863	0.9840	0.9815	0.9786
9	0.9986	0.9982	0.9978	0.9973	0.9967	0.9960	0.9952	0.9942	0.9931	0.9919
10	0.9996	0.9995	0.9994	0.9992	0.9990	0.9987	0.9984	0.9981	0.9977	0.9972
11	0.9999	0.9999	0.9998	0.9998	0.9997	0.9996	0.9995	0.9994	0.9993	0.9991
12	1.0000	1.0000	1.0000	0.9999	0.9999	0.9999	0.9999	0.9998	0.9998	0.9997
13	1.0000	1.0000	1.0000	1.0000	1.0000	1.0000	1.0000	1.0000	0.9999	0.9999
14	1.0000	1.0000	1.0000	1.0000	1.0000	1.0000	1.0000	1.0000	1.0000	1.0000

k	$\lambda=5$	$\lambda=6$	$\lambda=7$	$\lambda=8$	$\lambda=9$	$\lambda=10$	$\lambda=11$	$\lambda=12$	$\lambda=13$	$\lambda=14$
0	0.0067	0.0025	0.0009	0.0003	0.0001	0.0000	0.0000	0.0000	0.0000	0.0000
1	0.0404	0.0174	0.0073	0.0030	0.0012	0.0005	0.0002	0.0001	0.0000	0.0000
2	0.1247	0.0620	0.0296	0.0138	0.0062	0.0028	0.0012	0.0005	0.0002	0.0001
3	0.2650	0.1512	0.0818	0.0424	0.0212	0.0103	0.0049	0.0023	0.0011	0.0005
4	0.4405	0.2851	0.1730	0.0996	0.0550	0.0293	0.0151	0.0076	0.0037	0.0018
5	0.6160	0.4457	0.3007	0.1912	0.1157	0.0671	0.0375	0.0203	0.0107	0.0055
6	0.7622	0.6063	0.4497	0.3134	0.2068	0.1301	0.0786	0.0458	0.0259	0.0142
7	0.8666	0.7440	0.5987	0.4530	0.3239	0.2202	0.1432	0.0895	0.0540	0.0316
8	0.9319	0.8472	0.7291	0.5925	0.4557	0.3328	0.2320	0.1550	0.0998	0.0621
9	0.9682	0.9161	0.8305	0.7166	0.5874	0.4579	0.3405	0.2424	0.1658	0.1094
10	0.9863	0.9574	0.9015	0.8159	0.7060	0.5830	0.4599	0.3472	0.2517	0.1757
11	0.9945	0.9799	0.9467	0.8881	0.8030	0.6968	0.5793	0.4616	0.3532	0.2600
12	0.9980	0.9912	0.9730	0.9362	0.8758	0.7916	0.6887	0.5760	0.4631	0.3585
13	0.9993	0.9964	0.9872	0.9658	0.9261	0.8645	0.7813	0.6815	0.5730	0.4644
14	0.9998	0.9986	0.9943	0.9827	0.9585	0.9165	0.8540	0.7720	0.6751	0.5704

k	λ=5	λ=6	λ=7	λ=8	λ=9	λ=10	λ=11	λ=12	λ=13	λ=14
15	0.9999	0.9995	0.9976	0.9918	0.9780	0.9513	0.9074	0.8444	0.7636	0.6694
16	1.0000	0.9998	0.9990	0.9963	0.9889	0.9730	0.9441	0.8987	0.8355	0.7559
17	1.0000	0.9999	0.9996	0.9984	0.9947	0.9857	0.9678	0.9370	0.8905	0.8272
18	1.0000	1.0000	0.9999	0.9993	0.9976	0.9928	0.9823	0.9626	0.9302	0.8826
19	1.0000	1.0000	1.0000	0.9997	0.9989	0.9965	0.9907	0.9787	0.9573	0.9235
20	1.0000	1.0000	1.0000	0.9999	0.9996	0.9984	0.9953	0.9884	0.9750	0.9521
21	1.0000	1.0000	1.0000	1.0000	0.9998	0.9993	0.9977	0.9939	0.9859	0.9712
22	1.0000	1.0000	1.0000	1.0000	0.9999	0.9997	0.9990	0.9970	0.9924	0.9833
23	1.0000	1.0000	1.0000	1.0000	1.0000	0.9999	0.9995	0.9985	0.9960	0.9907
24	1.0000	1.0000	1.0000	1.0000	1.0000	1.0000	0.9998	0.9993	0.9980	0.9950
25	1.0000	1.0000	1.0000	1.0000	1.0000	1.0000	0.9999	0.9997	0.9990	0.9974
26	1.0000	1.0000	1.0000	1.0000	1.0000	1.0000	1.0000	0.9999	0.9995	0.9987
27	1.0000	1.0000	1.0000	1.0000	1.0000	1.0000	1.0000	0.9999	0.9998	0.9994
28	1.0000	1.0000	1.0000	1.0000	1.0000	1.0000	1.0000	1.0000	0.9999	0.9997
29	1.0000	1.0000	1.0000	1.0000	1.0000	1.0000	1.0000	1.0000	1.0000	0.9999

表 2　标准正态分布表 $P\{X \leqslant x\} = \dfrac{1}{\sqrt{2\pi}} \displaystyle\int_{-\infty}^{x} e^{-\frac{t^2}{2}} \mathrm{d}t$

x	0	0.01	0.02	0.03	0.04	0.05	0.06	0.07	0.08	0.09
0	0.5000	0.5040	0.5080	0.5120	0.5160	0.5199	0.5239	0.5279	0.5319	0.5359
0.1	0.5398	0.5438	0.5478	0.5517	0.5557	0.5596	0.5636	0.5675	0.5714	0.5753
0.2	0.5793	0.5832	0.5871	0.5910	0.5948	0.5987	0.6026	0.6064	0.6103	0.6141
0.3	0.6179	0.6217	0.6255	0.6293	0.6331	0.6368	0.6406	0.6443	0.6480	0.6517
0.4	0.6554	0.6591	0.6628	0.6664	0.6700	0.6736	0.6772	0.6808	0.6844	0.6879
0.5	0.6915	0.6950	0.6985	0.7019	0.7054	0.7088	0.7123	0.7157	0.7190	0.7224
0.6	0.7257	0.7291	0.7324	0.7357	0.7389	0.7422	0.7454	0.7486	0.7517	0.7549
0.7	0.7580	0.7611	0.7642	0.7673	0.7704	0.7734	0.7764	0.7794	0.7823	0.7852
0.8	0.7881	0.7910	0.7939	0.7967	0.7995	0.8023	0.8051	0.8078	0.8106	0.8133
0.9	0.8159	0.8186	0.8212	0.8238	0.8264	0.8289	0.8315	0.8340	0.8365	0.8389
1	0.8413	0.8438	0.8461	0.8485	0.8508	0.8531	0.8554	0.8577	0.8599	0.8621
1.1	0.8643	0.8665	0.8686	0.8708	0.8729	0.8749	0.8770	0.8790	0.8810	0.8830
1.2	0.8849	0.8869	0.8888	0.8907	0.8925	0.8944	0.8962	0.8980	0.8997	0.9015
1.3	0.9032	0.9049	0.9066	0.9082	0.9099	0.9115	0.9131	0.9147	0.9162	0.9177
1.4	0.9192	0.9207	0.9222	0.9236	0.9251	0.9265	0.9279	0.9292	0.9306	0.9319
1.5	0.9332	0.9345	0.9357	0.9370	0.9382	0.9394	0.9406	0.9418	0.9429	0.9441
1.6	0.9452	0.9463	0.9474	0.9484	0.9495	0.9505	0.9515	0.9525	0.9535	0.9545
1.7	0.9554	0.9564	0.9573	0.9582	0.9591	0.9599	0.9608	0.9616	0.9625	0.9633
1.8	0.9641	0.9649	0.9656	0.9664	0.9671	0.9678	0.9686	0.9693	0.9699	0.9706
1.9	0.9713	0.9719	0.9726	0.9732	0.9738	0.9744	0.9750	0.9756	0.9761	0.9767
2	0.9772	0.9778	0.9783	0.9788	0.9793	0.9798	0.9803	0.9808	0.9812	0.9817
2.1	0.9821	0.9826	0.9830	0.9834	0.9838	0.9842	0.9846	0.9850	0.9854	0.9857
2.2	0.9861	0.9864	0.9868	0.9871	0.9875	0.9878	0.9881	0.9884	0.9887	0.9890

续表

x	0	0.01	0.02	0.03	0.04	0.05	0.06	0.07	0.08	0.09
2.3	0.9893	0.9896	0.9898	0.9901	0.9904	0.9906	0.9909	0.9911	0.9913	0.9916
2.4	0.9918	0.9920	0.9922	0.9925	0.9927	0.9929	0.9931	0.9932	0.9934	0.9936
2.5	0.9938	0.9940	0.9941	0.9943	0.9945	0.9946	0.9948	0.9949	0.9951	0.9952
2.6	0.9953	0.9955	0.9956	0.9957	0.9959	0.9960	0.9961	0.9962	0.9963	0.9964
2.7	0.9965	0.9966	0.9967	0.9968	0.9969	0.9970	0.9971	0.9972	0.9973	0.9974
2.8	0.9974	0.9975	0.9976	0.9977	0.9977	0.9978	0.9979	0.9979	0.9980	0.9981
2.9	0.9981	0.9982	0.9982	0.9983	0.9984	0.9984	0.9985	0.9985	0.9986	0.9986
3	0.9987	0.9987	0.9987	0.9988	0.9988	0.9989	0.9989	0.9989	0.9990	0.9990
3.1	0.9990	0.9991	0.9991	0.9991	0.9992	0.9992	0.9992	0.9992	0.9993	0.9993

表 3　　t 分布表 $P\{t(n) \leqslant t_\alpha(n)\} = \alpha$

n	α								
	0.75	0.8	0.85	0.9	0.95	0.975	0.99	0.995	0.999
1	1.0000	1.3764	1.9626	3.0777	6.3138	12.7062	31.8205	63.6567	318.3088
2	0.8165	1.0607	1.3862	1.8856	2.9200	4.3027	6.9646	9.9248	22.3271
3	0.7649	0.9785	1.2498	1.6377	2.3534	3.1824	4.5407	5.8409	10.2145
4	0.7407	0.9410	1.1896	1.5332	2.1318	2.7764	3.7469	4.6041	7.1732
5	0.7267	0.9195	1.1558	1.4759	2.0150	2.5706	3.3649	4.0321	5.8934
6	0.7176	0.9057	1.1342	1.4398	1.9432	2.4469	3.1427	3.7074	5.2076
7	0.7111	0.8960	1.1192	1.4149	1.8946	2.3646	2.9980	3.4995	4.7853
8	0.7064	0.8889	1.1081	1.3968	1.8595	2.3060	2.8965	3.3554	4.5008
9	0.7027	0.8834	1.0997	1.3830	1.8331	2.2622	2.8214	3.2498	4.2968
10	0.6998	0.8791	1.0931	1.3722	1.8125	2.2281	2.7638	3.1693	4.1437
11	0.6974	0.8755	1.0877	1.3634	1.7959	2.2010	2.7181	3.1058	4.0247
12	0.6955	0.8726	1.0832	1.3562	1.7823	2.1788	2.6810	3.0545	3.9296
13	0.6938	0.8702	1.0795	1.3502	1.7709	2.1604	2.6503	3.0123	3.8520
14	0.6924	0.8681	1.0763	1.3450	1.7613	2.1448	2.6245	2.9768	3.7874
15	0.6912	0.8662	1.0735	1.3406	1.7531	2.1314	2.6025	2.9467	3.7328
16	0.6901	0.8647	1.0711	1.3368	1.7459	2.1199	2.5835	2.9208	3.6862
17	0.6892	0.8633	1.0690	1.3334	1.7396	2.1098	2.5669	2.8982	3.6458
18	0.6884	0.8620	1.0672	1.3304	1.7341	2.1009	2.5524	2.8784	3.6105
19	0.6876	0.8610	1.0655	1.3277	1.7291	2.0930	2.5395	2.8609	3.5794
20	0.6870	0.8600	1.0640	1.3253	1.7247	2.0860	2.5280	2.8453	3.5518
21	0.6864	0.8591	1.0627	1.3232	1.7207	2.0796	2.5176	2.8314	3.5272
22	0.6858	0.8583	1.0614	1.3212	1.7171	2.0739	2.5083	2.8188	3.5050
23	0.6853	0.8575	1.0603	1.3195	1.7139	2.0687	2.4999	2.8073	3.4850
24	0.6848	0.8569	1.0593	1.3178	1.7109	2.0639	2.4922	2.7969	3.4668
25	0.6844	0.8562	1.0584	1.3163	1.7081	2.0595	2.4851	2.7874	3.4502
26	0.6840	0.8557	1.0575	1.3150	1.7056	2.0555	2.4786	2.7787	3.4350
27	0.6837	0.8551	1.0567	1.3137	1.7033	2.0518	2.4727	2.7707	3.4210
28	0.6834	0.8546	1.0560	1.3125	1.7011	2.0484	2.4671	2.7633	3.4082
29	0.6830	0.8542	1.0553	1.3114	1.6991	2.0452	2.4620	2.7564	3.3962

30	0.6828	0.8538	1.0547	1.3104	1.6973	2.0423	2.4573	2.7500	3.3852
31	0.6825	0.8534	1.0541	1.3095	1.6955	2.0395	2.4528	2.7440	3.3749
32	0.6822	0.8530	1.0535	1.3086	1.6939	2.0369	2.4487	2.7385	3.3653
33	0.6820	0.8526	1.0530	1.3077	1.6924	2.0345	2.4448	2.7333	3.3563
34	0.6818	0.8523	1.0525	1.3070	1.6909	2.0322	2.4411	2.7284	3.3479
35	0.6816	0.8520	1.0520	1.3062	1.6896	2.0301	2.4377	2.7238	3.3400
36	0.6814	0.8517	1.0516	1.3055	1.6883	2.0281	2.4345	2.7195	3.3326
37	0.6812	0.8514	1.0512	1.3049	1.6871	2.0262	2.4314	2.7154	3.3256
38	0.6810	0.8512	1.0508	1.3042	1.6860	2.0244	2.4286	2.7116	3.3190
39	0.6808	0.8509	1.0504	1.3036	1.6849	2.0227	2.4258	2.7079	3.3128
40	0.6807	0.8507	1.0500	1.3031	1.6839	2.0211	2.4233	2.7045	3.3069

表 4 χ^2 分布表 $P\{\chi^2(n) \leqslant \chi^2_\alpha(n)\} = \alpha$

n	α								
	0.01	0.025	0.05	0.1	0.9	0.95	0.975	0.99	0.995
1	0.0002	0.0010	0.0039	0.0158	2.7055	3.8415	5.0239	6.6349	7.8794
2	0.0201	0.0506	0.1026	0.2107	4.6052	5.9915	7.3778	9.2103	10.5966
3	0.1148	0.2158	0.3518	0.5844	6.2514	7.8147	9.3484	11.3449	12.8382
4	0.2971	0.4844	0.7107	1.0636	7.7794	9.4877	11.1433	13.2767	14.8603
5	0.5543	0.8312	1.1455	1.6103	9.2364	11.0705	12.8325	15.0863	16.7496
6	0.8721	1.2373	1.6354	2.2041	10.6446	12.5916	14.4494	16.8119	18.5476
7	1.2390	1.6899	2.1673	2.8331	12.0170	14.0671	16.0128	18.4753	20.2777
8	1.6465	2.1797	2.7326	3.4895	13.3616	15.5073	17.5345	20.0902	21.9550
9	2.0879	2.7004	3.3251	4.1682	14.6837	16.9190	19.0228	21.6660	23.5894
10	2.5582	3.2470	3.9403	4.8652	15.9872	18.3070	20.4832	23.2093	25.1882
11	3.0535	3.8157	4.5748	5.5778	17.2750	19.6751	21.9200	24.7250	26.7568
12	3.5706	4.4038	5.2260	6.3038	18.5493	21.0261	23.3367	26.2170	28.2995
13	4.1069	5.0088	5.8919	7.0415	19.8119	22.3620	24.7356	27.6882	29.8195
14	4.6604	5.6287	6.5706	7.7895	21.0641	23.6848	26.1189	29.1412	31.3193
15	5.2293	6.2621	7.2609	8.5468	22.3071	24.9958	27.4884	30.5779	32.8013
16	5.8122	6.9077	7.9616	9.3122	23.5418	26.2962	28.8454	31.9999	34.2672
17	6.4078	7.5642	8.6718	10.0852	24.7690	27.5871	30.1910	33.4087	35.7185
18	7.0149	8.2307	9.3905	10.8649	25.9894	28.8693	31.5264	34.8053	37.1565
19	7.6327	8.9065	10.1170	11.6509	27.2036	30.1435	32.8523	36.1909	38.5823
20	8.2604	9.5908	10.8508	12.4426	28.4120	31.4104	34.1696	37.5662	39.9968
21	8.8972	10.2829	11.5913	13.2396	29.6151	32.6706	35.4789	38.9322	41.4011
22	9.5425	10.9823	12.3380	14.0415	30.8133	33.9244	36.7807	40.2894	42.7957
23	10.1957	11.6886	13.0905	14.8480	32.0069	35.1725	38.0756	41.6384	44.1813

24	10.8564	12.4012	13.8484	15.6587	33.1962	36.4150	39.3641	42.9798	45.5585
25	11.5240	13.1197	14.6114	16.4734	34.3816	37.6525	40.6465	44.3141	46.9279
26	12.1981	13.8439	15.3792	17.2919	35.5632	38.8851	41.9232	45.6417	48.2899
27	12.8785	14.5734	16.1514	18.1139	36.7412	40.1133	43.1945	46.9629	49.6449
28	13.5647	15.3079	16.9279	18.9392	37.9159	41.3371	44.4608	48.2782	50.9934
29	14.2565	16.0471	17.7084	19.7677	39.0875	42.5570	45.7223	49.5879	52.3356
30	14.9535	16.7908	18.4927	20.5992	40.2560	43.7730	46.9792	50.8922	53.6720
31	15.6555	17.5387	19.2806	21.4336	41.4217	44.9853	48.2319	52.1914	55.0027
32	16.3622	18.2908	20.0719	22.2706	42.5847	46.1943	49.4804	53.4858	56.3281
33	17.0735	19.0467	20.8665	23.1102	43.7452	47.3999	50.7251	54.7755	57.6484
34	17.7891	19.8063	21.6643	23.9523	44.9032	48.6024	51.9660	56.0609	58.9639
35	18.5089	20.5694	22.4650	24.7967	46.0588	49.8018	53.2033	57.3421	60.2748
36	19.2327	21.3359	23.2686	25.6433	47.2122	50.9985	54.4373	58.6192	61.5812
37	19.9602	22.1056	24.0749	26.4921	48.3634	52.1923	55.6680	59.8925	62.8833
38	20.6914	22.8785	24.8839	27.3430	49.5126	53.3835	56.8955	61.1621	64.1814
39	21.4262	23.6543	25.6954	28.1958	50.6598	54.5722	58.1201	62.4281	65.4756
40	22.1643	24.4330	26.5093	29.0505	51.8051	55.7585	59.3417	63.6907	66.7660

表 5　F 分布 α 分位 $F_\alpha(m,n)$ 数表

$$P\{F(m,n) \leq F_\alpha(m,n)\}$$

α = 0.90

n \ m	1	2	3	4	5	6	7	8	9	10	12	14	16	18	20	25	30	60	120
1	39.86	49.50	53.59	55.83	57.24	58.20	58.91	59.44	59.86	60.19	60.71	61.07	61.35	61.57	61.74	62.05	62.26	62.79	63.06
2	8.53	9.00	9.16	9.24	9.29	9.33	9.35	9.37	9.38	9.39	9.41	9.42	9.43	9.44	9.44	9.45	9.46	9.47	9.48
3	5.54	5.46	5.39	5.34	5.31	5.28	5.27	5.25	5.24	5.23	5.22	5.20	5.20	5.19	5.18	5.17	5.17	5.15	5.14
4	4.54	4.32	4.19	4.11	4.05	4.01	3.98	3.95	3.94	3.92	3.90	3.88	3.86	3.85	3.84	3.83	3.82	3.79	3.78
5	4.06	3.78	3.62	3.52	3.45	3.40	3.37	3.34	3.32	3.30	3.27	3.25	3.23	3.22	3.21	3.19	3.17	3.14	3.12
6	3.78	3.46	3.29	3.18	3.11	3.05	3.01	2.98	2.96	2.94	2.90	2.88	2.86	2.85	2.84	2.81	2.80	2.76	2.74
7	3.59	3.26	3.07	2.96	2.88	2.83	2.78	2.75	2.72	2.70	2.67	2.64	2.62	2.61	2.59	2.57	2.56	2.51	2.49
8	3.46	3.11	2.92	2.81	2.73	2.67	2.62	2.59	2.56	2.54	2.50	2.48	2.45	2.44	2.42	2.40	2.38	2.34	2.32
9	3.36	3.01	2.81	2.69	2.61	2.55	2.51	2.47	2.44	2.42	2.38	2.35	2.33	2.31	2.30	2.27	2.25	2.21	2.18
10	3.29	2.92	2.73	2.61	2.52	2.46	2.41	2.38	2.35	2.32	2.28	2.26	2.23	2.22	2.20	2.17	2.16	2.11	2.08
12	3.18	2.81	2.61	2.48	2.39	2.33	2.28	2.24	2.21	2.19	2.15	2.12	2.09	2.08	2.06	2.03	2.01	1.96	1.93
14	3.10	2.73	2.52	2.39	2.31	2.24	2.19	2.15	2.12	2.10	2.05	2.02	2.00	1.98	1.96	1.93	1.91	1.86	1.83
16	3.05	2.67	2.46	2.33	2.24	2.18	2.13	2.09	2.06	2.03	1.99	1.95	1.93	1.91	1.89	1.86	1.84	1.78	1.75
18	3.01	2.62	2.42	2.29	2.20	2.13	2.08	2.04	2.00	1.98	1.93	1.90	1.87	1.85	1.84	1.80	1.78	1.72	1.69
20	2.97	2.59	2.38	2.25	2.16	2.09	2.04	2.00	1.96	1.94	1.89	1.86	1.83	1.81	1.79	1.76	1.74	1.68	1.64
25	2.92	2.53	2.32	2.18	2.09	2.02	1.97	1.93	1.89	1.87	1.82	1.79	1.76	1.74	1.72	1.68	1.66	1.59	1.56
30	2.88	2.49	2.28	2.14	2.05	1.98	1.93	1.88	1.85	1.82	1.77	1.74	1.71	1.69	1.67	1.63	1.61	1.54	1.50
60	2.79	2.39	2.18	2.04	1.95	1.87	1.82	1.77	1.74	1.71	1.66	1.62	1.59	1.56	1.54	1.50	1.48	1.40	1.35
120	2.75	2.35	2.13	1.99	1.90	1.82	1.77	1.72	1.68	1.65	1.60	1.56	1.53	1.50	1.48	1.44	1.41	1.32	1.26

续表

$\alpha = 0.95$

n \ m	1	2	3	4	5	6	7	8	9	10	12	14	16	18	20	25	30	60	120
1	161.45	199.50	215.71	224.58	230.16	233.99	236.77	238.88	240.54	241.88	243.91	245.36	246.46	247.32	248.01	249.26	250.10	252.20	253.25
2	18.51	19.00	19.16	19.25	19.30	19.33	19.35	19.37	19.38	19.40	19.41	19.42	19.43	19.44	19.45	19.46	19.46	19.48	19.49
3	10.13	9.55	9.28	9.12	9.01	8.94	8.89	8.85	8.81	8.79	8.74	8.71	8.69	8.67	8.66	8.63	8.62	8.57	8.55
4	7.71	6.94	6.59	6.39	6.26	6.16	6.09	6.04	6.00	5.96	5.91	5.87	5.84	5.82	5.80	5.77	5.75	5.69	5.66
5	6.61	5.79	5.41	5.19	5.05	4.95	4.88	4.82	4.77	4.74	4.68	4.64	4.60	4.58	4.56	4.52	4.50	4.43	4.40
6	5.99	5.14	4.76	4.53	4.39	4.28	4.21	4.15	4.10	4.06	4.00	3.96	3.92	3.90	3.87	3.83	3.81	3.74	3.70
7	5.59	4.74	4.35	4.12	3.97	3.87	3.79	3.73	3.68	3.64	3.57	3.53	3.49	3.47	3.44	3.40	3.38	3.30	3.27
8	5.32	4.46	4.07	3.84	3.69	3.58	3.50	3.44	3.39	3.35	3.28	3.24	3.20	3.17	3.15	3.11	3.08	3.01	2.97
9	5.12	4.26	3.86	3.63	3.48	3.37	3.29	3.23	3.18	3.14	3.07	3.03	2.99	2.96	2.94	2.89	2.86	2.79	2.75
10	4.96	4.10	3.71	3.48	3.33	3.22	3.14	3.07	3.02	2.98	2.91	2.86	2.83	2.80	2.77	2.73	2.70	2.62	2.58
12	4.75	3.89	3.49	3.26	3.11	3.00	2.91	2.85	2.80	2.75	2.69	2.64	2.60	2.57	2.54	2.50	2.47	2.38	2.34
14	4.60	3.74	3.34	3.11	2.96	2.85	2.76	2.70	2.65	2.60	2.53	2.48	2.44	2.41	2.39	2.34	2.31	2.22	2.18
16	4.49	3.63	3.24	3.01	2.85	2.74	2.66	2.59	2.54	2.49	2.42	2.37	2.33	2.30	2.28	2.23	2.19	2.11	2.06
18	4.41	3.55	3.16	2.93	2.77	2.66	2.58	2.51	2.46	2.41	2.34	2.29	2.25	2.22	2.19	2.14	2.11	2.02	1.97
20	4.35	3.49	3.10	2.87	2.71	2.60	2.51	2.45	2.39	2.35	2.28	2.22	2.18	2.15	2.12	2.07	2.04	1.95	1.90
25	4.24	3.39	2.99	2.76	2.60	2.49	2.40	2.34	2.28	2.24	2.16	2.11	2.07	2.04	2.01	1.96	1.92	1.82	1.77
30	4.17	3.32	2.92	2.69	2.53	2.42	2.33	2.27	2.21	2.16	2.09	2.04	1.99	1.96	1.93	1.88	1.84	1.74	1.68
60	4.00	3.15	2.76	2.53	2.37	2.25	2.17	2.10	2.04	1.99	1.92	1.86	1.82	1.78	1.75	1.69	1.65	1.53	1.47
120	3.92	3.07	2.68	2.45	2.29	2.18	2.09	2.02	1.96	1.91	1.83	1.78	1.73	1.69	1.66	1.60	1.55	1.43	1.35

续表

$\alpha = 0.975$

n \ m	1	2	3	4	5	6	7	8	9	10	12	14	16	18	20	25	30	60	120
1	647.79	799.50	864.16	899.58	921.85	937.11	948.22	956.66	963.28	968.63	976.71	982.53	986.92	990.35	993.10	998.08	1001.41	1009.80	1014.02
2	38.51	39.00	39.17	39.25	39.30	39.33	39.36	39.37	39.39	39.40	39.41	39.43	39.44	39.44	39.45	39.46	39.46	39.48	39.49
3	17.44	16.04	15.44	15.10	14.88	14.73	14.62	14.54	14.47	14.42	14.34	14.28	14.23	14.20	14.17	14.12	14.08	13.99	13.95
4	12.22	10.65	9.98	9.60	9.36	9.20	9.07	8.98	8.90	8.84	8.75	8.68	8.63	8.59	8.56	8.50	8.46	8.36	8.31
5	10.01	8.43	7.76	7.39	7.15	6.98	6.85	6.76	6.68	6.62	6.52	6.46	6.40	6.36	6.33	6.27	6.23	6.12	6.07
6	8.81	7.26	6.60	6.23	5.99	5.82	5.70	5.60	5.52	5.46	5.37	5.30	5.24	5.20	5.17	5.11	5.07	4.96	4.90
7	8.07	6.54	5.89	5.52	5.29	5.12	4.99	4.90	4.82	4.76	4.67	4.60	4.54	4.50	4.47	4.40	4.36	4.25	4.20
8	7.57	6.06	5.42	5.05	4.82	4.65	4.53	4.43	4.36	4.30	4.20	4.13	4.08	4.03	4.00	3.94	3.89	3.78	3.73
9	7.21	5.71	5.08	4.72	4.48	4.32	4.20	4.10	4.03	3.96	3.87	3.80	3.74	3.70	3.67	3.60	3.56	3.45	3.39
10	6.94	5.46	4.83	4.47	4.24	4.07	3.95	3.85	3.78	3.72	3.62	3.55	3.50	3.45	3.42	3.35	3.31	3.20	3.14
12	6.55	5.10	4.47	4.12	3.89	3.73	3.61	3.51	3.44	3.37	3.28	3.21	3.15	3.11	3.07	3.01	2.96	2.85	2.79
14	6.30	4.86	4.24	3.89	3.66	3.50	3.38	3.29	3.21	3.15	3.05	2.98	2.92	2.88	2.84	2.78	2.73	2.61	2.55
16	6.12	4.69	4.08	3.73	3.50	3.34	3.22	3.12	3.05	2.99	2.89	2.82	2.76	2.72	2.68	2.61	2.57	2.45	2.38
18	5.98	4.56	3.95	3.61	3.38	3.22	3.10	3.01	2.93	2.87	2.77	2.70	2.64	2.60	2.56	2.49	2.44	2.32	2.26
20	5.87	4.46	3.86	3.51	3.29	3.13	3.01	2.91	2.84	2.77	2.68	2.60	2.55	2.50	2.46	2.40	2.35	2.22	2.16
25	5.69	4.29	3.69	3.35	3.13	2.97	2.85	2.75	2.68	2.61	2.51	2.44	2.38	2.34	2.30	2.23	2.18	2.05	1.98
30	5.57	4.18	3.59	3.25	3.03	2.87	2.75	2.65	2.57	2.51	2.41	2.34	2.28	2.23	2.20	2.12	2.07	1.94	1.87
60	5.29	3.93	3.34	3.01	2.79	2.63	2.51	2.41	2.33	2.27	2.17	2.09	2.03	1.98	1.94	1.87	1.82	1.67	1.58
120	5.15	3.80	3.23	2.89	2.67	2.52	2.39	2.30	2.22	2.16	2.05	1.98	1.92	1.87	1.82	1.75	1.69	1.53	1.43

续表

$\alpha = 0.99$

n \ m	1	2	3	4	5	6	7	8	9	10	12	14	16	18	20	25	30	60	120
1	4052	4999	5403	5624	5763	5858	5928	5981	6022	6055	6106	6142	6170	6191	6208	6239	6260	6313	6339
2	98.50	99.00	99.17	99.25	99.30	99.33	99.36	99.37	99.39	99.40	99.42	99.43	99.44	99.44	99.45	99.46	99.47	99.48	99.49
3	34.12	30.82	29.46	28.71	28.24	27.91	27.67	27.49	27.35	27.23	27.05	26.92	26.83	26.75	26.69	26.58	26.50	26.32	26.22
4	21.20	18.00	16.69	15.98	15.52	15.21	14.98	14.80	14.66	14.55	14.37	14.25	14.15	14.08	14.02	13.91	13.84	13.65	13.56
5	16.26	13.27	12.06	11.39	10.97	10.67	10.46	10.29	10.16	10.05	9.89	9.77	9.68	9.61	9.55	9.45	9.38	9.20	9.11
6	13.75	10.92	9.78	9.15	8.75	8.47	8.26	8.10	7.98	7.87	7.72	7.60	7.52	7.45	7.40	7.30	7.23	7.06	6.97
7	12.25	9.55	8.45	7.85	7.46	7.19	6.99	6.84	6.72	6.62	6.47	6.36	6.28	6.21	6.16	6.06	5.99	5.82	5.74
8	11.26	8.65	7.59	7.01	6.63	6.37	6.18	6.03	5.91	5.81	5.67	5.56	5.48	5.41	5.36	5.26	5.20	5.03	4.95
9	10.56	8.02	6.99	6.42	6.06	5.80	5.61	5.47	5.35	5.26	5.11	5.01	4.92	4.86	4.81	4.71	4.65	4.48	4.40
10	10.04	7.56	6.55	5.99	5.64	5.39	5.20	5.06	4.94	4.85	4.71	4.60	4.52	4.46	4.41	4.31	4.25	4.08	4.00
12	9.33	6.93	5.95	5.41	5.06	4.82	4.64	4.50	4.39	4.30	4.16	4.05	3.97	3.91	3.86	3.76	3.70	3.54	3.45
14	8.86	6.51	5.56	5.04	4.69	4.46	4.28	4.14	4.03	3.94	3.80	3.70	3.62	3.56	3.51	3.41	3.35	3.18	3.09
16	8.53	6.23	5.29	4.77	4.44	4.20	4.03	3.89	3.78	3.69	3.55	3.45	3.37	3.31	3.26	3.16	3.10	2.93	2.84
18	8.29	6.01	5.09	4.58	4.25	4.01	3.84	3.71	3.60	3.51	3.37	3.27	3.19	3.13	3.08	2.98	2.92	2.75	2.66
20	8.10	5.85	4.94	4.43	4.10	3.87	3.70	3.56	3.46	3.37	3.23	3.13	3.05	2.99	2.94	2.84	2.78	2.61	2.52
25	7.77	5.57	4.68	4.18	3.85	3.63	3.46	3.32	3.22	3.13	2.99	2.89	2.81	2.75	2.70	2.60	2.54	2.36	2.27
30	7.56	5.39	4.51	4.02	3.70	3.47	3.30	3.17	3.07	2.98	2.84	2.74	2.66	2.60	2.55	2.45	2.39	2.21	2.11
60	7.08	4.98	4.13	3.65	3.34	3.12	2.95	2.82	2.72	2.63	2.50	2.39	2.31	2.25	2.20	2.10	2.03	1.84	1.73
120	6.85	4.79	3.95	3.48	3.17	2.96	2.79	2.66	2.56	2.47	2.34	2.23	2.15	2.09	2.03	1.93	1.86	1.66	1.53